西门子 PLC 变频器与触摸屏综合应用实训

张伟林　吴清荣　主编
赵世海　参编

中国电力出版社
CHINA ELECTRIC POWER PRESS

内 容 提 要

本书的编写贯穿“在动手中学习”的理念，整合大量的编程与应用实例，结合实践环节，介绍西门子 S7-200 系列 PLC、变频器与触摸屏的应用技术。全书分为七个模块 38 个任务，主要内容有：位逻辑指令、顺控继电器指令和功能指令的应用，中断与高速指令的应用，网络控制，变频器的使用，触摸屏与模拟量扩展模块的使用。其中带“*”号为选修内容。通过对本书的学习，读者能全面、快速地掌握 PLC 的编程及应用，并提高综合应用的能力。

本书可作为高等职业院校机电一体化、工业自动化专业的教材，也可供从事机电专业的工程技术人员培训和自学使用。

图书在版编目（CIP）数据

西门子 PLC、变频器与触摸屏综合应用实训/张伟林，吴清荣主编，赵世海编. —北京：中国电力出版社，2014.9（2021.7重印）
ISBN 978-7-5123-5980-2

Ⅰ.①西… Ⅱ.①张…②吴…③赵… Ⅲ.①plc 技术-高等职业教育-教材②变频器-高等职业教育-教材③触摸屏-高等职业教育-教材 Ⅳ.①TM571.61②TN773③TP334

中国版本图书馆 CIP 数据核字（2014）第 119112 号

中国电力出版社出版、发行
（北京市东城区北京站西街 19 号 100005 http://www.cepp.sgcc.com.cn）
三河市航远印刷有限公司印刷
各地新华书店经售
*
2014 年 9 月第一版 2021 年 7 月北京第六次印刷
787 毫米×1092 毫米 16 开本 15 印张 362 千字
印数 8001—9500 册 定价 **48.00** 元

前言

近年来，以PLC为控制主体、变频器调速和以触摸屏作为视窗的新型电气控制系统取代了传统的继电器控制系统，广泛应用于工业生产设备中。为了适应现代企业对高级机电技术人员既有新知识、又有较强动手能力的素质要求，特编写本书。

本书以当前工业生产设备或生产线的实际电气控制典型电路为编写基础，融入任务驱动的项目课程教学理念，将学习内容分为七个模块38个任务。在每个任务中有任务引入、相关知识、任务实施、知识拓展、思考与练习等环节，不仅实现了操作技能和理论知识的有机整合，让学生在实际操作中掌握连接电路和编写程序的方法，而且便于教师组织教学和读者自学。本书适合作为高职高专院校机电一体化、工业自动化等相关专业的教材，以及从事机电、电气等行业工程技术人员的培训教材。

本书具有以下特点。

（1）内容覆盖面大。书中内容包括PLC指令应用、中断与高速控制、网络控制、模拟量控制、变频器和触摸屏的使用。

（2）贯穿“在动手中学习”的理念。本书是理论与实训一体化的教材，所有电路、指令和程序都有相应的操作内容，通过连接电路→编写程序→上机验证→修改→通过的实践过程，读者能较快掌握PLC、变频器与触摸屏应用技术。

（3）内容新颖。书中介绍的PLC、变频器和触摸屏均是目前国内常用的较新型号。

本书模块一和模块二由武建周编写，模块三和模块五由吴清荣编写，模块四和模块六由赵世海编写，模块七和附录由张伟林编写。全书由张伟林和吴清荣任主编。由于编者水平所限，书中难免存在错误与不足之处，诚恳希望广大读者批评指正，以便修订时加以完善。编者联系信箱：ZWLCN@126.COM

编　者

目 录

位逻辑指令的应用

可编程控制器（简称PLC）是目前工业设备中使用最广泛的控制器件，以PLC为核心的电气控制系统具有控制能力强、修改功能方便、接线简单、体积小、故障率低和易维修等优点，因此取代了传统的继电器控制系统。

继电器控制系统采用不同的连线方式来实现控制功能，当需要改变控制功能时，必须重新连接控制线路。PLC控制系统是用程序来决定控制功能的，当改变控制功能时，只需要重新编写和下载用户程序即可，从而大大节省了装配控制电路的时间。

继电器控制系统中的硬件触点在长期使用中容易产生接触不良或开路等故障。PLC程序中使用的是“软件触点”，不会产生类似故障，所以，PLC控制系统的故障率极低。据统计，PLC控制系统的故障率仅为同样控制功能的继电器控制系统的5%。

为了方便电气技术人员编写PLC用户程序，PLC的程序梯形图沿用了继电器控制电路图的形式，使得具有电工基础知识的初学者也能轻松地入门PLC。

S7-200是德国西门子公司生产的小型PLC系列产品代号。S7-200性价比高，与其配套的编程软件逻辑严谨，每个指令符号都附有参数提示，编写程序时单击鼠标右键可随时看到相应指令的中文帮助信息和示例。在应用复杂指令时可选择指令向导自动生成相关程序，在网络通信时不需要新添硬件，使用非常方便。

S7-200的程序指令有三大类，即位逻辑指令、顺序控制继电器指令和功能指令。位逻辑指令主要包括触点取指令、触点串联/并联指令、线圈输出指令、置位/复位指令和定时器/计数器指令等。

任务1　认识PLC的外部端子与设置通信参数

任务引入

熟悉PLC的外部端子是正确连接PLC控制线路的基础。在PLC面板上有工作模式指示灯和输入/输出端口指示灯，根据这些指示灯的亮灭信息，可以了解PLC的工作模式，掌握输入/输出端口的工作状态，有利于快速判断和排除PLC控制系统的故障。在初次使用PLC时，还需要设置PLC与编程计算机的通信参数。

相关知识

一、S7-200系列PLC类型与外形图

S7-200系列PLC的型号有CPU221、CPU222、CPU224、CPU224XP和CPU226，在

结构上各单元电路和外部接口电路都集中在一个模块内，统称为CPU模块。

CPU模块的类型代号由使用电源种类、输入端口电源种类和输出端口器件种类三部分构成。例如，CPU224 AC/DC/RLY表示该PLC供电使用交流电源AC（额定值120/230V），输入端口电源为直流电源DC（额定值24V），输出端口器件为继电器RLY。CPU224 DC/DC/DC表示PLC供电使用直流电源DC（额定值24V），输入端口电源为直流电源DC（额定值24V），输出端口器件为晶体管DC。各种型号的CPU模块都有继电器输出型和晶体管输出型。

CPU224 AC/DC/RLY的面板如图1-1所示。

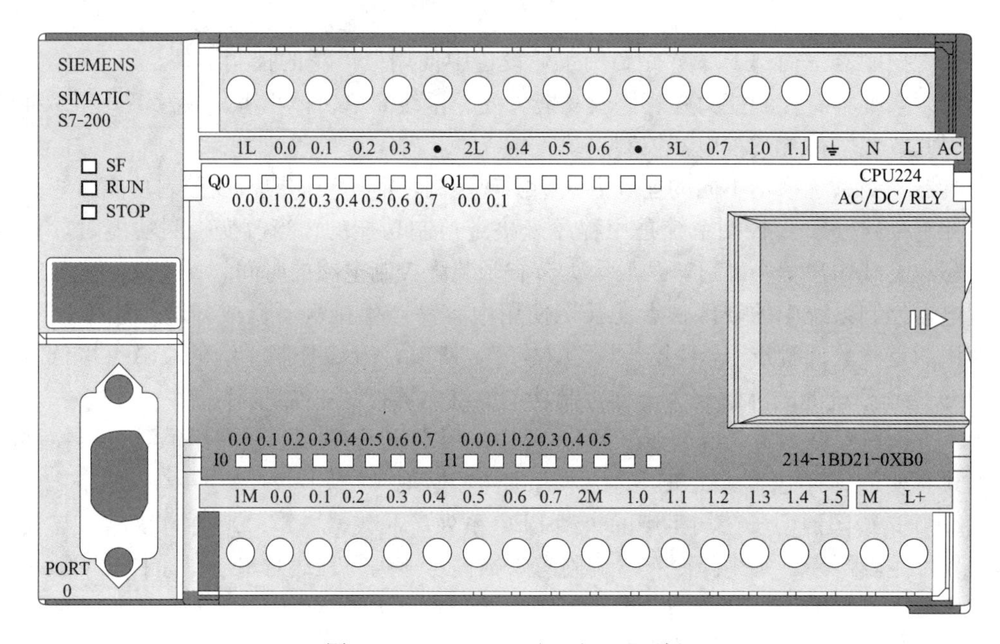

图1-1 CPU224 AC/DC/RLY面板

（1）3个状态（模式）指示灯，用来显示CPU模块当前所处的状态或工作模式。

SF：系统错误/诊断（灯亮表示出现系统故障或用户程序逻辑错误）。

RUN：灯亮表示用户程序运行模式。

STOP：灯亮表示用户程序停止模式（在该模式下才允许用户程序写入PLC）。

（2）通信端口PORT0。通过它可与编程计算机或其他设备通信（CPU226有2个通信端口，分别为端口0和端口1；其他类型CPU模块有1个通信端口，为端口0）。

（3）前盖。面板右侧中部前盖下面有模式选择开关（运行/终端/停止）、模拟电位器和扩展端口。

1）模式选择开关拨到运行（RUN）位置，则用户程序处于运行模式；拨到终端（TERM）位置，可以通过编程软件控制PLC的工作模式；拨到停止（STOP）位置，则用户程序处于停止运行模式。

2）模拟电位器（CPU221、CPU222各1个，其他类型CPU模块有2个）。调节模拟电位器旋钮，数值变化范围为0～255，可为用户程序提供需要调节的参数。

3）扩展端口用于连接扩展模块。除CPU模块外，S7-200系列还包括多种类型的扩展模块，主要有数字量输入/输出模块、模拟量输入/输出模块和通信模块等。

二、CPU224 外部接线端子

（1）顶部端子（供电电源端与输出继电器端）

1）L1、N、⏚。分别接交流电源的相线、中线和接地保护线。电压范围为 85～264V，额定值为 120/230V。

2）1L、2L、3L。输出继电器的公共端口。1L 是输出继电器 Q0.0～Q0.3 的公共端；2L 是 Q0.4～Q0.6 的公共端；3L 是 Q0.7～Q1.1 的公共端。不同公共端之间是互相独立的，可以使用不同的电压系列（如 AC220V、DC24V 等）为不同的负载供电。

3）Q0.0～Q1.1。输出继电器端口，共 10 位。输出继电器用“Q”表示，S7-200 系列 PLC 共 128 位输出继电器，地址编号采用八进制（Q0.0～Q0.7，Q1.0～Q1.7，…，Q15.0～Q15.7）。当输出端口处于 ON 状态时面板上对应的 LED 灯亮。当输出继电器数量不足时，可连接数字量输出扩展模块。

4）标记为圆点的端子是空端子，不需要接线。

（2）底部端子（输出直流 24V 电源端与输入继电器端）

1）L＋。内部直流电源 24V 正极，可作为外部传感器、扩展模块或输入继电器使用的直流电源。

2）M。内部直流电源 24V 负极，可接外部传感器负极或输入继电器公共端口。

注意：内部直流 24V 电源不能与其他同类型直流电源并联使用。

3）1M、2M。1M 是输入继电器 I0.0～I0.7 的公共端口，2M 是 I1.0～I1.5 的公共端口。

4）I0.0～I1.5。输入继电器端口，共 14 位。输入继电器用“I”表示，S7-200 系列 PLC 共 128 位输入继电器，地址编号采用八进制（I0.0～I0.7，I1.0～I1.7，…，I15.0～I15.7）。当输入端口处于 ON 状态时面板上对应的 LED 灯亮。当输入继电器数量不足时，可连接数字量输入扩展模块。

三、PLC 结构

PLC 由 CPU、存储器、输入/输出继电器、通信端口和电源等几部分单元电路构成，如图 1-2 所示。

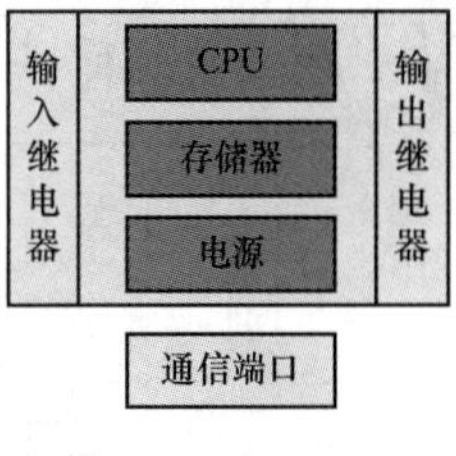

（1）中央处理器 CPU。CPU 是 PLC 的运算和控制中心，协调系统工作。

（2）存储器。只读存储器 ROM 中固化着系统程序，用户不可以修改。随机存储器 RAM 中存放当前工作数据。用户程序存储在电可擦除存储器 EEPROM 中，将会永久保存，断电后不会丢失，但程序的大小不能超过用户程序区空间的大小。

输入继电器 | CPU | 存储器 | 电源 | 输出继电器 | 通信端口

图 1-2　PLC 结构

（3）电源。PLC 的电源是一种将外部电源转换为 PLC 内部元器件使用的各种电压（通常是 5V、24V DC）的开关稳压电源。

（4）通信端口。通信端口是 PLC 与外界进行交换信息和写入/读出用户程序的通道，S7-200 系列 PLC 的通信端口类型是 RS-485。

（5）输入继电器。输入继电器用来完成输入信号的引入、滤波、放大整形及电平转换，输入端口电路（以 I0.0 为例）如图 1-3（a）所示。输入端口电路的主要器件是光电耦合器，光耦输入端为反向并联的2个发光二极管，输出端为光敏开关管，光耦通过电→光→电转换传递信号。光耦的作用是提高PLC的抗干扰能力和安全性能，并完成高低电平（24/5V）的转换。

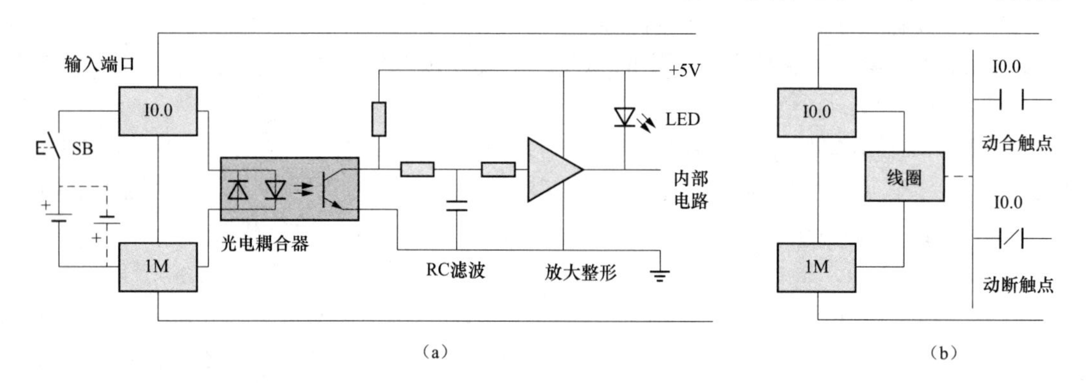

图1-3　输入继电器电路与符号

（a）输入继电器电路；（b）输入继电器符号

输入继电器的工作原理如下：当未按下输入端按钮SB时，光耦中发光二极管不导通，光敏开关管截止，放大器输出高电平信号到内部电路，输入端LED指示灯灭；当按下按钮SB时，光耦中发光二极管导通，光敏开关管受光照激发导通，放大器输出低电平信号到内部电路，输入端LED指示灯亮。输入端外接直流电源额定电压为24V，由于光耦输入端并联的2个发光二极管极性相反，所以输入公共端口1M既可以接电源负极，也可以接电源正极。

在编写用户程序时，则把输入继电器电路等效为输入继电器（即软继电器），如图1-3（b）所示。与物理继电器的结构类似，在用户程序中输入继电器也有动合和动断两种类型的触点，但不同的是软继电器触点的数量是无限的。与物理继电器的动作类似，当按下按钮SB时，相当于输入继电器I0.0线圈处于通电状态，在程序中I0.0动合触点闭合，动断触点断开；当松开按钮SB时，相当于输入继电器I0.0线圈处于断电状态，程序中I0.0动合触点恢复断开，动断触点恢复闭合。由于输入继电器的线圈受PLC外部电路的控制，所以在用户程序中通常只出现输入继电器的触点，而不出现输入继电器的线圈。

（6）输出继电器。S7-200系列PLC输出继电器有继电器和晶体管两种类型，在图1-4中以输出继电器Q0.0为例说明。

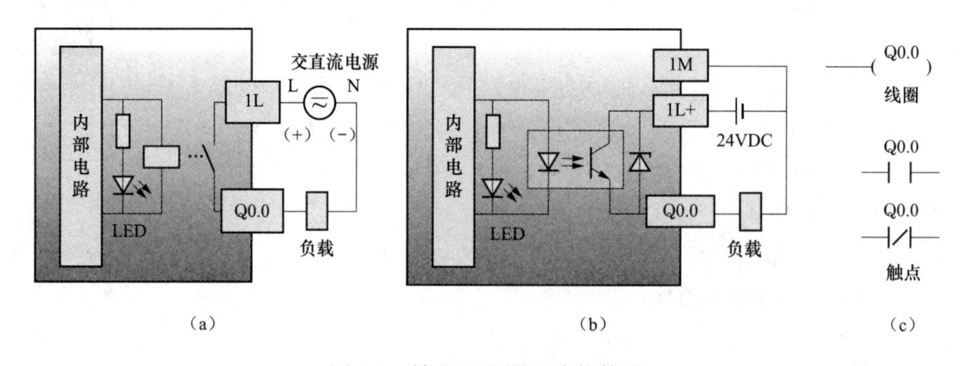

图1-4　输出继电器电路与符号

（a）继电器输出电路；（b）晶体管输出电路；（c）输出继电器符号

1）继电器输出类型。继电器输出类型的接线如图1-4（a）所示，每位输出继电器有1

对物理动合触点，使用电压范围广，可以控制交、直流负载。输出电流较大，允许通过 2A 以下的电流，适用于控制接触器线圈、电磁阀线圈或指示灯等负载。当输出继电器线圈通电时，相应输出端口的物理触点导通，负载由外部电源供电，输出指示灯 LED 亮。

2）晶体管输出类型。晶体管输出类型的接线如图 1-4（b）所示，其 1L+端接直流电源正极，1M 端接直流电源负极，晶体管输出电流方向为从 Q0.0 端流出，从 1L+端流入。晶体管作为直流电子开关可以输出高速脉冲信号，如用作控制步进电动机的信号等。当晶体管输出端导通时，输出指示灯 LED 亮。

在用户程序中则把输出继电器端口电路等效为输出继电器，如图 1-4（c）所示。在用户程序中，输出继电器除线圈外，也有动合和动断两种触点，并且触点的数量是无限的。

输出端口电路规格见表 1-1。

表 1-1　S7-200 系列 PLC 输出继电器端口电路规格

项　目		继电器输出（RLY）	晶体管输出（DC）
负载电源最大范围		5～250V AC 5～30V DC	20.4～28.8V DC
额定负载电源		220V AC、24V DC	24V DC
电路绝缘		机械绝缘	光电耦合绝缘
负载电流（最大）		2A/1 点 10A/公共点	0.75A/1 点 6A/公共点
响应时间	断→通	约 10ms	2μs（Q0.0，Q0.1） 15μs（其他）
	通→断	约 10ms	10μs（Q0.0，Q0.1） 130μs（其他）
脉冲频率（最大）		1Hz	20kHz（Q0.0，Q0.1）

注：用户程序中的继电器称为“软继电器”。软继电器是 PLC 内部存储器的某一个位，该位通电时状态为“1”，断电时状态为“0”。与硬件继电器不同的是，软继电器的触点数目是无限的。当线圈通电或断电时，硬件继电器动合触点与动断触点的动作有先后顺序，而软继电器动合触点与动断触点的动作则是同时的。

任务实施

一、任务准备

实施本任务所需要的设备见表 1-2。CPU221、CPU222、CPU224、CPU226 的本机输入/输出端口的数量分别是 6/4、8/6、14/10、24/16。由于本教材部分任务需要 CPU 模块的输入/输出端口较多，故以选用 CPU226 为宜。

表 1-2　设　备　表

序　号	名　称	型　号　规　格	数　量	单　位
1	计算机	操作系统 Windows2000/Windows XP 已安装 STEP 7-Micro/WIN V 4.0 编程软件	1	台
2	PLC	S7-200 系列 PLC	1	台
3	编程电缆	PC/PPI 或 USB/PPI	1	根

二、起动编程软件中文界面

（1）起动编程软件。STEP 7-Micro/WIN V 4.0 是西门子公司 S7-200 系列 PLC 编程软件，能协助用户创建、编辑、下载或上传用户程序，并具有在线监控功能。软件安装简便，双击 Setup.exe 安装文件即可。当安装成功后首次起动编程软件时，其默认的英文操作界面如图 1-5 所示。

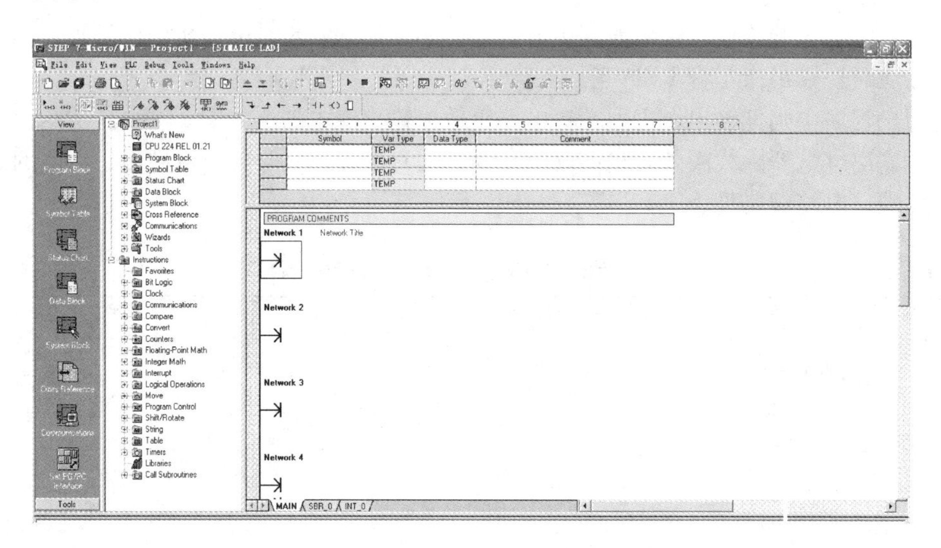

图 1-5　S7-200 编程软件的英文操作界面

（2）将英文操作界面转为中文操作界面。单击编程软件主菜单“Tools”（工具）中的“Options”（选项）对话框，如图 1-6 所示。

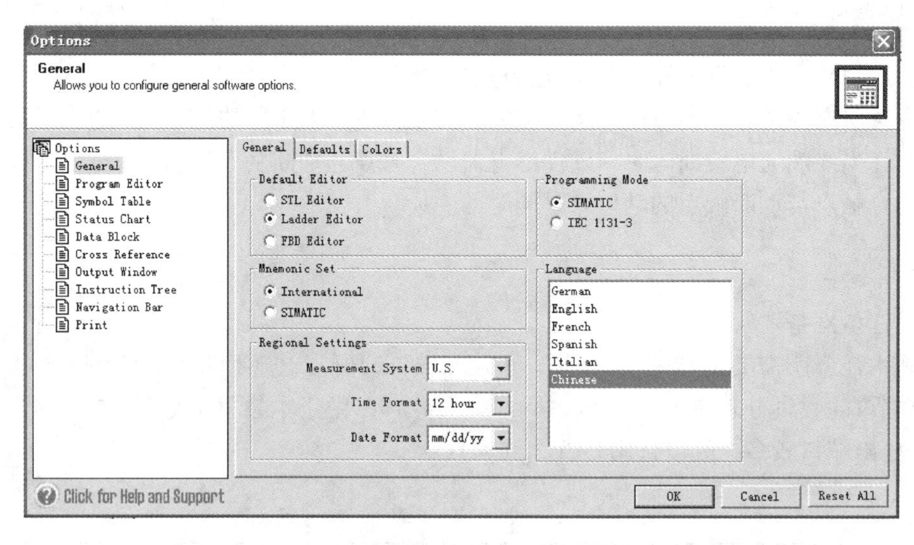

图 1-6　S7-200 编程软件的“Options”（选项）对话框

单击“Options”（选项）对话框中的“General”（常规）项，在“Language”（语言）框中选择“Chinese”（中文），单击“OK”按钮。重新起动软件后，显示为中文操作界面，如图 1-7 所示。操作界面上有主菜单、快捷图标、指令树和用户程序编辑区等，操作方法与

Windows 软件类似。

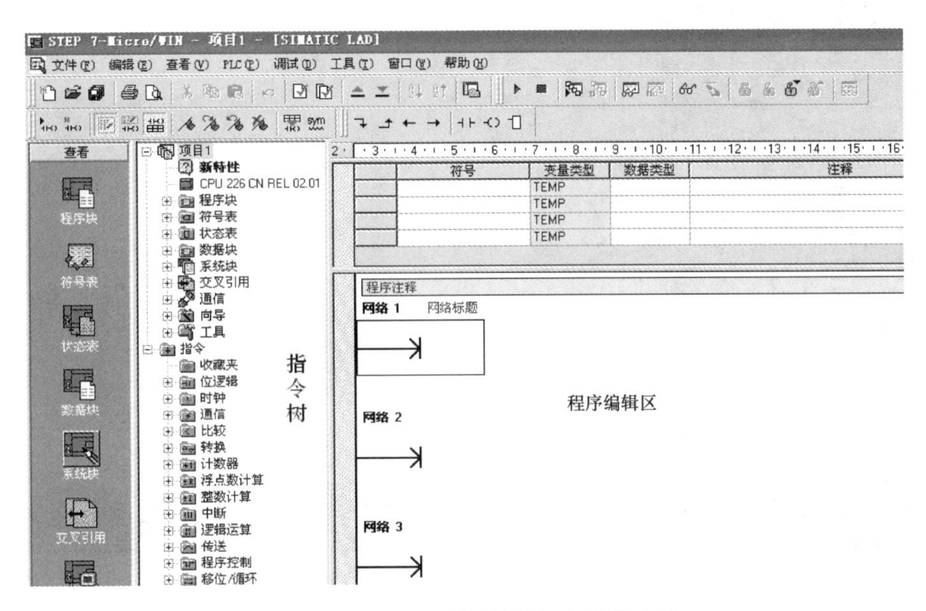

图 1-7　S7-200 编程软件的中文操作界面

三、计算机与 PLC 通信电缆连接及设置通信参数

若计算机具有串行通信口，可选择 PC/PPI 电缆连接方式。目前，多数计算机已无串行通信口，只能选择 USB/PPI 电缆连接方式。插拔通信电缆时应先将设备断电，否则容易损坏通信端口。

（1）PC/PPI 电缆连接方式。使用 PC/PPI 电缆连接 S7-200 系列 PLC 与编程计算机，如图 1-8 所示。

1）将 PC/PPI 电缆的 PC 端插入计算机的 RS-232 通信口（串行通信口 COM1）。

2）将 PC/PPI 电缆的 PPI 端插入 PLC 的 RS-485 通信口（端口 0 或端口 1）。

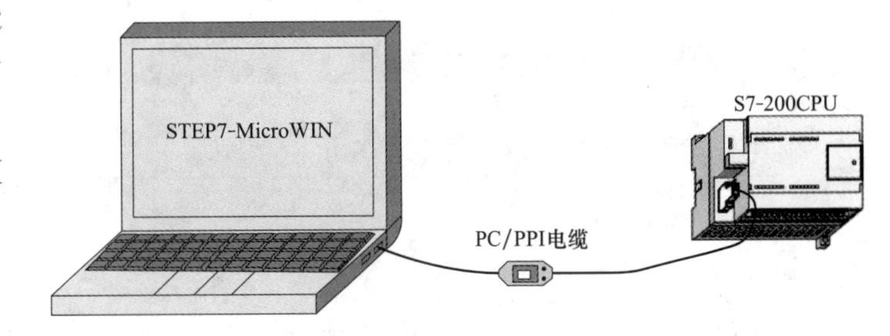

图 1-8　PC/PPI 电缆连接计算机与 PLC

3）设置计算机通信参数。起动计算机→右键单击“我的电脑”图标→属性→硬件→设备管理器→端口→端口属性→端口设置→修改波特率为 9600b/s（计算机默认波特率为 9600b/s）。

4）设置编程软件通信参数。起动 STEP 7-Micro/WIN V 4.0 编程软件→单击左侧“通信”图标→设置 PG/PC 接口→PC/PPI 属性→PPI 传输速率 9.6kb/s→选择本地连接 COM1。

5）单击左侧“通信”图标→“双击刷新”图标，出现如图 1-9 所示连接界面。默认编程计算机通信地址为 0，PLC 通信地址为 2，自动识别 PLC 类型为 CPU 224，接口为 PC/PPI cable（COM1）。

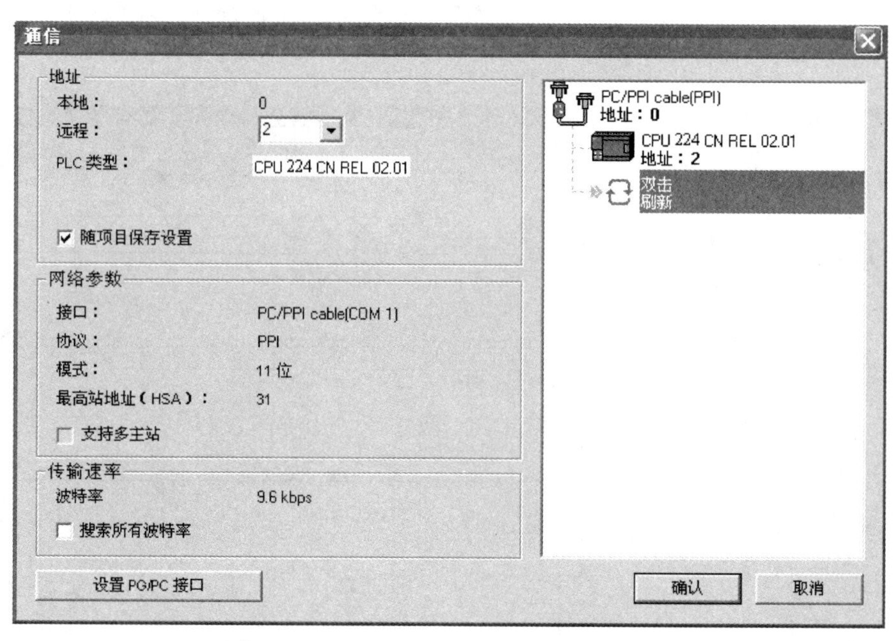

图 1-9　PC/PPI 电缆成功连接计算机与 PLC

（2）USB/PPI 电缆连接方式。将计算机的 USB 端口模拟成串行通信口（通常为 COM3），从而通过 USB/PPI 编程电缆与 PLC 进行通信。

1）将 USB/PPI 电缆的 USB 端插入计算机的 USB 端口。Windows 将检测到设备并运行添加新硬件向导，插入 USB/PPI 编程电缆自带的驱动程序光盘并单击“下一步”继续。

如果 Windows 没有提示找到新硬件，则在设备管理器的硬件列表中，展开“通用串行总线控制器”，选择带问号的 USB 设备，单击鼠标右键并运行更新驱动程序。

2）驱动程序安装完成后，单击计算机桌面图标“我的电脑”→属性→硬件→设备管理器→端口。在端口（COM 和 LPT）展开条目中出现“USB to UART Bridge Controller（COM3）”，这个 COM3 就是 USB 编程电缆使用的通信口地址，如图 1-10 所示。以后每次使用只要插入 USB/PPI 编程电缆就会出现 COM3 口，在编程软件通信设置中选中 COM3 口即可。

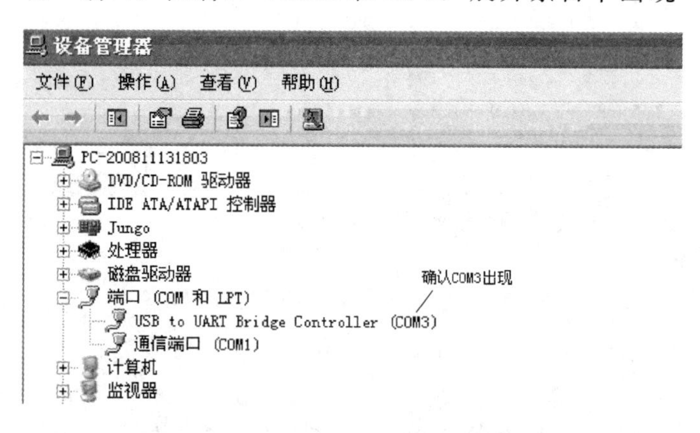

图 1-10　USB 转换为串口 COM3

3）将 USB/PPI 电缆的 PPI 端连接到 PLC 的 RS-485 通信口（端口 0 或端口 1）。

4）设置编程软件通信参数。起动 STEP 7-Micro/WIN V 4.0 编程软件→单击左侧“通信”图标→设置 PG/PC 接口→PC/PPI 属性→PPI 传输速率 9.6kb/s→选择本地连接 COM3。

5）单击“通信”图标→双击刷新。默认计算机地址为 0，PLC 地址为 2，自动识别 PLC 型号为 CPU 224，接口类型为 PC/PPI cable（COM3）。

四、切换 PLC 工作模式

CPU 模块停止（STOP）和运行（RUN）工作模式可通过以下方法相互切换。

1）将 PLC 前盖下模式选择开关置于 STOP/RUN 位置进行切换。

2）将 PLC 模式选择开关置于 TERM 或 RUN 位置，通过如图 1-11 所示编程软件界面快捷按钮切换 PLC 的工作模式。

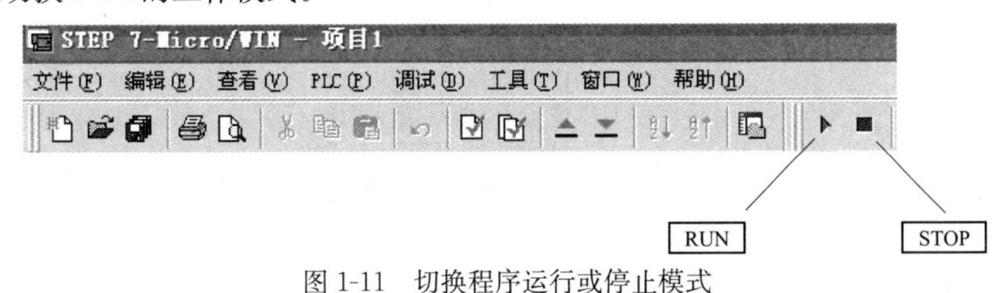

图 1-11　切换程序运行或停止模式

3）在用户程序中应用停止指令（STOP）使 PLC 从运行模式转为停止模式。如果通过操作编程软件快捷按钮实现切换 PLC 工作模式，则表明计算机编程软件已与 PLC 通信，本次任务完成。

思考与练习

1. S7-200 系列 PLC 包括哪几种 CPU 模块?

2. PLC 的模式开关有哪几种选择？分别对应何种工作模式?

3. CPU 模块的类型代号 AC/DC/RLY 和 DC/DC/DC 分别表示什么含义?

4. 对电动机或以秒为脉冲周期的闪光灯控制应分别选用何种类型的 PLC?

任务 2　将接触器点动控制改造为 PLC 点动控制

任务引入

点动控制适用于电动机作短时间运转，其控制要求是：按下点动按钮 SB，电动机通电运转；松开点动按钮 SB，电动机断电停止。接触器点动控制线路如图 1-12 所示。

本任务将接触器点动控制改造为 PLC 点动控制，控制要求不变。PLC 点动控制线路如图 1-13 所示，控制程序如图 1-14 所示。

对比接触器点动控制线路与 PLC 点动控制线路及控制程序可以得出以下结论。

（1）两者主电路完全相同。

（2）两者控制电路连接方式不同。在接触器点动控制电路中，按钮 SB 与接触器线圈 KM 串联连接，从而形成串联控制逻辑。在 PLC 点动控制电路中，按钮 SB 作为输入信号连接 PLC 的输入端 I0.2，接触器线圈 KM

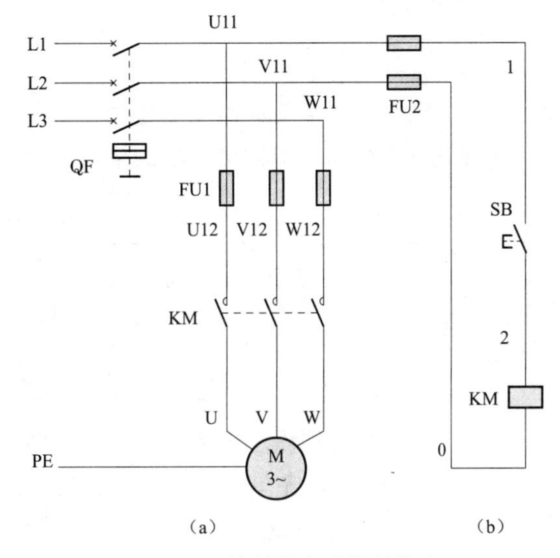

图 1-12　接触器点动控制线路

（a）主电路；（b）控制电路

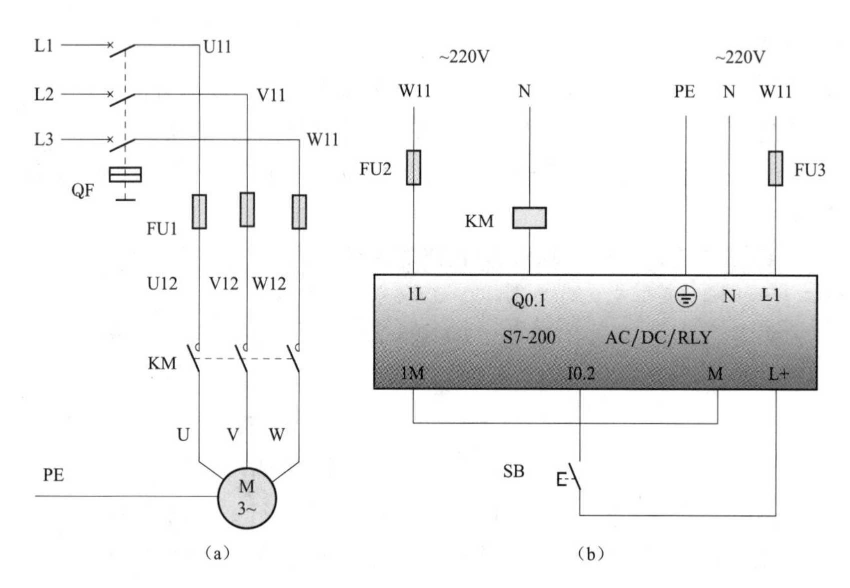

图 1-13　PLC点动控制线路

(a) 主电路；(b) 控制电路

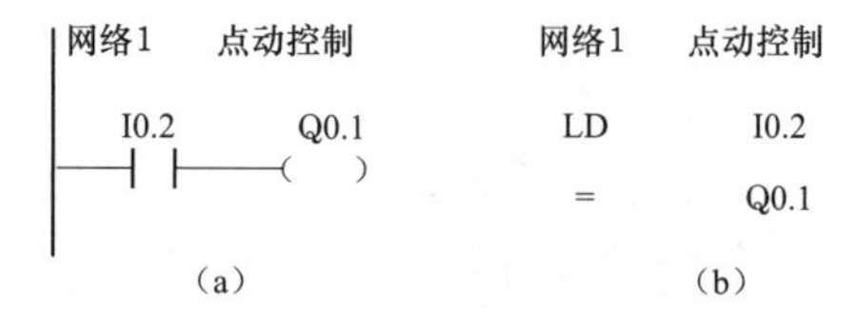

图 1-14　PLC点动控制程序

(a) 程序梯形图；(b) 程序指令表

作为负载连接PLC的输出端Q0.1，即电路连接只确定输入/输出信号的地址，并不确定其控制逻辑。

(3) 两者控制逻辑相同。在接触器点动控制电路中，按钮SB与接触器线圈KM是串联控制逻辑。在PLC点动控制程序中，输入信号I0.2与输出继电器Q0.1也是串联控制逻辑。

(4) 两者接触器线圈额定电压可能不同。在接触器点动控制电路中，接触器线圈额定电压可为380V或以下等级。在PLC点动控制电路中，受输出端额定电压的限制，接触器线圈电压只能为220V或以下等级。

相关知识

一、触点取指令与线圈输出指令

触点取指令与线圈输出指令的格式见表1-3。

表 1-3　　LD、LDN、＝指令

指令名称	助记符	逻 辑 功 能	操 作 数
取	LD	取动合触点状态	I、Q、M、SM、T、C、V、S、L
取反	LDN	取动断触点状态	I、Q、M、SM、T、C、V、S、L
输出	＝	线圈输出	Q、M、SM、V、S、L

触点取指令与线圈输出指令的使用说明如下。

(1) “LD”是从左母线取动合触点指令，以动合触点开始的电路块也使用这一指令。

(2) “LDN”是从左母线取动断触点指令，以动断触点开始的电路块也使用这一指令。

(3) “＝”是线圈输出指令，不同操作数的“＝”指令可以连续使用多次，相当于电路中多个不同地址线圈的并联形式。但同一地址的线圈输出指令只能使用一次，否则会出现

“双线圈”错误。

二、PLC 用户程序

为实现用户控制目标而编写的程序称为 PLC 用户程序。通常使用梯形图或指令表编写 PLC 用户程序，梯形图和指令表可由编程软件编译转换。

（1）程序梯形图。程序梯形图与继电器控制电路图在形式上类似，具有直观易懂的优点。梯形图主要由触点、线圈等软元件组成，其中触点表示逻辑输入条件，如开关、按钮或者内部条件；线圈表示逻辑输出结果，如继电器、接触器或者内部输出条件。触点和线圈等组成的独立程序段称为网络，网络由编程软件自动按顺序编号。

梯形图仿真电路中电流的流动，通过一系列的逻辑输入条件，决定是否有逻辑输出。程序梯形图包括左侧提供“电流”的母线，闭合的触点允许电流通过它们流到下一个元件，而断开的触点阻止电流的流动。例如，在图 1-14（a）所示的梯形图中，当输入继电器动合触点 I0.2 闭合时，输出继电器 Q0.1 线圈通电，否则 Q0.1 线圈断电。

（2）程序指令表。程序指令表由若干条指令语句构成，每条指令语句由指令助记符和操作数组成，如图 1-14（b）所示。

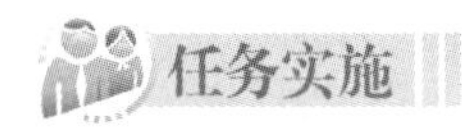

任务实施

一、任务准备

实施本任务所需要的设备见表 1-4。

表 1-4　　设备表

序号	名称	型号规格	数量	单位
1	计算机	安装 STEP 7-Micro/WIN V 4.0 软件	1	台
2	PLC	S7-200 AC/DC/RLY	1	台
3	编程电缆	PC/PPI 或 USB/PPI	1	根
4	低压断路器	DZ47LE	1	个
5	熔断器	RT18-32	2	组
6	接触器	CJ20-10A（线圈电压 220V）	1	个
7	按钮	LA10-3H	1	个
8	电动机	YS5024，60W，380V，Y/△，1400r/min	1	台
9	控制板	长 750mm 宽 600mm	1	块

二、分配 PLC 输入/输出端口与连接线路

（1）根据图 1-13 所示 PLC 点动控制线路，可列出 PLC 输入/输出端口分配表，见表 1-5。

表 1-5　　PLC 输入/输出端口分配表

输入端口			输出端口		
输入继电器	输入器件	作用	输出继电器	输出器件	控制对象
I0.2	SB（动合触点）	点动按钮	Q0.1	KM	电动机 M

（2）按图 1-13 所示连接 PLC 点动控制线路。PLC 型号为 S7-200 AC/DC/RLY，使用 220V AC 电源，FU3 作为短路保护。输入端电源使用本机输出 24V DC 电源，M 与 1M 连

接一起，按钮 SB 接直流电源正极 L+和输入继电器 I0.2 端子。暂不连接输出端负载。

三、下载和监控用户程序

（1）建立和保存项目。运行编程软件 STEP 7-Micro/WIN V4.0 后，单击主菜单“文件”→“新建”，创建一个新项目。新建的项目包含程序块、符号表、状态表、数据块、系统块、交叉引用和通信等相关的块。其中，程序块中默认有一个主程序 OB1、一个子程序 SBR _ 0 和一个中断程序 INT _ 0。

单击主菜单“文件”→“保存”，指定文件名和保存路径后，单击“保存”按钮，文件以项目形式保存。

（2）在梯形图中输入指令。选中主程序 OB1 页面，在梯形图编辑器中可以使用指令树图标或工具栏图标两种输入程序指令的方法。

1）使用指令树图标输入指令。将光标移动到程序网络 1 位置，单击指令树中“位逻辑”图标，如图 1-15 所示。

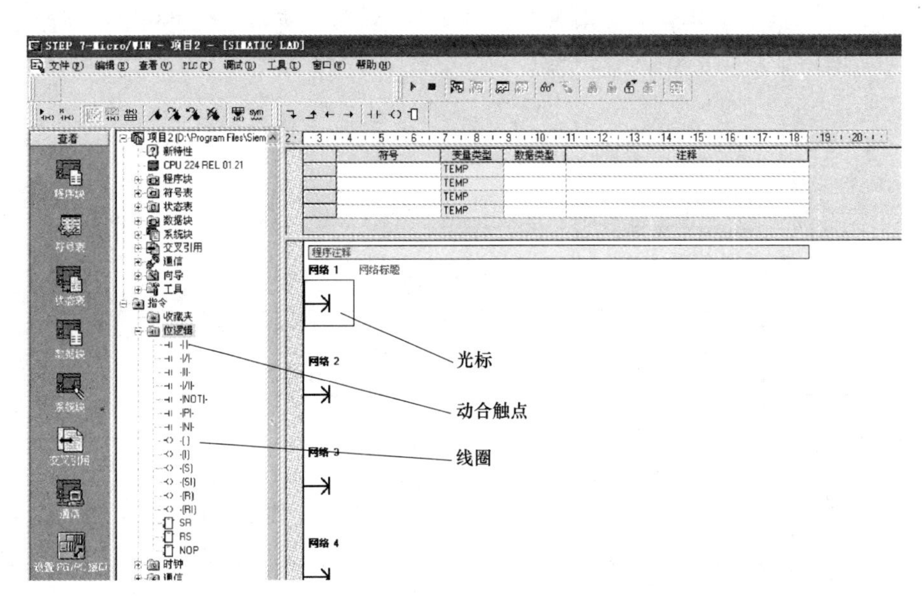

图 1-15　打开指令树中位逻辑图标

在程序网络 1 标题行中加入中文注释“点动控制”。双击（或拖曳）动合触点图标，在网络 1 中出现动合触点符号，在 ??.? 框中输入 I0.2，按“Enter”键，光标自动跳到下一列，如图 1-16 所示。

双击（或拖曳）线圈图标，在 ??.? 框中输入 Q0.1，按“Enter”键，用户程序输入完毕，如图 1-17 所示。

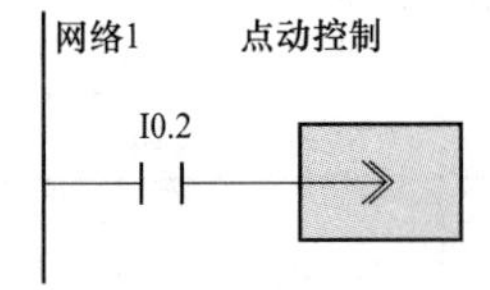

图 1-16　在梯形图中输入触点指令

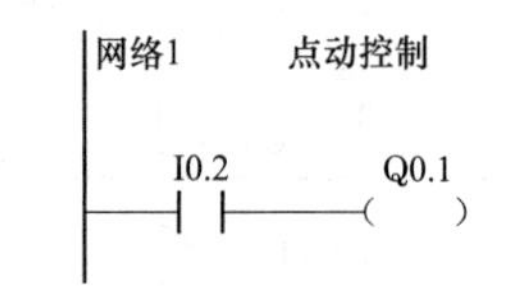

图 1-17　在梯形图中输入线圈指令

2）使用工具栏图标输入指令。也可以单击工具栏图标输入指令，工具栏图标如图 1-18 所示。

3）获得指令帮助信息。若想了解指令的使用方法，可用鼠标右键单击指令树“位逻辑”图标中的触点指令或线圈指令，选择“帮助”，即可出现该指令的中文帮助信息。

（3）查看指令表。单击主菜单“查看”→“STL”，则从梯形图编辑界面转为指令表编辑界面，如图 1-19 所示。如果熟悉指令的话，也可以在指令表编辑界面中输入用户程序。

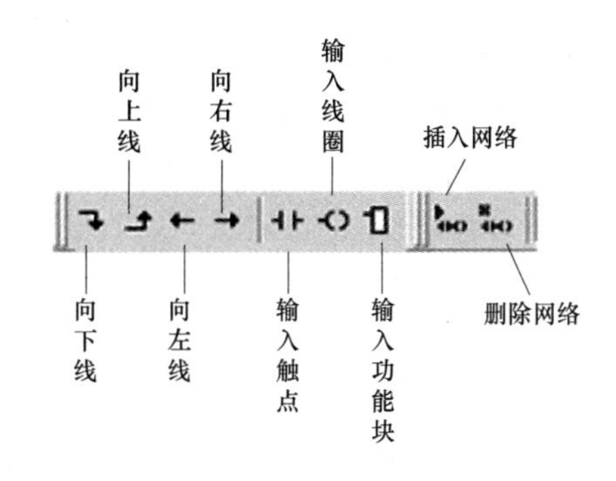

图 1-18 工具栏图标

网络1	点动控制
LD	I0.2
=	Q0.1

图 1-19 指令表编辑界面

（4）程序编译。用户程序编辑完成后，必须编译成 PLC 能够识别的机器指令，才能下载到 PLC。单击主菜单“PLC”→“编译”，开始编译机器指令。编译结束后，在输出窗口中显示结果信息，如图 1-20 所示。如果编译发现错误，会在输出窗口处显示错误所在的网络、行、列以及错误类型，双击错误信息，光标自动跳到用户程序错误处。纠正编译中出现的所有错误后，编译才算成功。

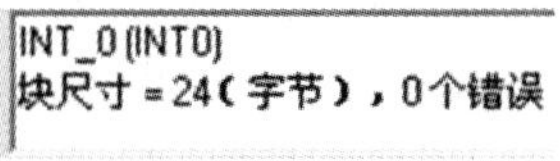

INT_0 (INT0)
块尺寸 = 24（字节），0个错误

图 1-20 在输出窗口显示编译结果

（5）程序下载。计算机与 PLC 建立了通信连接并且用户程序编译无误后，可以将用户程序下载到 PLC 中，下载时 PLC 应处于“STOP”模式。

单击主菜单“文件”→“下载”，或单击工具栏下载图标 ，出现如图 1-21 所示的下载对话框。选择是否下载程序块、

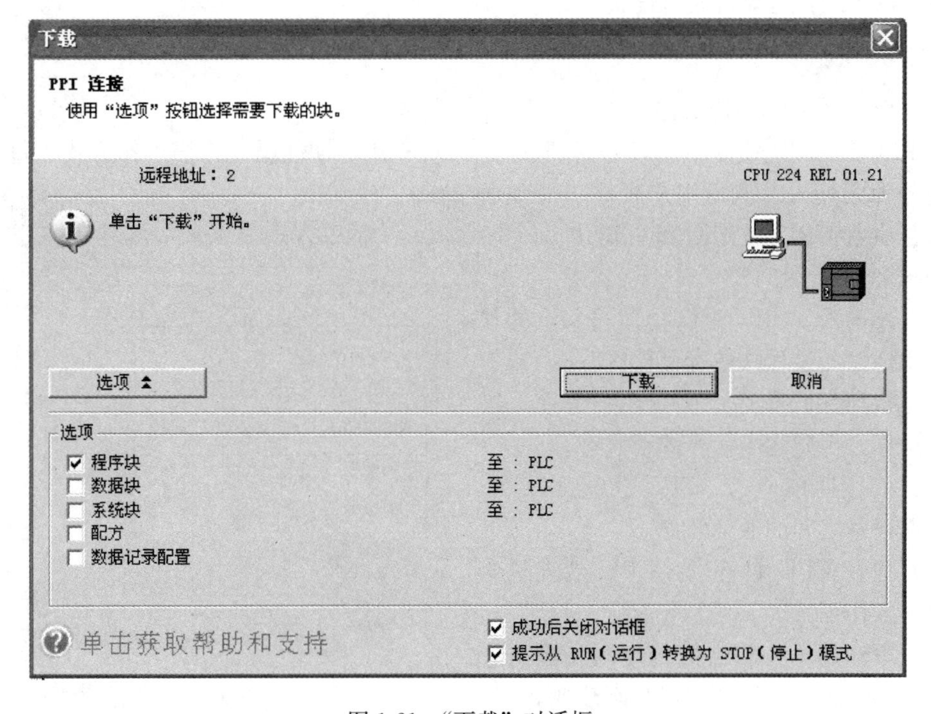

图 1-21 “下载”对话框

数据块和系统块等（通常若程序中不包含数据块或更新系统，则只选择下载程序块）。单击“下载”按钮，开始下载程序。

程序上载则是将PLC中存储的用户程序上传到计算机编程软件。

(6) 程序逻辑测试与监控。在实际生产中，当用户程序下载到PLC后，必须对程序进行全面的逻辑测试，检查程序是否符合控制要求，以确保安全生产。若程序存在缺陷，应立即修改。通常只有确保程序无误后，才能将接触器线圈或其他负载连接到PLC的输出端。

使PLC处于“RUN”模式，按下按钮SB，PLC面板上I0.2和Q0.1指示灯亮；松开按钮SB，I0.2和Q0.1指示灯灭，程序逻辑符合点动控制要求。

图1-22　程序状态监控图

单击主菜单栏“调试”→“开始程序状态监控”，未通电的触点和线圈以灰白色显示，通电的触点和线圈以蓝色块显示，并且呈现“ON”字符，如图1-22所示。

至此，完成了点动控制程序的编辑、下载、逻辑测试与监控，如果需要保存程序，可单击主菜单“文件”→“保存”，选择保存路径和文件名即可。

四、操作

连接输出端负载。将交流接触器线圈KM连接中线与输出继电器Q0.1端子，220V AC电源相线连接输出公共端子1L，FU2作为短路保护。

(1) 电动机起动。按下按钮SB，PLC输出端Q0.1通电，使接触器线圈KM通电，KM主触点闭合，电动机通电运转。

(2) 电动机停止。松开按钮SB，PLC输出端Q0.1断电，使接触器线圈KM失电，KM主触点分断，电动机断电停止。

知识拓展

一、PLC的循环扫描工作方式

当PLC处于程序运行（RUN）模式时，PLC采用周期性循环扫描工作方式，每一个扫描周期分为读输入、执行用户程序、处理通信请求、执行CPU自诊断和写输出5个阶段，如图1-23所示。

(1) 读输入。CPU读取物理输入点的状态并复制到输入过程映像寄存器区。

(2) 执行用户程序。执行用户程序，进行逻辑运算，得到输出信号的新状态。

(3) 处理通信请求。CPU执行PLC与其他外部设备之间的通信任务。

(4) 执行CPU自诊断。CPU检查整个系统是否工作正常。

(5) 写输出。将输出信号复制到输出过程映像寄存器区，物理输出点状态改变。

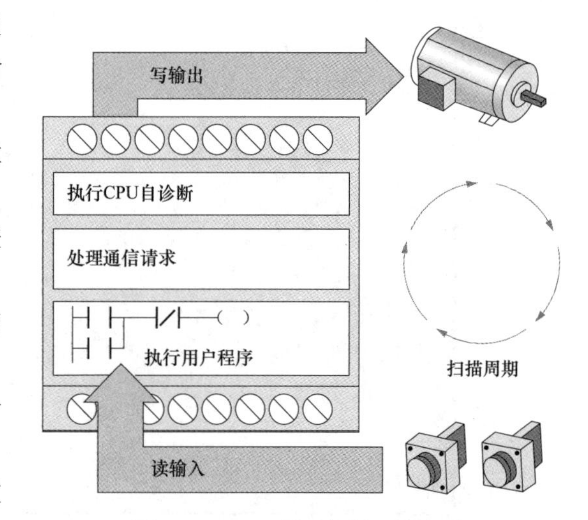

图1-23　PLC循环扫描工作方式

过程映像寄存器是 PLC 的特殊存储区，专门用于存入从物理输入点读取或写到物理输出点的数据。用户程序通过过程映像寄存器访问实际物理输入/输出点，可以大大提高程序执行的效率。

在非读输入阶段，即使输入状态发生变化，程序也不读入新的输入数据，这种方式增强了 PLC 的抗干扰能力和程序执行的可靠性。

二、PLC 的扫描周期

PLC 的扫描周期与 PLC 的类型、程序指令语句的长短以及 CPU 执行指令的速度有关。通常一个扫描周期约几十毫秒（当扫描周期大于 500ms 时，CPU 会停止执行用户程序，面板上系统错误/诊断 SF 灯亮，要解除 CPU 报警，需要先切断 PLC 电源，然后重新通电开机），由于扫描周期很短，所以从操作上感觉不出 PLC 的延迟性。

思考与练习

一、填空题

1. PLC 输入端口接通时，相应的输入继电器为________状态，程序梯形图中对应的动合触点________，动断触点________。

2. 若程序梯形图中输出继电器线圈通电，对应的物理继电器的线圈________，其动合触点________；在程序梯形图中对应的动合触点________，动断触点________。

3. 在 PLC 控制系统中，接触器线圈的额定电压为________ V 或以下等级。

二、设计题

将按钮 SB 接 PLC 的输入端口 I0.0，指示灯 HL 接输出端口 Q0.0，控制要求如下：按下 SB 时，HL 灯亮；松开 SB 时，HL 灯灭。

（1）列出输入/输出端口分配表。

（2）绘出 PLC 控制电路图。

（3）编写程序梯形图和指令表。

任务 3 用 PLC 实现电动机自锁控制

任务引入

自锁控制适用于电动机较长时间连续运转的场合，其控制要求是：按下起动按钮，接触器线圈通电自锁，电动机运转；按下停止按钮或电动机发生过载故障时，接触器线圈断电解除自锁，电动机停止。本任务使用 PLC 实现电动机自锁控制，PLC 输入/输出端口分配见表 1-6，控制线路如图 1-24 所示，控制程序如图 1-25 所示。

表 1-6 PLC 输入/输出端口分配表

输入端口			输出端口		
输入继电器	输入器件	作用	输出继电器	输出器件	控制对象
I0.0	KH（动断触点）	过载保护	Q0.1	KM	电动机 M
I0.1	SB1（动断触点）	停止按钮	—	—	—
I0.2	SB2（动合触点）	起动按钮	—	—	—

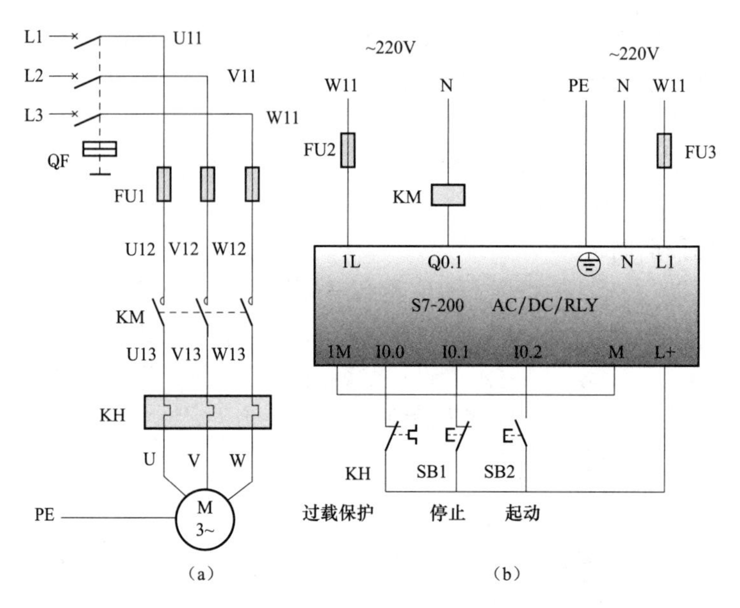

(a) (b)

图 1-24 PLC 自锁控制线路

(a) 主电路；(b) 控制电路

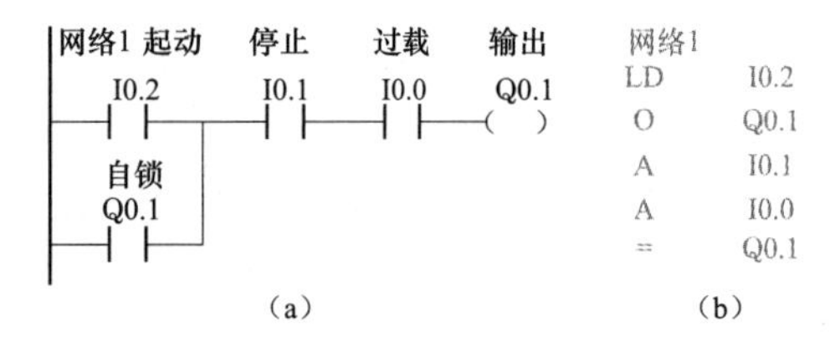

(a) (b)

图 1-25 PLC 自锁控制程序

(a) 程序梯形图；(b) 程序指令表

在工业控制中，凡具有“停止”和“保护”等关系到安全保障功能的信号都应在硬件连接上使用动断触点，防止其发生断路故障时失去控制功能或保护功能。例如，当热继电器 KH 工作正常时，其硬件动断触点接通，输入继电器 I0.0 状态 ON，在用户程序中 I0.0 动合触点因此闭合，允许输出端 Q0.1 通电；当热继电器发生过载时，其硬件动断触点断开，输入继电器 I0.0 状态 OFF，在用户程序中 I0.0 动合触点分断，使输出端 Q0.1 自动断电。

相关知识

一、触点串联、并联指令

触点串联、并联指令的格式见表 1-7。

表 1-7　　A、AN、O、ON 指令格式

指令名称	助记符	逻 辑 功 能	操 作 数
与	A	用于串联单个动合触点	I、Q、M、SM、T、C、V、S、L
与反	AN	用于串联单个动断触点	
或	O	用于并联单个动合触点	
或反	ON	用于并联单个动断触点	

触点串联、并联指令的使用说明如下。

(1)“A”指令完成逻辑与运算，“AN”指令完成逻辑与反运算。

(2)“O”指令完成逻辑或运算，“ON”指令完成逻辑或反运算。

(3) 触点串、并联指令仅适用于单个触点的逻辑运算，可以连续使用。

二、置位指令、复位指令

置位指令 S（Set）、复位指令 R（Reset）的格式见表 1-8。

表 1-8　　S、R 指令

指令名称	梯形图	指令表	逻 辑 功 能	操作数
置位	bit —(S) N	S　bit，N	从 bit 开始的 N 个元件置 1 并保持	Q、M、SM、T、C、V、S、L
复位	bit —(R) N	R　bit，N	从 bit 开始的 N 个元件清零并保持	

置位指令与复位指令的使用说明如下。

（1）bit 表示位元件，N 表示常数，N 的范围为 1～255，表示置位、复位指令可以同时控制多个同类型连续地址位元件的状态。

（2）置位指令也称为“置 1”指令。置位指令具有保持功能，被 S 指令置位的软元件用 R 指令才能复位。

（3）复位指令也称为“清零”指令。复位指令也具有保持功能，复位指令还可以对定时器和计数器的当前值寄存器数据清零。

【例 1-1】　PLC 自锁控制线路如图 1-24 所示，用置位/复位指令编写自锁控制程序。

解　自锁控制程序如图 1-26 所示。当按下起动按钮时，I0.2 触点闭合，输出继电器 Q0.1 置位通电，松开起动按钮，Q0.1 保持置位通电状态；当按下停止按钮时，I0.1 动断触点闭合，Q0.1 复位断电；当过载保护动作时，I0.0 动断触点闭合，Q0.1 复位断电。

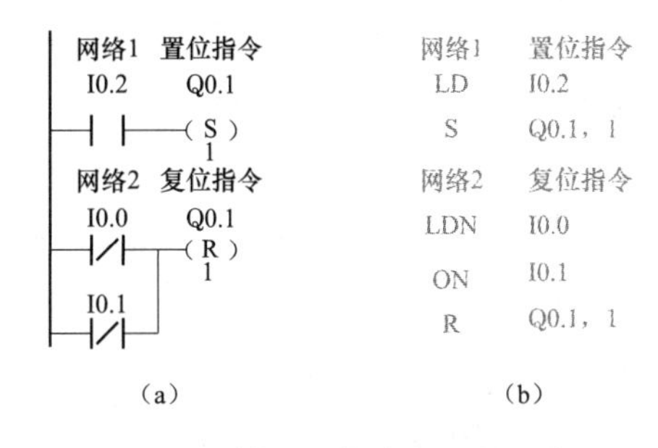

图 1-26 ［例 1-1］自锁控制程序

（a）程序梯形图；（b）程序指令表

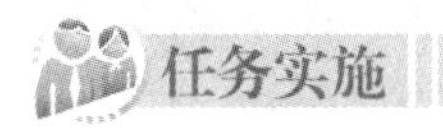

一、任务准备

实施本任务所需要的设备见表 1-9。

表 1-9　　设　备　表

序　号	名　称	型　号　规　格	数　量	单　位
1	计算机	安装 STEP 7-Micro/WIN V 4.0 软件	1	台
2	PLC	S7-200　AC/DC/RLY	1	台
3	编程电缆	PC/PPI 或 USB/PPI	1	根
4	低压断路器	DZ47LE	1	个
5	熔断器	RT18-32	2	组
6	接触器	CJ20-10A（线圈电压 220V）	1	个
7	热继电器	JR36-20	1	个
8	按钮	LA10-3H	1	个
9	电动机	YS5024，60W，380V，Y/△，1400r/min	1	台
10	控制板	长 750mm 宽 600mm	1	块

二、连接线路与排除故障

按图 1-24 所示在控制板上连接 PLC 自锁控制线路，暂不连接输出端负载，连接无误后接通 PLC 电源。

（1）PLC 输入指示灯 I0.0 应点亮，表示热继电器动断触点正常，否则应检查接线或是否错接了热继电器的动合触点。

（2）PLC 输入指示灯 I0.1 应点亮，表示停止按钮正常，否则应检查接线或停止按钮是否损坏。

三、程序逻辑测试

（1）接通电源，将图 1-25、图 1-26 所示程序分别下载到 PLC。

（2）当按下起动按钮 SB2 时，Q0.1 指示灯亮；松开起动按钮 SB2，Q0.1 指示灯保持亮；当按下停止按钮 SB1 或断开热继电器 KH 动断触点时，Q0.1 指示灯灭，程序逻辑符合自锁控制要求。

四、操作

将接触器线圈 KM 连接 PLC 输出端 Q0.1。

（1）电动机起动。当按下起动按钮 SB2 时，PLC 输出继电器 Q0.1 通电自锁，使接触器线圈 KM 通电，KM 主触点闭合，电动机通电运转。

（2）电动机停止。当按下停止按钮 SB1 时，PLC 输出继电器 Q0.1 断电解除自锁，使接触器线圈 KM 失电，KM 主触点分断，电动机断电停止。

（3）过载保护。断开热继电器动断触点的连接线，模拟发生过载故障，则 PLC 输出继电器 Q0.1 断电解除自锁，使接触器线圈 KM 失电，KM 主触点分断，电动机断电停止。

思考与练习

1. 说明 A 指令与 AN 指令的区别。
2. 说明 O 指令与 ON 指令的区别。
3. 置位/复位指令具有自锁功能吗？
4. 为什么在 PLC 控制系统中停止按钮和热继电器应使用其物理动断触点？
5. 试设计用 PLC 控制的电动机自锁线路。写出输入/输出端口分配表，绘出线路图，编写控制程序。

任务 4　用 PLC 实现电动机点动与自锁混合控制

任务引入

生产设备在正常生产时通常是连续运转方式，但有时需要在正常生产前用点动操作来调整生产工艺，点动与自锁混合控制线路就能实现这种控制要求。本任务使用 PLC 实现电动机点动与自锁混合控制，PLC 输入/输出端口分配见表 1-10，控制线路如图 1-27 所示，控制程序如图 1-28 所示。

表 1-10　　PLC 输入/输出端口分配表

输入端口			输出端口		
输入继电器	输入器件	作用	输出继电器	输出器件	控制对象
I0.0	KH（动断触点）	过载保护	Q0.1	KM	电动机 M
I0.1	SB1（动断触点）	停止按钮			

续表

输入端口			输出端口		
输入继电器	输入器件	作用	输出继电器	输出器件	控制对象
I0.2	SB2（动合触点）	起动按钮			
I0.3	SB3（动合触点）	点动按钮			

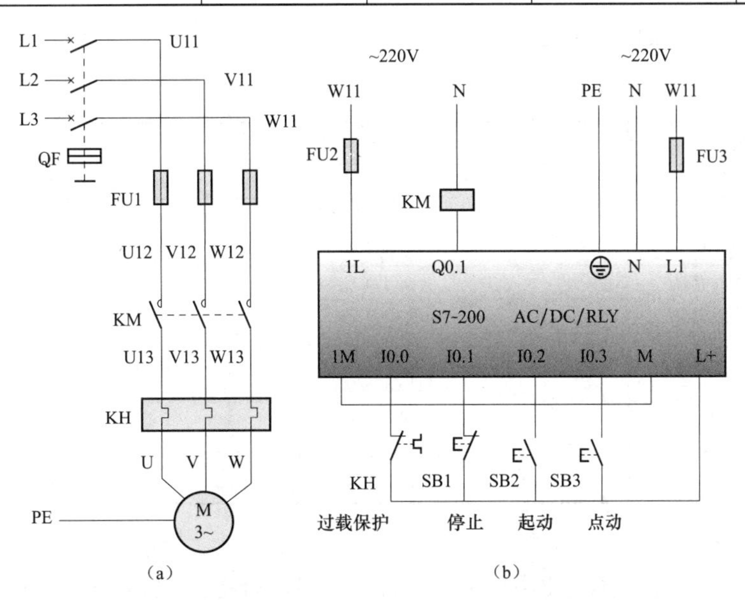

图 1-27 PLC点动与自锁混合控制线路

(a) 主电路；(b) 控制电路

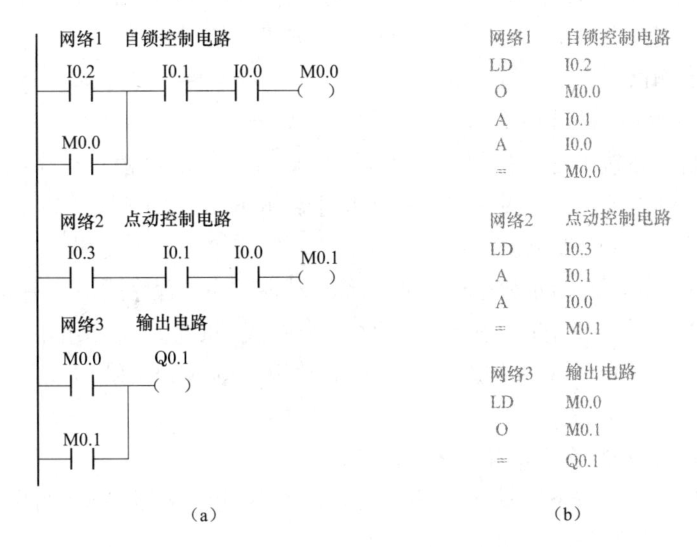

图 1-28 PLC点动与自锁混合控制程序

(a) 程序梯形图；(b) 程序指令表

相关知识

位存储器 M

PLC执行程序过程中，可以用内部软元件位存储器来存储中间操作状态和控制信息，其作用相当于继电器控制系统中的中间继电器。位存储器用“M”表示，共256位，采用八进制（M0.0～M0.7，M1.0～M1.7，…，M31.0～M31.7）。

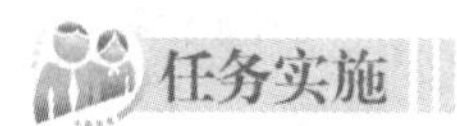

任务实施

一、任务准备

实施本任务所需要的设备见表1-11。

表1-11 设 备 表

序 号	名 称	型 号 规 格	数 量	单 位
1	计算机	安装STEP 7-Micro/WIN V 4.0软件	1	台
2	PLC	S7-200 AC/DC/RLY	1	台
3	编程电缆	PC/PPI或USB/PPI	1	根
4	低压断路器	DZ47LE	1	个
5	熔断器	RT18-32	2	组
6	接触器	CJ20-10A（线圈电压220V）	1	个
7	热继电器	JR36-20	1	个
8	按钮	LA10-3H	1	个
9	电动机	YS5024，60W，380V，Y/△，1400r/min	1	台
10	控制板	长750mm宽600mm	1	块

二、连接线路

按图1-27所示在控制板上连接PLC点动与自锁混合控制线路，暂不连接输出端负载，连接无误后接通PLC电源。

（1）PLC输入指示灯I0.0应点亮，表示热继电器动断触点与连线正常。

（2）PLC输入指示灯I0.1应点亮，表示停止按钮与连线正常。

三、程序逻辑测试

将图1-28所示程序下载到PLC。

（1）自锁控制。当按下起动按钮SB2时，M0.0线圈得电自锁，程序网络3中M0.0动合触点闭合，输出继电器Q0.1线圈得电。当按下停止按钮SB1时，M0.0线圈断电解除自锁，输出继电器Q0.1线圈失电。

（2）点动控制。当按下点动按钮SB3时，M0.1线圈得电，程序网络3中M0.1动合触点闭合，输出继电器Q0.1线圈得电；当松开SB3时，M0.1线圈断电，输出继电器Q0.1线圈失电。

（3）过载保护。断开I0.0接线端，模拟过载故障，则M0.0和M0.1失电。

四、操作

将接触器线圈KM连接PLC输出端Q0.1。

（1）电动机起动。当按下起动按钮SB2时，PLC输出继电器Q0.1得电，使接触器线圈KM得电，KM主触点闭合，电动机得电运转。

（2）电动机停止。当按下停止按钮SB1时，PLC输出继电器Q0.1失电，使接触器线圈KM失电，KM主触点分断，电动机断电停止。

（3）电动机点动。当按下点动按钮SB3时，PLC输出继电器Q0.1得电，使接触器线圈KM得电，电动机得电运转；当松开点动按钮SB3时，PLC输出继电器Q0.1失电，使接触器线圈KM失电，电动机断电停止。

（4）过载保护。当发生过载故障时，热继电器动断触点 KH 分断，电动机失电停止。

思考与练习

1. 说明位存储器 M 与输出继电器 Q 的异同。

2. 试设计用 PLC 控制的电动机点动与自锁线路。写出输入/输出端口分配表，绘出线路图，编写控制程序。

任务 5 用 PLC 实现电动机正反转控制

任务引入

在工业生产设备中，常通过电动机正反转来改变运动部件的移动方向。本任务使用 PLC 实现电动机正反转控制，PLC 输入/输出端口分配见表 1-12，控制线路如图 1-29 所示，控制程序如图 1-30 所示。

表 1-12　PLC 输入/输出端口分配表

输入端口			输出端口		
输入继电器	输入器件	作用	输出继电器	输出器件	控制对象
I0.0	KH（动断触点）	过载保护	Q0.1	KM1	M 正转
I0.1	SB1（动断触点）	停止按钮	Q0.2	KM2	M 反转
I0.2	SB2（动合触点）	正转按钮	—	—	—
I0.3	SB3（动合触点）	反转按钮	—	—	—

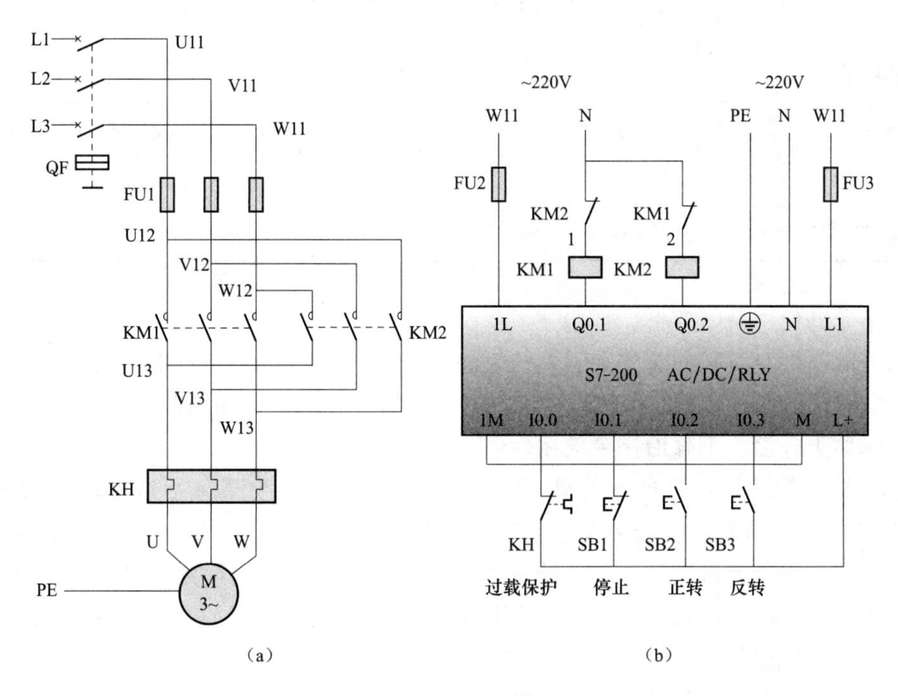

图 1-29　PLC 正反转控制线路
（a）主电路；（b）控制电路

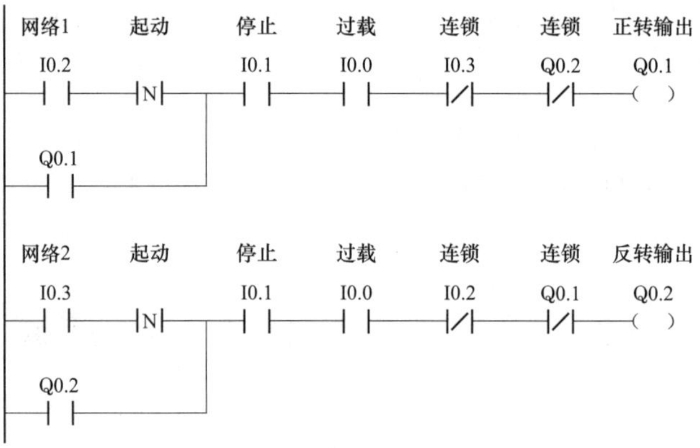

网络1 起动 停止 过载 连锁 连锁 正转输出
I0.2 N I0.1 I0.0 I0.3 Q0.2 Q0.1
Q0.1

网络2 起动 停止 过载 连锁 连锁 反转输出
I0.3 N I0.1 I0.0 I0.2 Q0.1 Q0.2
Q0.2

图 1-30 PLC 正反转控制程序

由于正转接触器和反转接触器不能同时通电，否则将造成电源短路事故，所以必须采取接触器连锁措施。需要指出的是，仅依靠 PLC 控制程序中软继电器触点连锁是不可靠的，在 PLC 输出端口必须要有接触器动断触点的硬件连锁。通常如果在继电器控制电路中有接触器之间的连锁电路，则在 PLC 的输出端口也应采用接触器的硬件连锁电路。

由于 PLC 程序中软继电器动合/动断触点是同时动作的，为了防止电动机换向过快对设备冲击力过大，对起动信号增加了脉冲下降沿指令，延缓了换向时间。

相关知识

一、脉冲上升沿、下降沿指令 EU、ED

脉冲上升沿指令 EU、脉冲下降沿指令 ED 的格式见表 1-13。

表 1-13　EU、ED 指令

指令名称	梯形图	助记符	逻辑功能
脉冲上升沿指令	—|P|—	EU	在上升沿产生一个周期脉冲
脉冲下降沿指令	—|N|—	ED	在下降沿产生一个周期脉冲

脉冲指令的使用说明如下。

(1)“EU”指令对其之前逻辑运算结果的上升沿产生一个扫描周期的脉冲。

(2)“ED”指令对其之前逻辑运算结果的下降沿产生一个扫描周期的脉冲。

二、脉冲上升沿、下降沿指令应用举例

【例 1-2】 某设备有两台电动机 M1 和 M2，其接触器线圈分别连接输出端 Q0.1 和 Q0.2。起动按钮连接输入端 I0.0，停止按钮（动断触点）连接输入端 I0.1。为了减小两台电动机同时起动时电流过大对供电电路的影响，让 M2 稍微延迟片刻起动，其控制要求是：当按下起动按钮时，M1 立即起动，延缓片刻松开起动按钮时，M2 才起动；当按下停止按钮时，M1、M2 同时停止。

解 根据控制要求，起动第一台电动机用起动按钮的 ON 信号，起动第二台电动机用起动按钮的 OFF 信号，程序梯形图和指令表如图 1-31 所示。

程序工作原理如下。

在按下起动按钮的瞬间，I0.0 的动合触点闭合，EU 指令在其上升沿控制 Q0.1 得电自锁，M1 起动。

在松开起动按钮的瞬间，I0.0 的动合触点分断，ED 指令在其下降沿控制 Q0.2 得电自锁，M2 起动。

当按下停止按钮时，Q0.1 和 Q0.2 均失电解除自锁，M1 和 M2 失电停止。时序图如图 1-32所示。

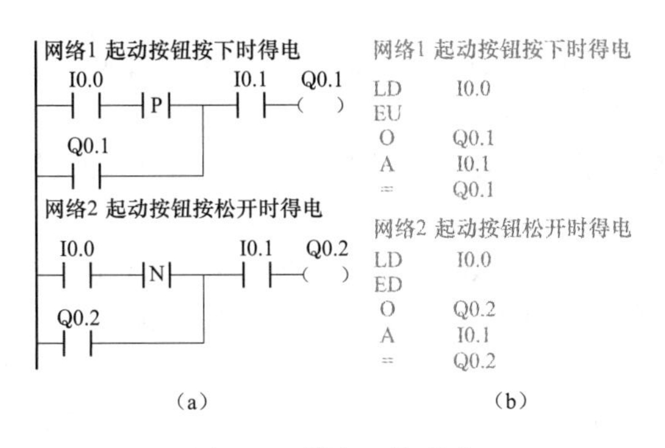

图 1-31 [例 1-2] 程序

(a) 程序梯形图；(b) 程序指令表

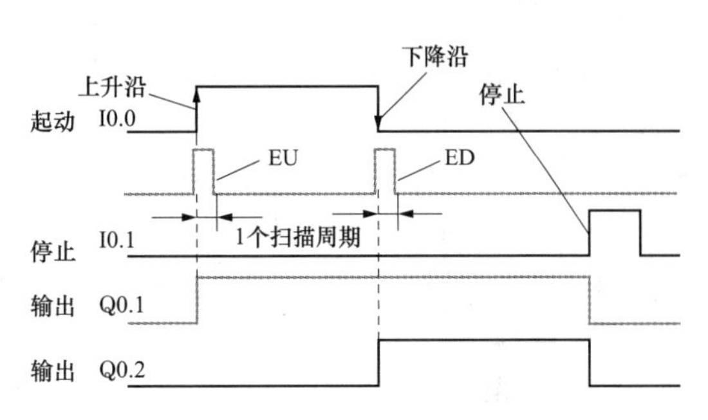

图 1-32 [例 1-2] 时序图

任务实施

一、任务准备

实施本任务所需要的设备见表 1-14。

表 1-14 设 备 表

序 号	名 称	型 号 规 格	数 量	单 位
1	计算机	安装 STEP 7-Micro/WIN V 4.0 软件	1	台
2	PLC	S7-200 AC/DC/RLY	1	台
3	编程电缆	PC/PPI 或 USB/PPI	1	根
4	低压断路器	DZ47LE	1	个
5	熔断器	RT18-32	2	组
6	接触器	CJ20-10A（线圈电压 220V）	2	个
7	热继电器	JR36-20	1	个
8	按钮	LA10-3H	1	个
9	电动机	YS5024，60W，380V，Y/△，1400r/min	1	台
10	控制板	长 750mm 宽 600mm	1	块

二、连接线路

按图 1-29 所示在控制板上连接 PLC 正反转控制线路，暂不连接输出端负载，连接无误后接通 PLC 电源。

(1) PLC 输入指示灯 I0.0 应点亮，表示热继电器动断触点与连线正常。

(2) PLC 输入指示灯 I0.1 应点亮，表示停止按钮与连线正常。

三、编辑、复制程序网络段

在如图 1-30 所示程序中，网络 1 与网络 2 的程序段类似，因此，可采用程序网络段复制的方法，以提高编程效率。当网络 1 程序段输入完成后，双击网络 1 编号，网络 1 程序段被选中，按下“Ctrl”＋“C”键，网络 1 程序段被复制；将光标移到网络 2 起始位置，按下“Ctrl”＋“V”键，网络 1 程序段被粘贴到网络 2，对粘贴的程序段稍加修改即可完成网络 2 程序段的编辑。

四、程序逻辑测试

将如图 1-30 所示程序下载到 PLC 并进行程序监控。

（1）正转控制。当按下正转按钮 SB2 时，输出继电器 Q0.2 线圈失电。当松开正转按钮 SB2 时，输出继电器 Q0.1 线圈得电自锁，Q0.1 指示灯亮。

（2）反转控制。当按下反转按钮 SB3 时，输出继电器 Q0.1 线圈失电。当松开反转按钮 SB3 时，输出继电器 Q0.2 线圈得电自锁，Q0.2 指示灯亮。

（3）停止控制。当按下停止按钮 SB1 时，输出继电器 Q0.1、Q0.2 均失电解除自锁。

（4）过载保护。断开 I0.0 接线端，模拟过载故障，Q0.1 和 Q0.2 失电解除自锁。

五、操作

将接触器线圈 KM1、KM2 分别连接到 PLC 输出端 Q0.1、Q0.2。

（1）电动机正转。当按下正转按钮 SB2 时，反转停止；当松开正转按钮 SB2 时，接触器线圈 KM1 通电，KM1 主触点闭合，电动机得电正转。

（2）电动机反转。当按下反转按钮 SB3 时，正转停止；当松开反转按钮 SB3 时，接触器线圈 KM2 得电，KM2 主触点闭合，电动机得电反转。

（3）电动机停止。当按下停止按钮 SB1 时，电动机失电停止。

（4）过载保护。当发生过载故障时，电动机失电停止。

思考与练习

1. 为什么说 PLC 正反转控制电路仅依靠软件连锁不可靠，应采取什么措施？

2. 试写出与图 1-30 所示程序梯形图对应的指令表。

3. 试设计用 PLC 控制的电动机正反转线路。写出输入/输出端口分配表，绘出线路图，编写控制程序。

任务 6 用 PLC 实现 3 台电动机顺序起动控制

任务引入

延时控制是常见的控制方式之一。例如，某生产设备有 3 台电动机 M1、M2 和 M3，其生产工艺要求是：当按下起动按钮时，M1 起动；当 M1 运行 4s 后，M2 起动；当 M2 运行 5s 后，M3 起动。当按下停止按钮时，3 台电动机同时停止。在起动过程中，指示灯 HL 常亮，表示“正在起动中”；起动过程结束后，指示灯 HL 熄灭；当某台电动机出现过载故障时，全部电动机均停止，指示灯 HL 闪烁，表示“出现过载故障”。本任务使用 PLC 控制完成上述工艺要求，PLC 输入/输出端口分配见表 1-15，控制线路如图 1-33 所示。本任务涉及时间控制和指示灯闪烁控制，需要掌握定时器指令和特殊存储器的使用方法。

表 1-15 PLC 输入/输出端口分配表

输入端口			输出端口		
输入继电器	输入元件	作用	输出继电器	输出元件	控制对象
I0.0	KH1～KH3 触点串联	过载保护	Q0.0	指示灯	HL
I0.1	SB1（动断触点）	停止按钮	Q0.1	KM1	M1
I0.2	SB2（动合触点）	起动按钮	Q0.2	KM2	M2
—	—	—	Q0.3	KM3	M3

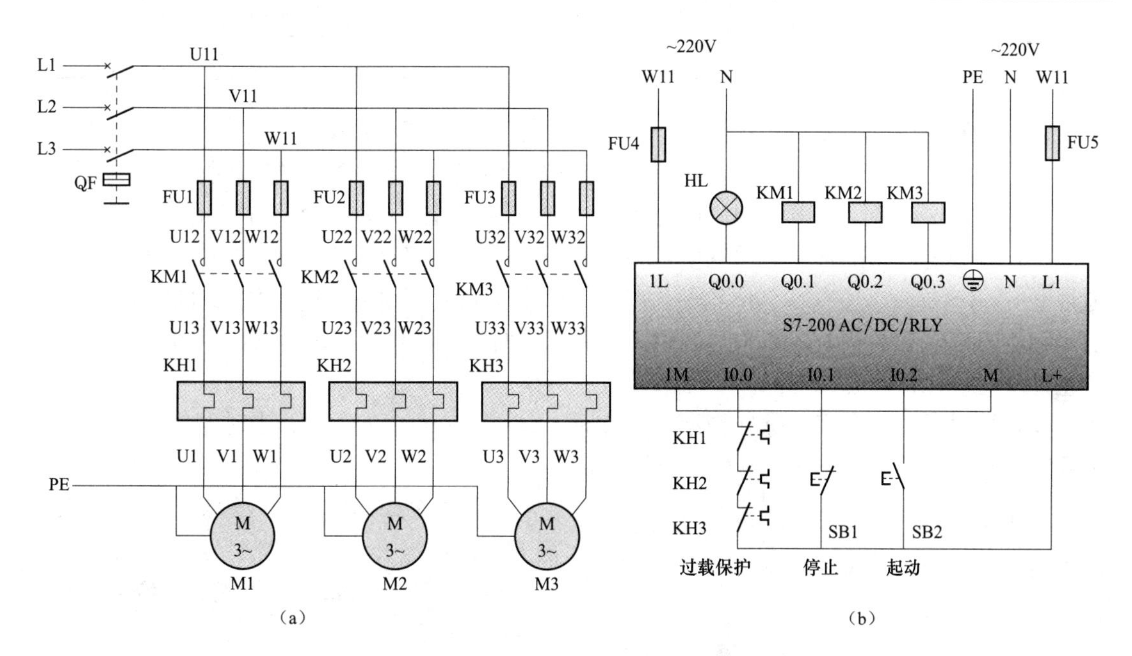

图 1-33 3 台电动机顺序起动的 PLC 控制线路

（a）主电路；（b）控制电路

相关知识

一、定时器指令 TON、TOF、TONR

S7-200 的定时器类型有三种：接通延时定时器（TON）、断开延时定时器（TOF）和有记忆接通延时定时器（TONR），其指令格式见表 1-16。

表 1-16 定时器指令

项　目	接通延时定时器	断开延时定时器	有记忆接通延时定时器
梯形图	IN TON PT ???ms	IN TOF PT ???ms	IN TONR PT ???ms
指令表	TON　T××，PT	TOF　T××，PT	TONR　T××，PT
操作数类型及范围	PT—预置值，数据类型为 16 位有符号整数。数据范围为 VW，IW，QW，MW，SW，SMW，LW，AIW，T，C，AC，常数，* VD，* LD，* AC		

S7-200 有 256 个定时器，地址编号为 T0～T255，对应不同的定时器指令，其分类见表 1-17。

表 1-17　　定时器分类表

类　型	分辨率（ms）	定时范围（s）	定时器地址编号
TONR	1	0.001～32.767	T0、T64
	10	0.01～327.67	T1～T4、T65～T68
	100	0.1～3276.7	T5～T31、T69～T95
TON TOF	1	0.001～32.767	T32、T96
	10	0.01～327.67	T33～T36、T97～T100
	100	0.1～3276.7	T37～T63、T101～T255

定时器的使用说明如下。

（1）在定时器梯形图符号中，IN 表示定时器使能输入端。IN 端接通时，定时器计时；IN 端断开时，接通延时定时器当前值被清零。也可用复位（R）指令将任何定时器清零。

（2）每个定时器都有一个预置值寄存器和一个当前值寄存器（均为 16 位，通常取值范围是 0～+32 767），还有一个位元件。当当前值等于和大于预置值时，位元件状态 ON，其动合触点闭合，动断触点分断。达到预置值后，定时器仍继续计时，达到最大值 32 767 时，停止计时，位元件状态保持。

（3）定时器的分辨率（脉冲周期）有三种：1ms、10ms、100ms。定时器的延时时间等于预置值与脉冲周期的乘积。

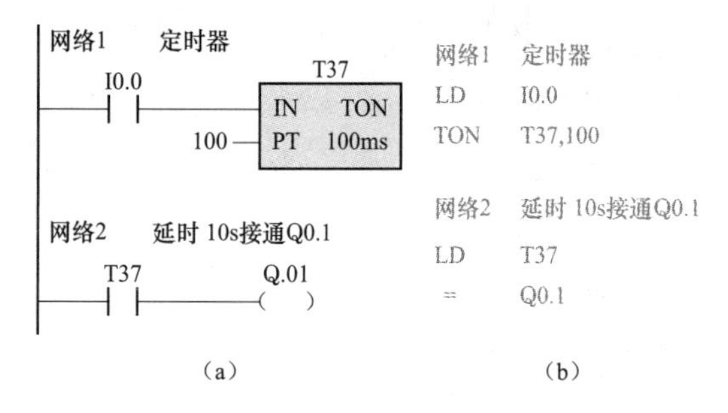

图 1-34　TON 定时器指令的应用

（a）程序梯形图；（b）程序指令表

（4）虽然 TON 和 TOF 定时器地址编号范围相同，但一个定时器编号不能同时用作 TON 和 TOF。例如，不能既有 TON T37 又有 TOF T37。

TON 定时器指令的应用如图 1-34 所示。当 I0.0 动合触点闭合时，T37 开始延时，当当前值寄存器中的数据与预置值 100 相等（即延时时间 100ms×100＝10s）时，T37 动合触点闭合，Q0.1 得电（T37 的当前值寄存器继续计数至 32 767）。当 I0.0 动合触点分断时，T37 的当前值寄存器复位清 0，T37 动合触点分断，Q0.1 失电。

二、特殊存储器 SM

特殊存储器是 PLC 内部具有特殊控制功能的元件，可供用户选择使用。不同型号 CPU 模块所具有的特殊存储器的位数不同，以 CPU226 为例，共 4400 位，地址采用八进制（SM0.0～SM0.7，…，SM549.0～SM549.7）。其中 SM0.0～SM29.7 为只读存储器，不能改变其功能。

SM0.0：在程序运行时，该位状态始终为 1。

SM0.1：在程序第一个扫描周期时该位状态为 1，主要用于程序初始化。

SM0.4：周期为 1min 的脉冲方波信号，如图 1-35（a）所示。

SM0.5：周期为 1s 的脉冲方波信号，如图 1-35（a）所示。

在如图 1-35（b）所示程序梯形图中，用触点 SM0.4 控制输出端 Q0.0，用触点 SM0.5

控制输出端 Q0.1，可使 Q0.0 和 Q0.1 按分、秒脉冲周期性间断得电。

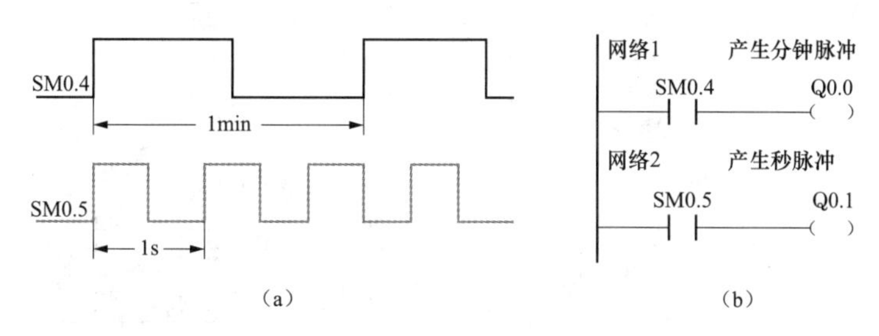

图 1-35 特殊存储器 SM0.4、SM0.5 的波形及应用举例

(a) 波形；(b) 应用举例

三、串联电路块指令 ALD

两个或两个以上触点并（串）联连接的电路称为并（串）联电路块。在程序梯形图中除了单个触点的串联与并联形式外，还有电路块的串联、并联和混联形式。串联电路块的逻辑运算要使用“与块”指令 ALD，并联电路块的逻辑运算要使用“或块”指令 OLD。

如图 1-36（a）、（b）所示两个程序梯形图的逻辑控制关系相同。但图 1-36（a）输入逻辑关系简单，触点 I0.0 先与 Q0.0 并联，后与 I0.1 串联，仅使用了触点串、并联指令。而图 1-36（b）输入逻辑关系复杂，触点 I0.1 与 I0.0 和 Q0.0 形成的并联电路块串联，需要使用串联电路块指令 ALD。

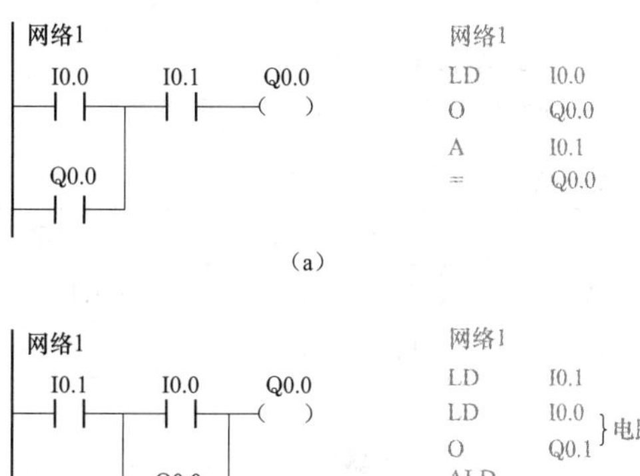

图 1-36 ALD 指令使用举例

(a) 不使用 ALD 指令；(b) 使用 ALD 指令

由图 1-36（b）所示指令表可以看出，并联电路块的起点使用 LD 指令（动断触点使用 LDN），并联结束后使用 ALD 指令，表示该并联电路块与前面的电路是串联逻辑关系。通常在程序逻辑关系一定时，指令语句越少越好，所以图 1-36（a）所示程序优于图 1-36（b）。即 PLC 程序梯形图应尽量符合“左重右轻”的编程规则，使程序结构精简，运行速度快。

四、并联电路块指令 OLD

如图 1-37（a）、（b）所示两个程序梯形图的逻辑控制关系相同。但图 1-37（a）输入逻辑关系简单，触点 I0.0 先与 I0.1 串联，后与 I0.2 并联，仅使用了触点串、并联指令。而图 1-37（b）输入逻辑关系复杂，触点 I0.2 与 I0.0 和 I0.1 形成的串联电路块并联，需要使用并联电路块指令 OLD。

由图 1-37（b）所示指令表可以看出，串联电路块的起点用 LD 指令（动断触点用 LDN），串联结束后使用 OLD 指令，表示该串联电路块与前面的电路是并联逻辑关系。显然，图 1-37（a）所示程序优于图 1-37（b），即 PLC 程序梯形图应尽量符合“上重下轻”的编程规则。

五、混联电路块的编程

如图 1-38 所示程序梯形图中既有并联电路块，也有串联电路块，其逻辑运算关系为先进行并联电路块运算，后进行串联电路块运算。

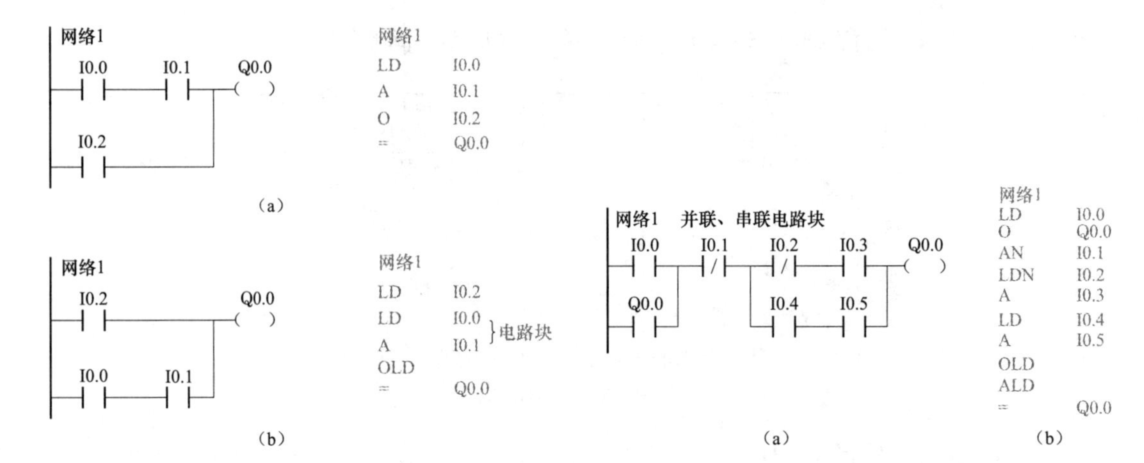

图 1-37 OLD 指令使用举例

(a) 不使用 OLD 指令；(b) 使用 OLD 指令

图 1-38 混联电路块的编程

(a) 程序梯形图；(b) 程序指令表

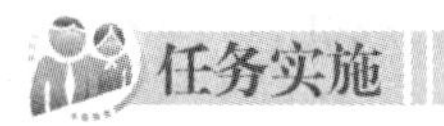

一、任务准备

实施本任务所需要的设备见表 1-18。

表 1-18　　设 备 表

序 号	名 称	型 号 规 格	数 量	单 位
1	计算机	安装 STEP 7-Micro/WIN V 4.0 软件	1	台
2	PLC	S7-200 AC/DC/RLY	1	台
3	编程电缆	PC/PPI 或 USB/PPI	1	根
4	低压断路器	DZ47LE	1	个
5	熔断器	RT18-32	4	组
6	接触器	CJ20-10A（线圈电压 220V）	3	个
7	热继电器	JR36-20	3	个
8	按钮	LA10-3H	1	个
9	微型指示灯	DH16-HS（额定电压 220V）	1	盏
10	电动机	YS5024，60W，380V，Y/△，1400r/min	3	台
11	控制板	长 750mm 宽 600mm	1	块

二、连接线路

按图 1-33 所示在控制板上连接 3 台电动机顺序起动控制线路，暂不连接输出端负载，连接无误后接通 PLC 电源。

（1）PLC 输入指示灯 I0.0 应点亮，表示 3 个热继电器的动断触点与连线正常。

（2）PLC 输入指示灯 I0.1 应点亮，表示停止按钮与连线正常。

三、编写控制程序

3 台电动机顺序起动控制程序如图 1-39 所示。

四、程序逻辑测试

将如图 1-39 所示程序下载到 PLC 并进行程序监控。

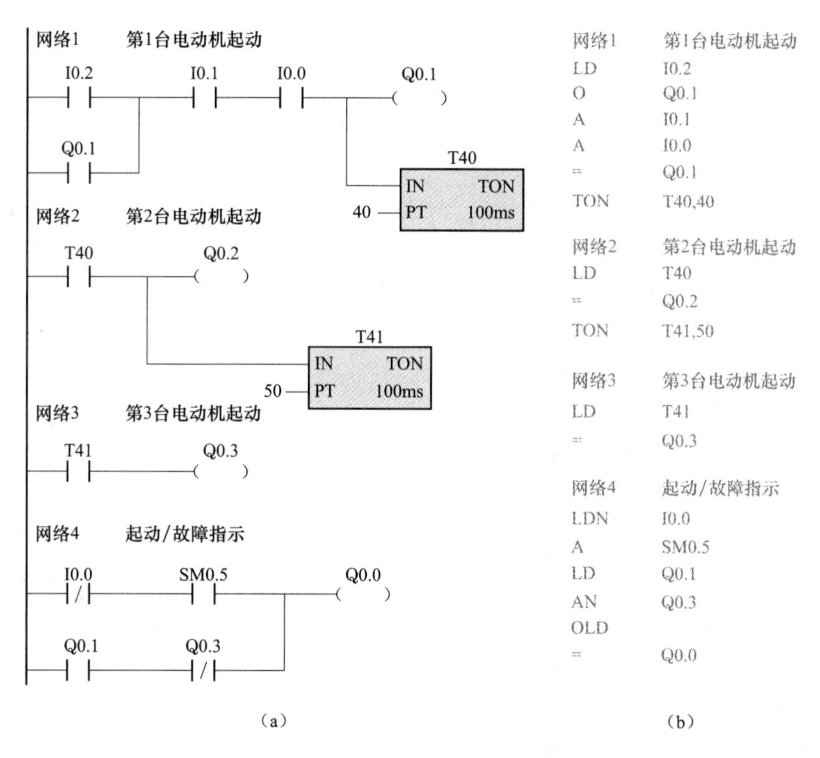

图 1-39　3 台电动机顺序起动控制程序
(a) 程序梯形图；(b) 程序指令表

(1) 顺序起动。当按下起动按钮 SB2 时，Q0.1 得电自锁，T40 延时，Q0.0 指示灯亮；T40 延时 4s 后 Q0.2 得电，T41 延时；T41 延时 5s 后 Q0.3 得电。Q0.3 得电时 Q0.0 指示灯熄灭。

(2) 停止控制。当按下停止按钮 SB1 时，Q0.0～Q0.3 及 T40、T41 全部失电。

(3) 过载保护。断开 I0.0 接线端，模拟过载故障，Q0.1、Q0.2、Q0.3 及 T40、T41 全部失电，Q0.0 指示灯在秒脉冲信号 SM0.5 作用下间断得电闪烁报警。

五、操作

将指示灯 HL、接触器线圈 KM1、KM2、KM3 分别连接到 PLC 输出端 Q0.0、Q0.1、Q0.2、Q0.3。

(1) 顺序起动。当按下起动按钮 SB2 时，第 1 台电动机起动，同时指示灯 HL 亮；延时 4s 后第 2 台电动机起动；再延时 5s 后第 3 台电动机起动。第 3 台电动机起动后指示灯 HL 灭。

(2) 停止控制。当按下停止按钮 SB1 时，3 台电动机均失电停止。

(3) 过载保护。当发生过载故障时，3 台电动机均失电停止，指示灯 HL 闪烁报警。

知识拓展

一、TOF 定时器指令的应用举例

当断开延时定时器 TOF 的使能输入端（IN）接通时，定时器位元件置位，并把当前值设为“0”。当使能输入端（IN）断开时，TOF 定时器开始延时，当当前值等于预置值（PT）时，定时器位元件复位，并且停止计时。如果使能输入端（IN）断开的持续时间小于延时时间，定时器位元件保持置位状态。

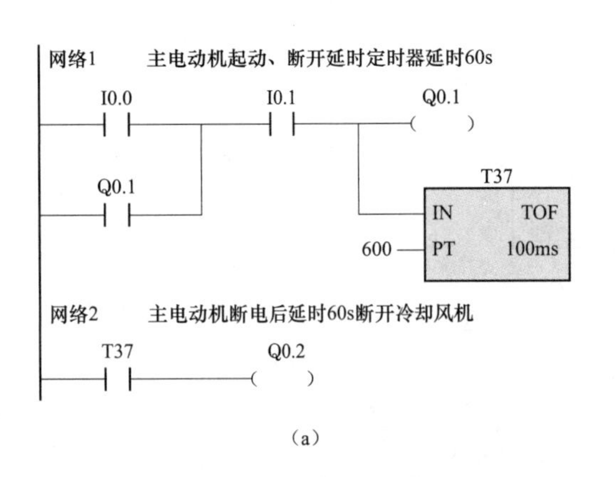


```
网络1
LD    I0.0
O     Q0.1
A     I0.1
=     Q0.1
TOF   T37,600
网络2
LD    T37
=     Q0.2
```

(b)

图 1-40 TOF 定时器的应用举例

(a) 程序梯形图；(b) 程序指令表

TOF 指令的应用举例如图 1-40 所示。某设备生产工艺要求是：当主电动机停止工作后，冷却风机要继续工作 60s，以对主电动机降温。I0.0/I0.1 分别连接起动/停止按钮，Q0.1 控制主电动机，Q0.2 控制冷却风机。

其程序原理如下：当按下起动按钮 I0.0 时，Q0.1 得电自锁，同时 T37 位元件置位，Q0.2 得电，主电动机和冷却风机同时起动。当按下停止按钮 I0.1 时，Q0.1 断开解除自锁，主电动机停止工作；同时 T37 开始延时，当 T37 延时 60s 时，T37 复位，Q0.2 断电，冷却风机停止工作。

二、TONR 定时器指令的应用举例

有记忆接通延时定时器 TONR 在延时过程中当使能输入端（IN）断开时，当前值寄存器的数据仍然保持，当使能输入端（IN）重新接通时，当前值寄存器在原有计数的基础上继续计数，直到累计数据达到预置值，定时器位元件动作。有记忆接通延时定时器的当前值寄存器数据只能用复位指令清零。

TONR 定时器指令的应用如图 1-41 所示。当 I0.0 动合触点接通时，T5 开始延时，当延时时间 100×100ms=10s 时，定时器 T5 动合触点接通，Q0.1 得电。在延时过程中，若 I0.0 触点断开，则 T5 的当前值寄存器保持数据不变。当 I0.0 重新接通时，T5 在原有计数的基础上继续计数。当 I0.1 动合触点接通时，复位指令 R 使 T5 当前值寄存器和位元件复位清零。

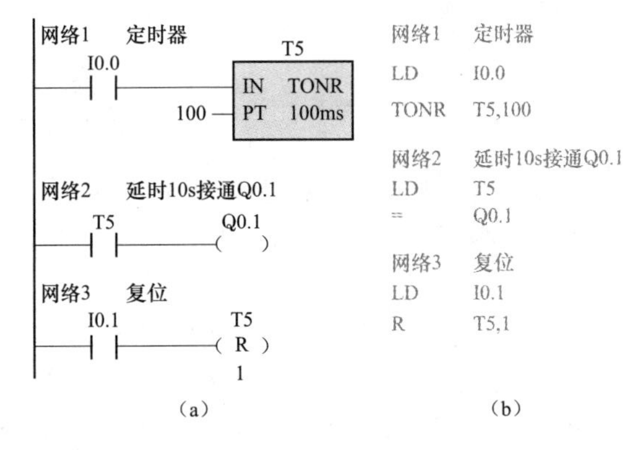

图 1-41 TONR 定时器的应用举例

(a) 程序梯形图；(b) 程序指令表

思考与练习

1. 什么是电路块？当进行电路块逻辑运算时，使用什么指令？

2. 程序梯形图如图 1-42 所示，试写出对应的指令表。

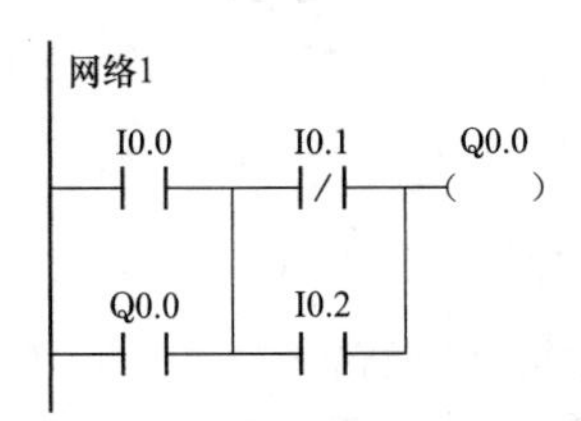

图 1-42 思考与练习题 2

3. 某设备有两台电动机 M1、M2，控制要求如下：当按下起动按钮时，M1 起动；20s 后 M2 起动；M2 起动 1min 后 M1 和 M2 自动停止；若按下停止按钮，两台电动机立即停止。

（1）写出输入/输出端口分配表。

（2）绘出 PLC 控制线路图。

（3）编写控制程序。

任务7 用PLC实现电动机单按钮起动/停止控制

任务引入

一般情况下，PLC控制线路用一个起动按钮和一个停止按钮来分别控制电动机运行和停止，但在输入信号数量多、输入端口不够使用时，也可用单按钮来实现运行和停止两种控制功能。本任务使用PLC实现电动机单按钮起动/停止控制，PLC输入/输出端口分配见表1-19，控制线路如图1-43所示。单按钮用作起动/停止控制时不能使用红色或绿色，只能使用黑、白、或灰色。单按钮控制程序要使用计数器指令。

表1-19 PLC输入/输出端口分配表

输入端口			输出端口		
输入继电器	输入元件	作　用	输出继电器	输出元件	控制对象
I0.0	KH（动断触点）	过载保护	Q0.1	KM	电动机M
I0.2	SB（动合触点）	起动/停止按钮	—	—	—

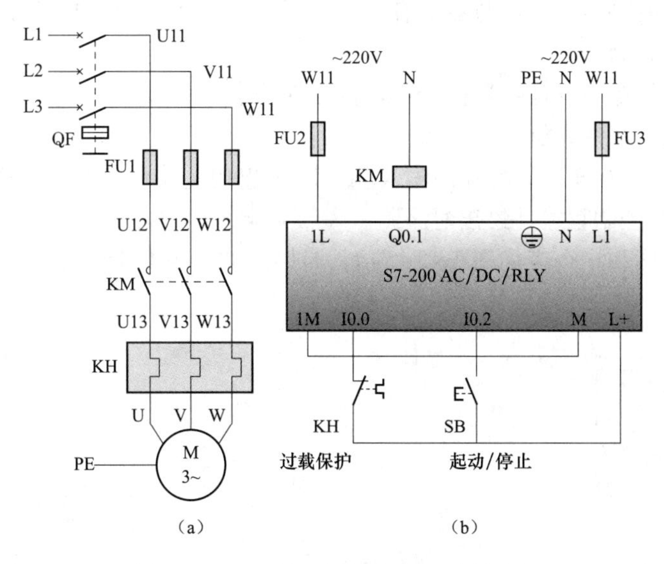

图1-43 PLC单按钮起动/停止控制线路
(a) 主电路；(b) 控制电路

相关知识

一、计数器指令

在生产中需要计数的场合很多，例如，对生产流水线上加工的工件进行定量计数等。计数器指令格式见表1-20。

表 1-20　　计数器指令格式

项　目	增计数器 CTU	减计数器 CTD	增减计数器 CTUD
梯形图	C××× CU　CTU R PV	C××× CD　CTD LD PV	C××× CU　CTUD CD R PV
指令表	CTU　C×××，PV	CTD　C×××，PV	CTUD　C×××，PV
操作数类型及范围	PV—预置值，数据类型为 16 位有符号整数。操作数范围为 VW，IW，QW，MW，SW，SMW，LW，AIW，T，C，AC，常数，* VD，* LD，* AC		

计数器的使用说明如下。

（1）有增计算器 CTU、减计数器 CTD 和增减计数器 CTUD 三种类型，CU 为增计数信号输入端，CD 为减计数信号输入端，R 为复位输入端，LD 为装载预置值，PV 为预置值。

（2）三种类型计数器地址范围均为 C0～C255，但不同类型的计数器不能共用同一计数器地址。

（3）计数器的当前值和预置值寄存器数据都是 16 位有符号整数，计数功能发生在计数脉冲信号的上升沿时刻。每个计数器都有一个位元件，在当前值数据不小于预置值数据时，计数器的位元件状态为 ON。

（4）执行复位指令时，计数器被清零，位元件状态为 OFF。

二、计数器指令应用举例

【例 1-3】　设 I0.0 连接计数脉冲输入端，I0.1 连接复位端，当计数值为 5 时，输出端 Q0.1 通电，试编写控制程序并绘出时序图。

解　程序梯形图和指令表如图 1-44 所示，时序图如图 1-45 所示。

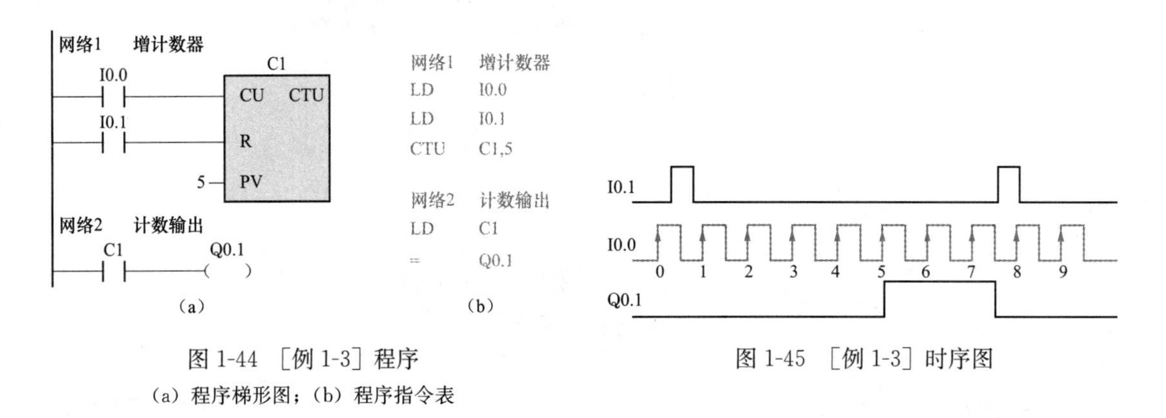

图 1-44　［例 1-3］程序
（a）程序梯形图；（b）程序指令表

图 1-45　［例 1-3］时序图

【例 1-4】　编写一个长时间延时控制程序，设控制端 I0.0 闭合 5h 后，输出端 Q0.1 通电，I0.1 连接复位端。

解　由于一个定时器最多只能延时 3276.7s，因此可由特殊存储器 SM0.5（秒脉冲信号）和一个计数器构成控制器，延时时间为 1s×18 000＝5h，程序如图 1-46 所示。

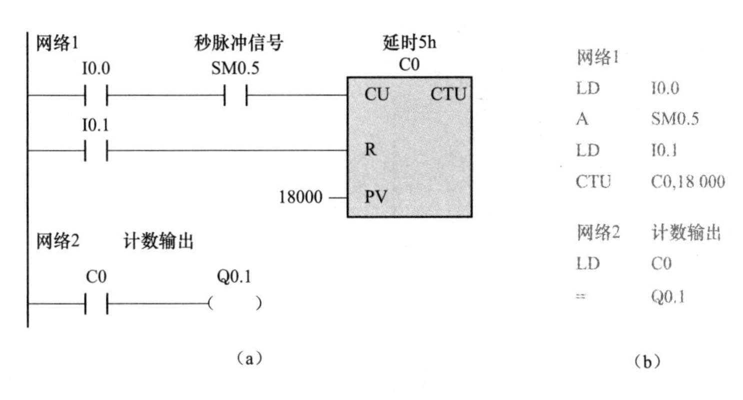

图 1-46 [例 1-4] 程序

(a) 程序梯形图;(b) 程序指令表

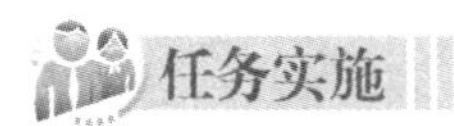

任务实施

一、任务准备

实施本任务所需要的设备见表 1-21。

表 1-21 设 备 表

序 号	名 称	型 号 规 格	数 量	单 位
1	计算机	安装 STEP 7-Micro/WIN V 4.0 软件	1	台
2	PLC	S7-200 AC/DC/RLY	1	台
3	编程电缆	PC/PPI 或 USB/PPI	1	根
4	低压断路器	DZ47LE	1	个
5	熔断器	RT18-32	2	组
6	接触器	CJ20-10A (线圈电压 220V)	1	个
7	热继电器	JR36-20	1	个
8	按钮	LA10-3H	1	个
9	电动机	YS5024,60W,380V,Y/△,1400r/min	1	台
10	控制板	长 750mm 宽 600mm	1	块

二、连接线路

(1) 按图 1-43 所示在控制板上连接电动机单按钮起动/停止控制线路,暂不连接输出端负载,连接无误后接通 PLC 电源。

(2) PLC 输入指示灯 I0.0 应点亮,表示热继电器动断触点与连线正常。

三、编写控制程序

电动机单按钮起动/停止控制程序如图 1-47 所示。

起动/停止共用同一个按钮,连接输入端 I0.2,输出端为 Q0.1。当第一次按下按钮 SB 时,计数器 C1、C2 当前值为 1,C1 置位,Q0.1 得电;当第二次按下按钮 SB 时,C1、C2 均被复位,Q0.1 失电。输入/输出时序图如图 1-48 所示。

四、程序逻辑测试

将如图 1-47 所示程序下载到 PLC 并进行程序监控。

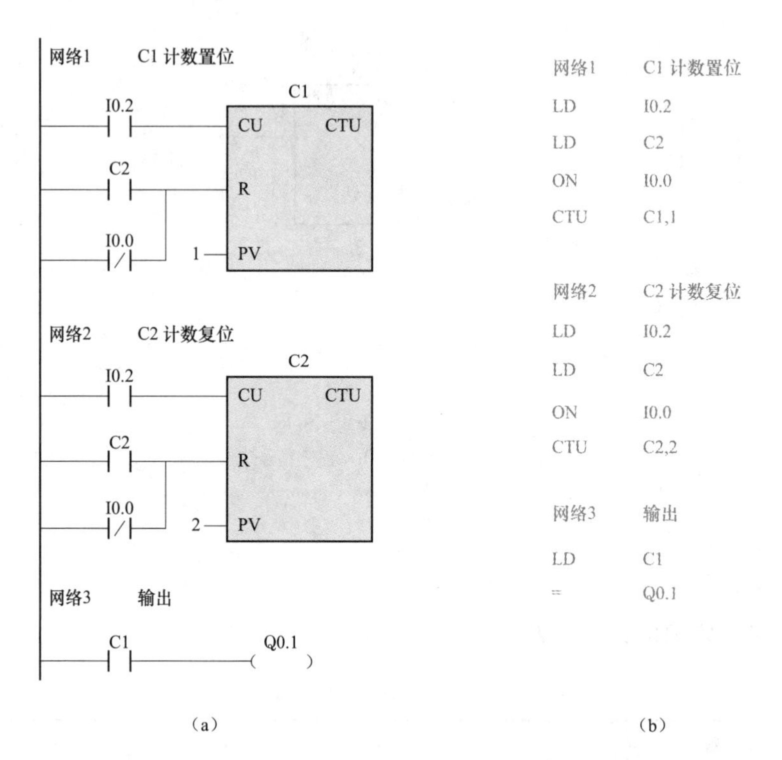

图 1-47 PLC 单按钮起动/停止控制程序

(a) 程序梯形图；(b) 程序指令表

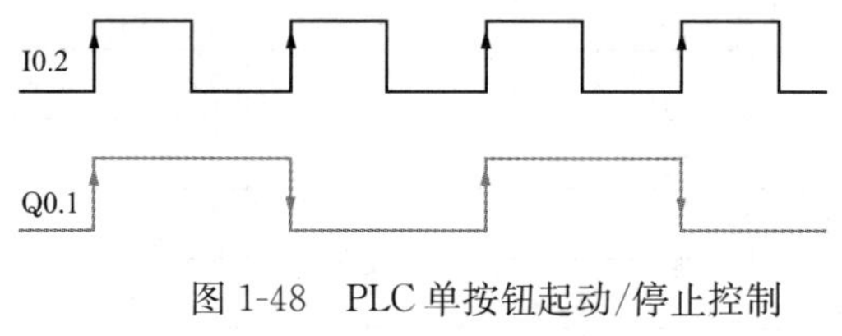

图 1-48 PLC 单按钮起动/停止控制输入/输出时序图

(1) 起动。第一次按下按钮 SB，C1 置位，Q0.1 得电。

(2) 停止。第二次按下按钮 SB，C1 和 C2 复位，Q0.1 失电。

(3) 过载保护。断开 I0.0 接线端，模拟过载故障，C1、C2 均复位，Q0.1 失电。

五、操作

将接触器线圈 KM 连接到 PLC 输出端 Q0.1。

(1) 起动。第一次按下按钮 SB，电动机得电起动。

(2) 停止。第二次按下按钮 SB，电动机失电停止。

(3) 过载保护。当发生过载故障时，电动机失电停止。

知识拓展

一、减计数器指令 CTD 应用举例

减计数器指令 CTD 从预置值开始，在每一个（CD）输入脉冲的上升沿时递减计数。在当前值等于 0 时，计数器被置位。当装载输入端（LD）接通时，计数器自动复位，当前值复位为预置值（PV）。

在如图 1-49 所示减计数器程序中，当程序开始运行（利用 SM0.1 初始化）或 I0.1 动合触点闭合时，预置值被装载，C3 自动复位。在 I0.0 动合触点闭合时，C3 开始减计数，当 I0.0 动合触点第 3 次闭合时，C3 被置位，Q0.1 得电，时序图如图 1-50 所示。

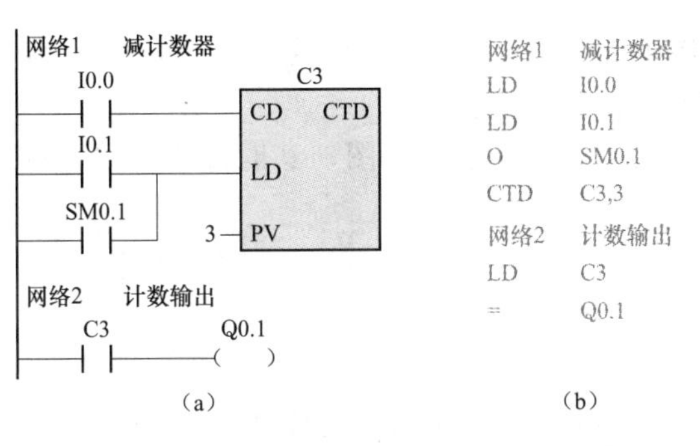

图 1-49 减计数器应用举例

(a) 程序梯形图；(b) 程序指令表

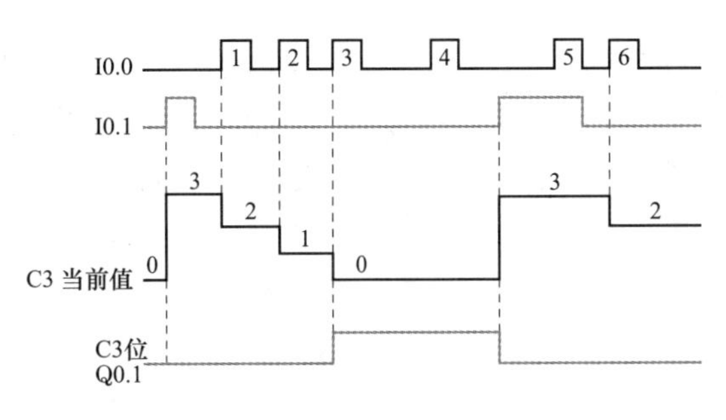

图 1-50 减计数器应用举例时序图

二、增减计数器指令 CTUD 应用举例

增减计数器有增计数和减计数两种工作方式，其计数方式由输入端（CU 或 CD）决定。

当达到最大值（＋32 767）时，在增计数输入端的下一个上升沿将使当前计数值变为最小值（－32 768）。当达到最小值（－32 768）时，在减计数输入端的下一个上升沿将使当前计数值变为最大值（＋32 767）。

在当前值数据不小于预置值数据（PV）时，计数器置位。当复位端（R）接通时，计数器复位。

如图 1-51 所示为增减计数器指令应用举例。I0.0 连接增计数端，I0.1 连接减计数端，I0.2 连接复位端。在当前值不小于 4 时，C10 置位，Q0.1 得电；在当前值小于 4 或 I0.2 接通时，C10 复位，Q0.1 失电，时序图如图 1-52 所示。

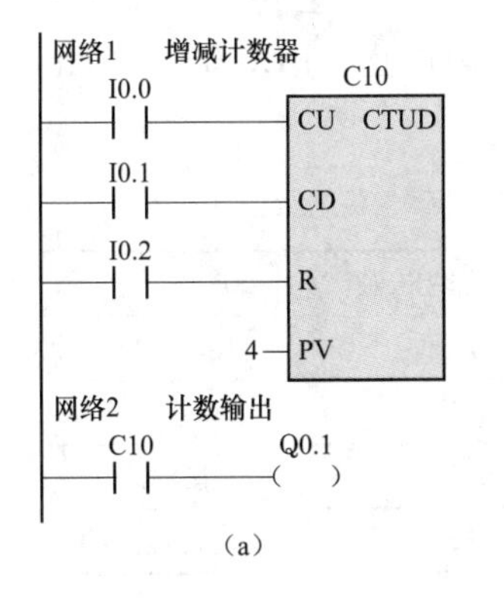

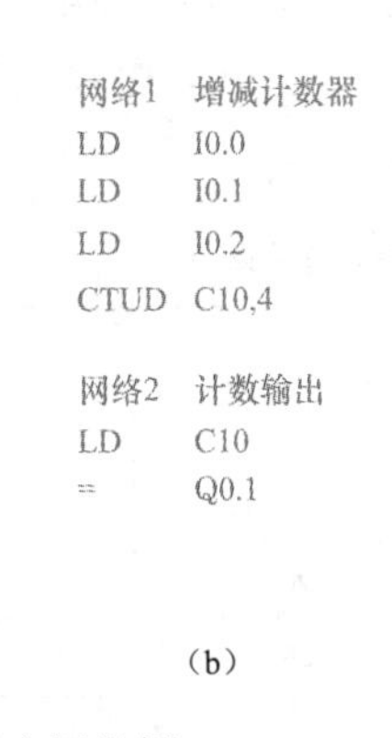

图 1-51 增减计数器应用举例

(a) 程序梯形图；(b) 程序指令表

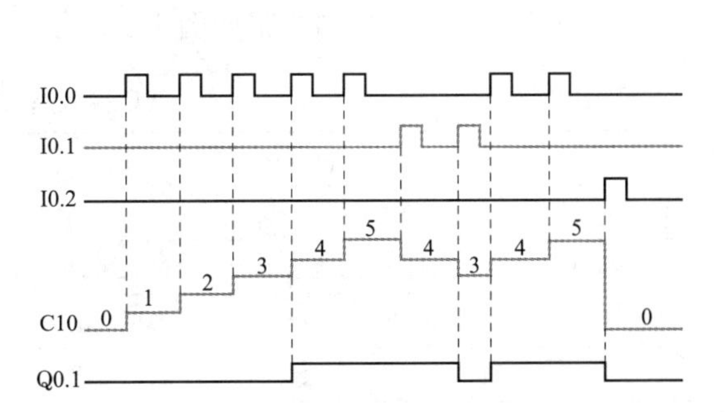

图 1-52 增减计数器时序图

思考与练习

1. 填空题

（1）计数器 C 的地址编号为____________。

（2）计数器 C 的类型有________、________、________。

（3）若增计数器的计数输入端信号为上升沿时，计数器的当前值________。在当前值数据不小于预置值数据（PV）时，其动合触点________，动断触点________。计数器复位后当前值为________，其动合触点________，动断触点________。

(4) 若减计数器的计数输入端信号为上升沿时，计数器的当前值______。计数器装载后当前值为________，其动合触点________，动断触点________。

2. 设计一个单按钮（I0.6）控制输出端（Q0.4）的程序梯形图，其时序图如图1-53所示。

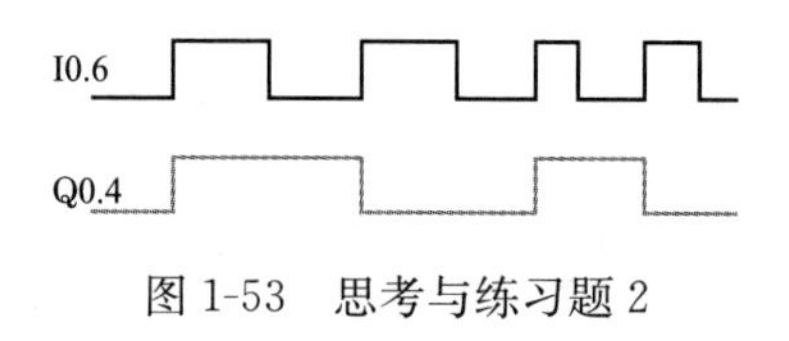

图1-53　思考与练习题2

任务8　用PLC实现电动机Y/△降压起动控制

任务引入

电动机起动时定子绕组联结为星形，待转速上升到额定转速时，再把定子绕组改接为三角形，这种起动方法可使每相定子绕组的电压在起动时下降到线路电压（380V）的$1/\sqrt{3}$（220V），电流下降为全压起动的1/3（为额定电流的2～2.35倍），起动转矩也下降为全压起动的1/3。

本任务使用PLC实现电动机Y—△降压起动控制，其控制要求是：当按下起动按钮时，电源接触器KM1和Y接触器KM2同时接通，电动机绕组Y联结降压起动；起动6s后Y接触器KM2先自动分断，△接触器KM3后自动接通，电动机绕组△联结全压运转。当按下停止按钮或电动机过载时，KM1、KM2和KM3同时分断，电动机失电停止。PLC输入/输出端口分配见表1-22，控制线路如图1-54所示。

表1-22　　PLC输入/输出端口分配表

输入端口			输出端口		
输入继电器	输入元件	作　用	输出继电器	输出元件	控制对象
I0.0	KH（动断触点）	过载保护	Q0.1	KM1	电源接触器
I0.1	SB1（动断触点）	停止按钮	Q0.2	KM2	Y接触器
I0.2	SB2（动合触点）	起动按钮	Q0.3	KM3	△接触器

相关知识

一、堆栈指令

在程序中，使用堆栈指令是为了处理两条以上的多分支支路。在电动机Y—△降压起动控制程序中，因为Q0.1的动合触点控制了输出端Q0.2、Q0.3和定时器T40三条支路，所以使用了堆栈指令。

堆栈是PLC按照数据“先进后出”的原则保存位逻辑运算结果的存储器。在S7-200系列PLC中，有iv0～iv8九个堆栈单元，每个单元可以存储1位二进制数据，所以最多可以连续保存9个二进制数据。iv0既是栈顶单元（第1级单元），也是位逻辑运算器，LD、LDN、A、AN、O、ON等指令均在该单元进行位逻辑运算。堆栈指令的格式见表1-23。

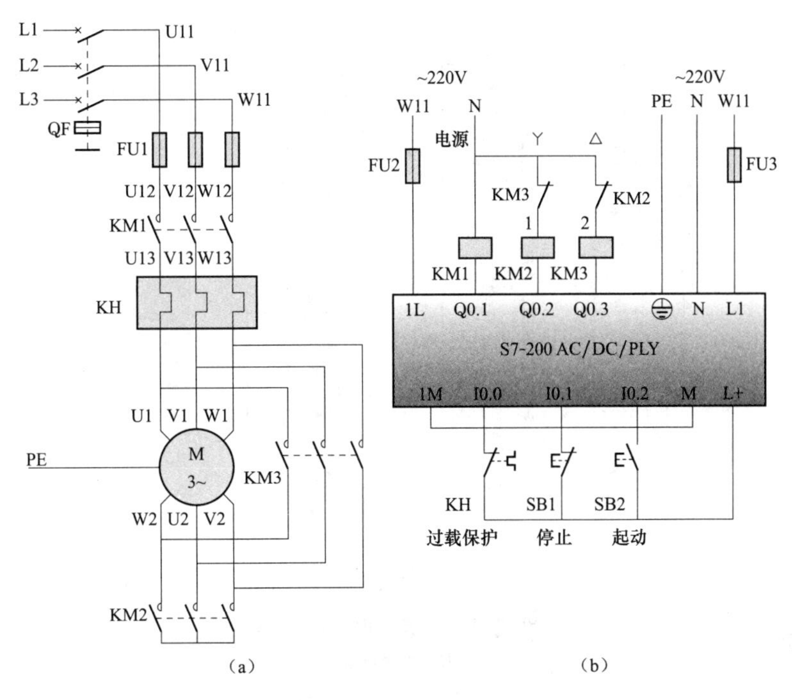

图 1-54 电动机Y—△降压启动控制线路

(a) 主电路；(b) 控制电路

表 1-23 LPS、LRD、LPP 指令

指令名称	助记符	逻 辑 功 能
进栈	LPS	栈顶单元数据不变；各级数据依次下移到下一级单元；第 9 级单元数据丢失
读栈	LRD	第 2 级单元的数据送入栈顶单元；其他各级数据位置不发生上移或下移
出栈	LPP	第 2 级单元的数据送入栈顶单元；其他各级数据依次上移到上一级。第 9 级单元数据是 0 或 1 不确定，用 X 表示

进栈、读栈、出栈指令的使用说明如下。

(1) 处理第一条支路时用进栈指令 LPS，处理中间支路用读栈指令 LRD，处理最后一条支路用出栈指令 LPP。LPS、LPP 指令必须成对使用。

(2) 进栈指令连续使用不能超过 8 次，否则数据溢出丢失。

(3) 使用堆栈指令时，如果其后是单个触点，须用 A 或 AN 指令；如果其后是电路块，则在该电路块的起始点用 LD 或 LDN 指令，然后用与块指令 ALD。

堆栈指令执行过程中数据的传输如图 1-55 所示。

二、堆栈指令应用举例

【例 1-5】 分析如图 1-56 所示程序。

解 在如图 1-56 所示程序中，因为 I0.0 动合触点控制 Q0.1～Q0.4 四条支路，所以 I0.0 的逻辑状态要分别使用 4 次。

“LD I0.0”指令语句将 I0.0 载入栈顶单元（位逻辑运算器）。

“LPS”进栈指令语句将 I0.0 下移压入堆栈第 2 级单元，即保存 I0.0 状态。

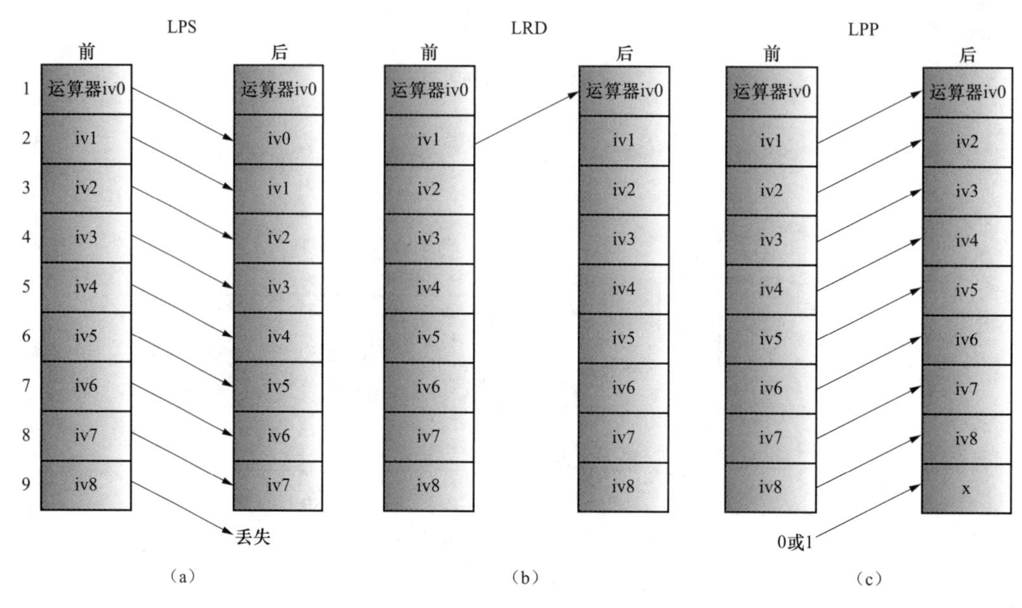

图 1-55　堆栈指令执行过程中数据传输示意图

(a) 进栈过程；(b) 读栈过程；(c) 出栈过程

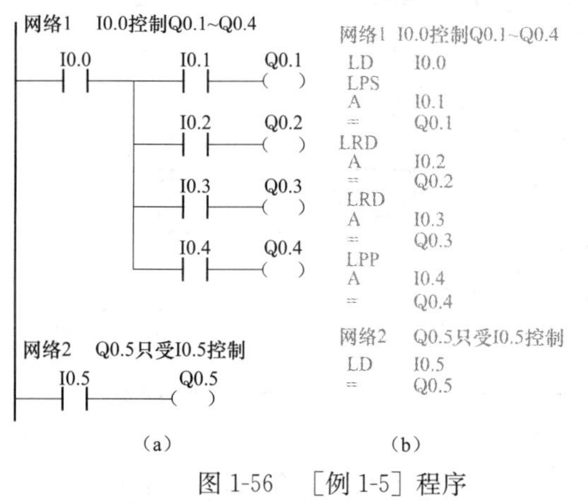

图 1-56　［例 1-5］程序

(a) 程序梯形图；(b) 程序指令表

“A　I0.1”、“=　Q0.1”指令语句将栈顶单元与 I0.1 作“与”逻辑运算后输出控制 Q0.1。

第一个“LRD”指令语句将堆栈第 2 级单元 I0.0 读入栈顶单元，与 I0.2 作“与”逻辑运算后输出控制 Q0.2。堆栈第 2 级单元 I0.0 逻辑状态保持不变。

第二个“LRD”指令语句将堆栈第 2 级单元 I0.0 读入栈顶单元，与 I0.3 作“与”逻辑运算后输出控制 Q0.3。堆栈第 2 级单元 I0.0 逻辑状态保持不变。

“LPP”出栈指令语句将堆栈第 2 级单元 I0.0 上移栈顶单元，与 I0.4 作“与”逻辑运算后输出控制 Q0.4。

程序指针离开堆栈返回左母线，执行程序网络 2 中指令语句。

【例 1-6】　分析如图 1-57 所示程序。

解　在如图 1-57 所示程序中，因为 I0.0 动合触点控制 3 条支路，I0.1 动合触点控制 2 条支路，所以使用了 2 级堆栈。

“LD　I0.0”指令语句后用进栈指令 LPS 将 I0.0 下移堆栈第 2 级单元。

(1) I0.0 动合触点控制的第 1 条支路。栈顶单元数据（I0.0）与 I0.1“与”运算后再次用进栈指令 LPS 将位逻辑运算结果下移堆栈第 2 级单元；同时原第 2 级单元数据（I0.0）下移第 3 级单元。栈顶单元数据（I0.0“与”I0.1）与 I0.2 串联后控制 Q0.0。执行 LPP 出栈指令，第 2 级单元数据（I0.0“与”I0.1）被读入栈顶单元，与 I0.3 串联后控制 Q0.1；同

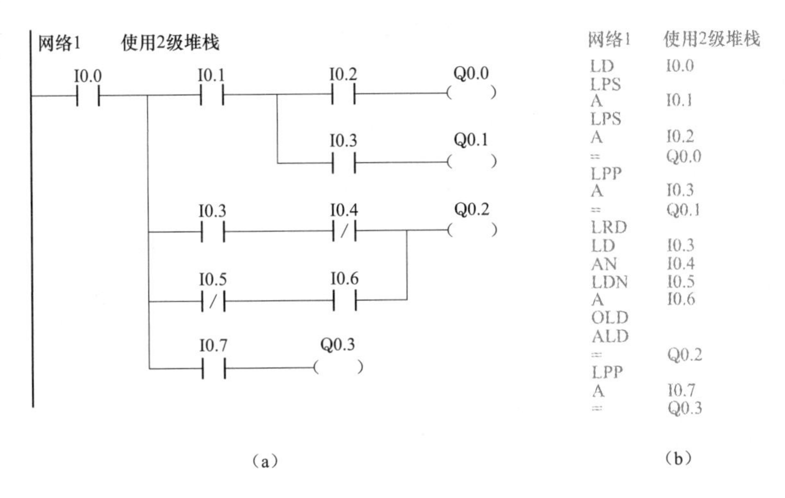

图 1-57 [例 1-6] 程序

(a) 程序梯形图；(b) 程序指令表

时原第 3 级单元数据（I0.0）上移到第 2 级单元。

(2) I0.0 动合触点控制的第 2 条支路。执行 LRD 读栈指令，第 2 级单元数据（I0.0）读入栈顶单元，因为 I0.0 与 I0.3～I0.6 组成的电路块串联，所以执行“与块”指令 ALD 后控制 Q0.2。

(3) I0.0 动合触点控制的第 3 条支路。执行 LPP 出栈指令，第 2 级单元数据（I0.0）上移到栈顶单元，与 I0.7 作“与”逻辑运算后控制 Q0.3。

任务实施

一、任务准备

实施本任务所需要的设备见表 1-24。

表 1-24　　设 备 表

序 号	名 称	型 号 规 格	数 量	单 位
1	计算机	安装 STEP 7-Micro/WIN V 4.0 软件	1	台
2	PLC	S7-200　AC/DC/RLY	1	台
3	编程电缆	PC/PPI 或 USB/PPI	1	根
4	低压断路器	DZ47LE	1	个
5	熔断器	RT18-32	2	组
6	接触器	CJ20-10A（线圈电压 220V）	3	个
7	热继电器	JR36-20	1	个
8	按钮	LA10-3H	1	个
9	电动机	YS5024，60W，380V，Y/△，1400r/min	1	台
10	控制板	长 750mm 宽 600mm	1	块

二、连接线路

按图 1-54 所示在控制板上连接电动机Y/△降压起动控制线路，暂不连接输出端负载，连接无误后接通 PLC 电源。

(1) PLC 输入指示灯 I0.0 应点亮，表示热继电器动断触点与连线正常。

（2）PLC输入指示灯I0.1应点亮，表示停止按钮与连线正常。

三、编写控制程序

电动机Y/△降压起动控制程序如图1-58所示。

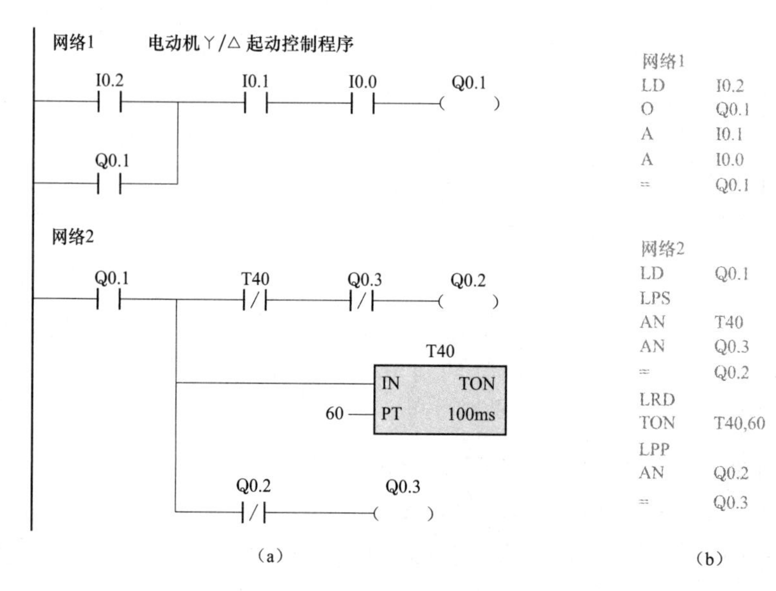

（a）　　（b）

图1-58　电动机Y/△降压起动控制程序

（a）程序梯形图；（b）程序指令表

程序工作原理如下。

（1）Y起动。当按下起动按钮I0.2时，Q0.1得电自锁，Q0.2和T40得电，电动机Y起动。因为在梯形图中程序是自上而下扫描的，所以Q0.2的动断触点分断，连锁Q0.3不能得电。

由此看出，PLC循环扫描工作方式与继电器并联工作方式有本质的不同。在继电器并联工作方式下，当控制电路得电时，所有负载可以同时得电，即与负载在控制电路中的位置无关。PLC属于逐条读取指令、逐条逻辑运算与执行指令的顺序扫描工作方式，先被扫描软继电器的逻辑结果影响后被扫描的软继电器，即与软继电器在程序中的位置有关。在编程时掌握和利用这个特点，可以较好地处理软继电器之间的连锁关系。

（2）△运转。当定时器T40延时时间到，T40动断触点分断，Q0.2断电；Q0.2解除对Q0.3的连锁，Q0.3得电，电动机△运转。

（3）停止。按下停止按钮I0.1时，Q0.1失电解除自锁，并连锁Q0.2和Q0.3失电。

（4）过载保护。当过载时，I0.0动合触点分断，Q0.1失电解除自锁，并连锁Q0.2和Q0.3失电。

四、程序逻辑测试

将如图1-58所示程序下载到PLC并进行程序监控。

（1）起动。当按下起动按钮I0.2时，Q0.1、Q0.2、T40同时得电。T40延时6s后，Q0.2失电，Q0.3得电。

（2）停止。当按下停止按钮I0.1时，Q0.1、Q0.2、Q0.3和T40同时失电。

（3）过载保护。断开热继电器动断触点的连线，模拟过载故障，Q0.1失电解除自锁，

Q0.2、Q0.3 和 T40 同时失电。

五、操作

将接触器线圈 KM1、KM2、KM3 分别连接到 PLC 输出端 Q0.1、Q0.2、Q0.3。

(1) Y起动。当按下起动按钮 SB2 时，电源接触器和Y接触器同时得电，电动机Y连接起动。

(2) △运转。延时 6s 后，Y接触器失电，△接触器得电，电动机△连接运转。

(3) 停止。当按下停止按钮 SB1 时，电动机失电停止。

(4) 过载保护。当发生过载故障时，电动机失电停止。

思考与练习

1. 填空题

(1) 栈顶单元是堆栈存储器的第______级单元，也是______逻辑运算器。

(2) 执行 LPS 指令后，栈顶单元数据下移到第______级单元。

(3) 执行 LRD 指令后，第______级单元数据复制到栈顶单元。

(4) 执行 LPP 指令后，第______级单元数据上移到栈顶单元。

(5) 执行 LPS 指令后，第 3 级单元数据移动到第______级单元。

(6) 执行 LRD 指令后，第 3 级单元数据移动到第______级单元。

(7) 执行 LPP 指令后，第 3 级单元数据移动到第______级单元。

2. 试写出如图 1-59 所示程序梯形图的指令表。

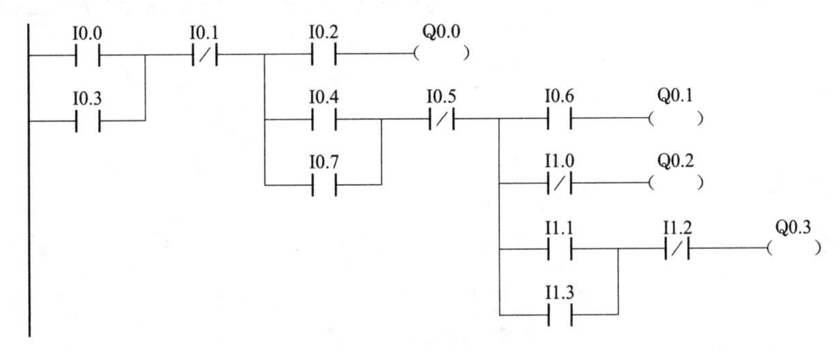

图 1-59 思考与练习题 2

3. 试设计用 PLC 控制的电动机Y/△降压起动线路。写出输入/输出端口分配表，绘出线路图，编写控制程序。

*任务 9 用 PLC 实现△/YY双速电动机变极调速控制

任务引入

由三相异步电动机的转速公式 $n=(1-s)60f_1/p$ 可知，改变异步电动机的转速可通过三种方法，一是改变电源频率 f_1；二是改变转差率 s；三是改变磁极对数 p。

改变异步电动机磁极对数调速称为变极调速。本任务使用 PLC 实现△/YY双速电动机的变极调速控制，其控制要求是：当按下起动按钮时，电动机定子绕组连接成△，磁极对数为 4，同步转速为 1500r/min；低速运转 10s 后，自动转为高速运转，此时，电动机定子绕组改成YY接法，磁极对数为 2，同步转速为 3000r/min。PLC 输入/输出端口分配见表 1-25，控制线路如图 1-60 所示。

表 1-25　　PLC 输入/输出端口分配表

输入端口			输出端口		
输入继电器	输入元件	作　用	输出继电器	输出元件	控制对象
I0.0	KH1、KH2 触点串联	过载保护	Q0.1	KM1	低速接触器
I0.1	SB1（动断触点）	停止按钮	Q0.2	KM2	高速接触器
I0.2	SB2（动合触点）	起动按钮	Q0.3	KM3	高速接触器

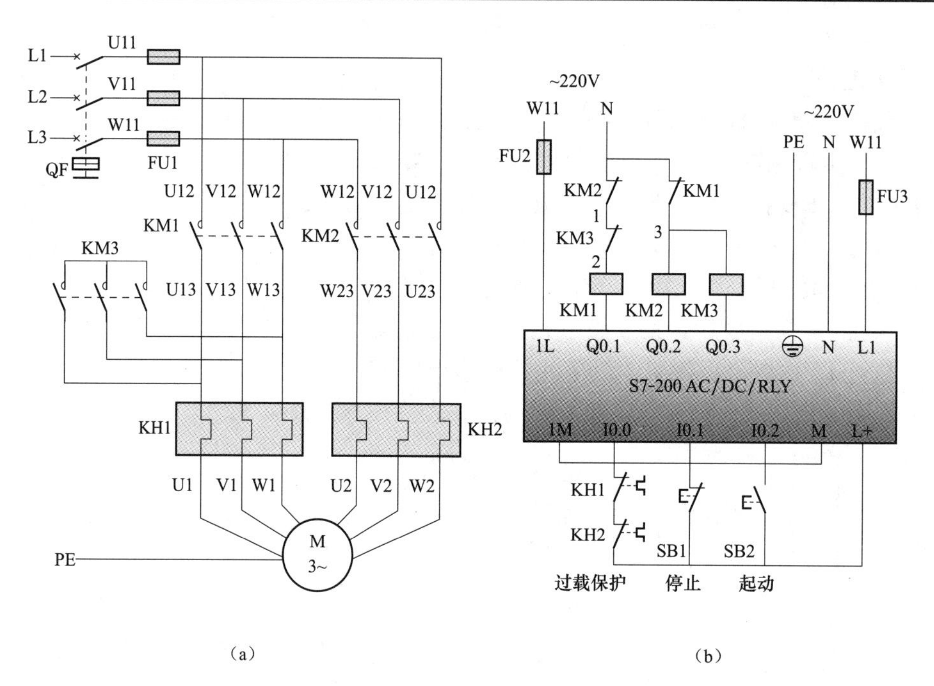

图 1-60　双速电动机变极调速控制线路

(a) 主电路；(b) 控制电路

相关知识

一、双速异步电动机定子绕组的连接

双速异步电动机定子绕组的△/YY接线图如图 1-61 所示。图中三相定子绕组连接成△，由 3 个连接点接出 3 个出线端 U1、V1、W1，从每相绕组的中点各接出 1 个出线端 U2、V2、W2，这样，定子绕组共有 6 个出线端。通过改变这 6 个出线端的连接方式，就可以得到两种不同的转速。

二、双速异步电动机的工作原理

电动机作低速运转时，将三相电源分别连接出线端 U1、V1、W1 上，另外三个出线端 U2、V2、W2 空着不接，如图 1-61（a）所示。此时定子绕组连接成△，磁极对数为 4，同步转速为 1500r/min。

电动机做高速运转时，把三个出线端 U1、V1、W1 并接在一起，三相电源分别连接到另外三个出线端 U2、V2、W2 上，如图 1-61（b）所示。此时定子绕组接成YY，磁极对数

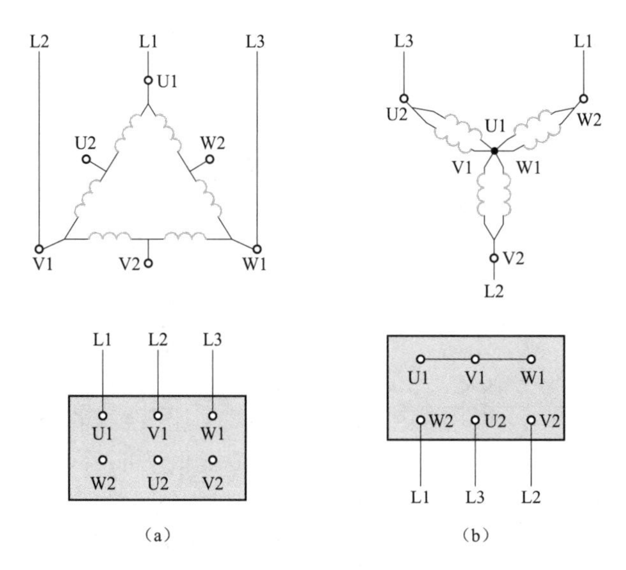

图 1-61 双速电动机定子绕组的△/丫丫接线图

(a) 低速—△接法 (4 极); (b) 高速—丫丫接法 (2 极)

为 2，同步转速为 3000r/min。可见，双速电动机高速转速是低速转速的 2 倍。

值得注意的是，由于磁极对数的变化，不仅使转速发生了变化，而且三相定子绕组排列的相序也改变了，为了维持原来的转向不变，就必须在变极的同时改变三相绕组接线的相序。如图 1-60 (a) 主电路所示，低速接触器 KM1 接入的相序是 L1 — L2 — L3，高速接触器 KM2 接入的相序是 L3 — L2 — L1。

任务实施

一、任务准备

实施本任务所需要的设备见表 1-26。

表 1-26　　设 备 表

序号	名称	型号规格	数量	单位
1	计算机	安装 STEP 7-Micro/WIN V 4.0 软件	1	台
2	PLC	S7-200　AC/DC/RLY	1	台
3	编程电缆	PC/PPI 或 USB/PPI	1	根
4	低压断路器	DZ47LE	1	个
5	熔断器	RT18-32	2	组
6	接触器	CJ20-10A (线圈电压 220V)	3	个
7	热继电器	JR36-20	2	个
8	按钮	LA10-3H	1	个
9	双速电动机	YS502/4，△/丫丫，40/25W，2800/1400r/min	1	台
10	控制板	长 750mm 宽 600mm	1	块

二、连接线路

按图 1-60 所示在控制板上连接双速电动机变极调速控制线路，暂不连接输出端负载，连接无误后接通 PLC 电源。

(1) PLC 输入指示灯 I0.0 应点亮，表示热继电器动断触点与连线正常。

（2）PLC输入指示灯I0.1应点亮，表示停止按钮与连线正常。

三、编写控制程序

双速电动机变极调速控制程序如图1-62所示。

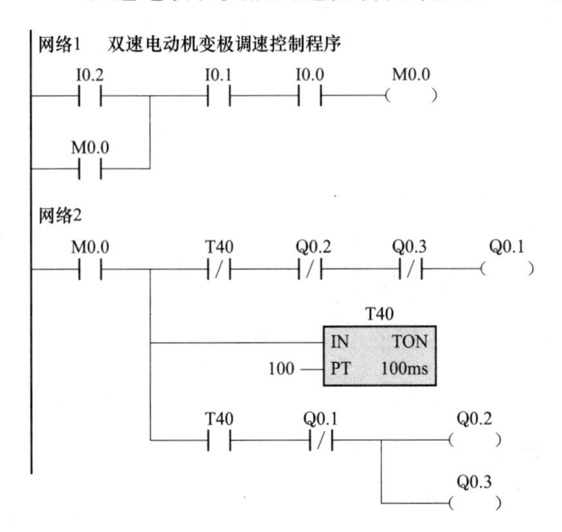

图1-62 双速电动机变极调速控制程序

程序工作原理如下。

（1）定子绕组△连接低速运转。当按下起动按钮时，M0.0得电自锁，Q0.1和T40得电，电动机定子绕组△连接低速运转。Q0.1的动断触点分断，连锁Q0.2和Q0.3不能得电。

（2）定子绕组YY连接高速运转。当定时器T40延时10s后，T40动断触点分断，连锁Q0.1失电；Q0.1解除对Q0.2和Q0.3的连锁；T40动合触点闭合，Q0.2和Q0.3得电，电动机定子绕组YY连接高速运转。

（3）停止。当按下停止按钮时，M0.0失电解除自锁，并连锁Q0.1、Q0.2、Q0.3失电。

（4）过载保护。当过载时，I0.0动合触点分断，M0.0失电解除自锁，并连锁Q0.1、Q0.2、Q0.3失电。

四、程序逻辑测试

接通电源，将如图1-62所示程序下载到PLC并进行程序监控。

（1）低速运转。当按下起动按钮I0.2时，M0.0、Q0.1、T40同时得电。T40延时10s后，Q0.1失电，Q0.2、Q0.3得电。

（2）停止。当按下停止按钮I0.1时，M0.0、Q0.1、Q0.2、Q0.3和T40同时失电。

（3）过载保护。断开I0.0端的连线，模拟过载故障，M0.0、Q0.1、Q0.2、Q0.3和T40同时失电。

五、操作

将接触器线圈KM1、KM2、KM3分别连接到PLC输出端Q0.1、Q0.2、Q0.3。

（1）低速运转。当按下起动按钮SB2时，低速接触器得电，电动机绕组△连接低速运转。

（2）高速运转。低速运转延时10s后，低速接触器失电，高速接触器KM2、KM3得电，电动机绕组YY连接高速运转。电动机高速转向应与低速转向保持一致，若转向相反应对调KM2的电源相序。

（3）停止。当按下停止按钮SB1时，电动机失电停止。

（4）过载保护。当发生过载故障时，电动机失电停止。

思考与练习

1. 试写出如图1-62所示双速电动机变极调速控制程序的指令表语句。

2. △/YY双速电动机高速转速是低速转速的几倍？若高速转向与低速转向不同是什么原因造成的，如何纠正？

顺控继电器指令的应用

应用顺控继电器（简称SCR）指令可以按生产工艺流程来分解整个控制过程，并对每个分解项（称为状态）分别处理，从而使得程序结构清晰，编程和调试相对简单。常见的顺控程序有单流程模式、并行流程模式和选择流程模式。

任务1　应用单流程模式实现电动机Y/△降压起动控制

任务引入

单流程模式就是程序的每个状态仅有一个转移方向，它的流程结构是最简单的。本任务通过电动机Y/△降压起动控制的例子，介绍如何用SCR指令编写单流程模式控制程序。PLC输入/输出端口分配见表2-1，控制线路如图2-1所示。

表2-1　PLC输入/输出端口分配表

输入端口			输出端口		
输入继电器	输入元件	作　用	输出继电器	输出元件	控制对象
I0.0	KH（动断触点）	过载保护	Q0.1	KM1	电源接触器
I0.1	SB1（动断触点）	停止按钮	Q0.2	KM2	Y接触器
I0.2	SB2（动合触点）	起动按钮	Q0.3	KM3	△接触器

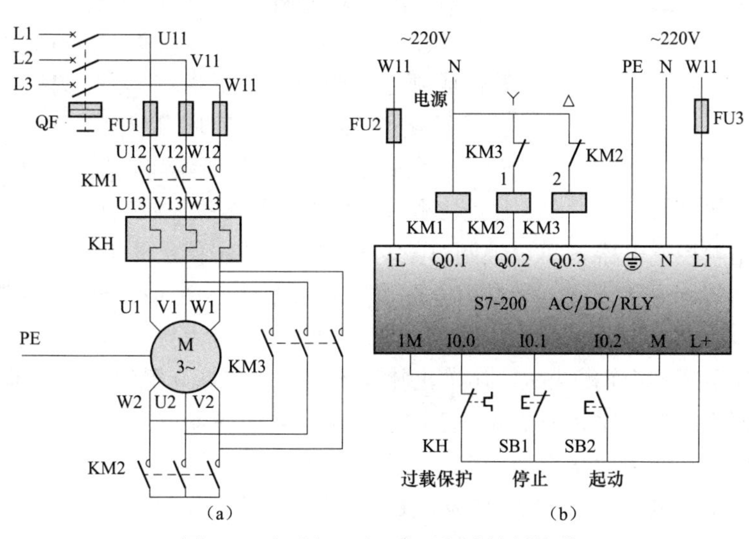

图2-1　电动机Y/△降压起动控制线路

（a）主电路；（b）控制电路

相关知识

一、顺控继电器（SCR）

SCR是S7-200系列PLC的一个存储区，用“S”表示，共256位，采用八进制（S0.0～S0.7，S1.0～S1.7，…，S31.0～S31.7）。

二、SCR指令

顺控继电器指令LSCR、SCRT、SCRE的指令格式见表2-2。

表2-2　SCR 指 令

梯形图	指令表	功能	操作对象
bit SCR	LSCR　S_bit	标记一个SCR段的开始	S_bit
bit (SCRT)	SCRT　S_bit	执行SCR段的转移	S_bit
(SCRE)	SCRE	标记一个SCR段的结束	无

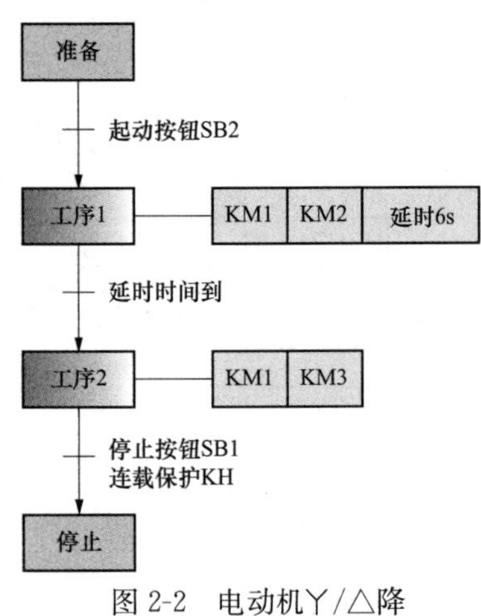

图2-2　电动机Y/△降压起动工序图

三、工序图

工序图是描述生产工艺流程的图形，它是一种通用的技术语言。电动机Y/△降压起动的工序图如图2-2所示。从工序图可以看出，整个起动过程分成若干个工序，工序之间的转移必须满足特定的条件（如按钮指令或延时时间）。当工序发生转移后，当前工序生效，原工序自动失效。

四、顺控功能图

由图2-2所示电动机Y/△降压起动工序图可以方便地转换成顺控功能图，如图2-3所示。例如，“准备”对应着顺控继电器S0.0，工序1对应S0.1，工序2对应S0.2。在应用SCR指令编程前，最好先按照生产工艺流程绘出顺控功能图，再根据顺控功能图编写顺控程序。顺控功能图主要由顺控继电器SCR、控制对象、有向连线和转移条件等组成。

（1）状态与初始活动状态。状态用方框表示，每个状态由1个SCR起控制作用。在图2-3中，有3个状态，分别由S0.0～S0.2控制。其中S0.0为初始状态，用双线方框表示，当PLC进入“RUN”工作模式时，初始化脉冲SM0.1将S0.0置位，S0.0即为初始活动状态。顺控继电器程序至少要有一个或一个以上的初始活动状态。

（2）活动状态与非活动状态中的输出变量。当SCR被置位时，便处于活动状态，活动状态下的输出变量得电；当SCR复位时，便处于非活动状态，非保持型输出变量（线圈输出）失电，而保持型输出变量（置位/复位）状态不变。例如，在图2-3中，当S0.1为活动状态时，Q0.1置位得电，Q0.2线圈输出得电；当S0.1为非活动状态时，Q0.1仍保持置位得电状态，Q0.2 则失电。

（3）转移方向。用有向连线表示状态的转移方向，将代表各状态的方框按先后顺序排列，并用有向连线将它们连接起来。

（4）转移条件。状态之间的转移条件用与有向连线垂直的短画线来表示，转移条件标注在短画线的旁边。例如，在图 2-3 中，当动合触点 I0.2 闭合时，由状态 S0.0 转移到状态 S0.1；当 T37 延时 6s 时，由状态 S0.1 转移到状态 S0.2；当动断触点 I0.0 或 I0.1 闭合时，由状态 S0.2 转移到初始状态 S0.0。当状态发生转移后，当前状态即为活动状态，原状态自动复位。

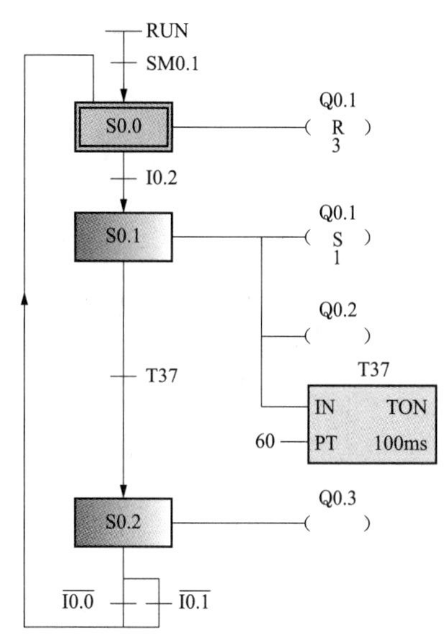

图 2-3 Y/△降压起动顺控功能图

相关知识

一、任务准备

实施本任务所需要的设备见表 2-3。

表 2-3　设　备　表

序　号	名　称	型　号　规　格	数　量	单　位
1	计算机	安装 STEP 7-Micro/WIN V 4.0 软件	1	台
2	PLC	S7-200　AC/DC/RLY	1	台
3	编程电缆	PC/PPI 或 USB/PPI	1	根
4	低压断路器	DZ47LE	1	个
5	熔断器	RT18-32	2	组
6	接触器	CJ20-10A（线圈电压 220V）	3	个
7	热继电器	JR36-20	1	个
8	按钮	LA10-3H	1	个
9	电动机	YS5024，60W，380V，Y/△，1400r/min	1	台
10	控制板	长 750mm 宽 600mm	1	块

二、连接线路

按图 2-1 所示在控制板上连接电动机Y/△降压起动控制线路，暂不连接输出端负载，连接无误后接通 PLC 电源。

（1）PLC 输入指示灯 I0.0 应点亮，表示热继电器动断触点与连线正常。

（2）PLC 输入指示灯 I0.1 应点亮，表示停止按钮与连线正常。

三、编写顺控程序

电动机Y/△降压起动顺控程序如图 2-4 所示。

程序工作原理如下。

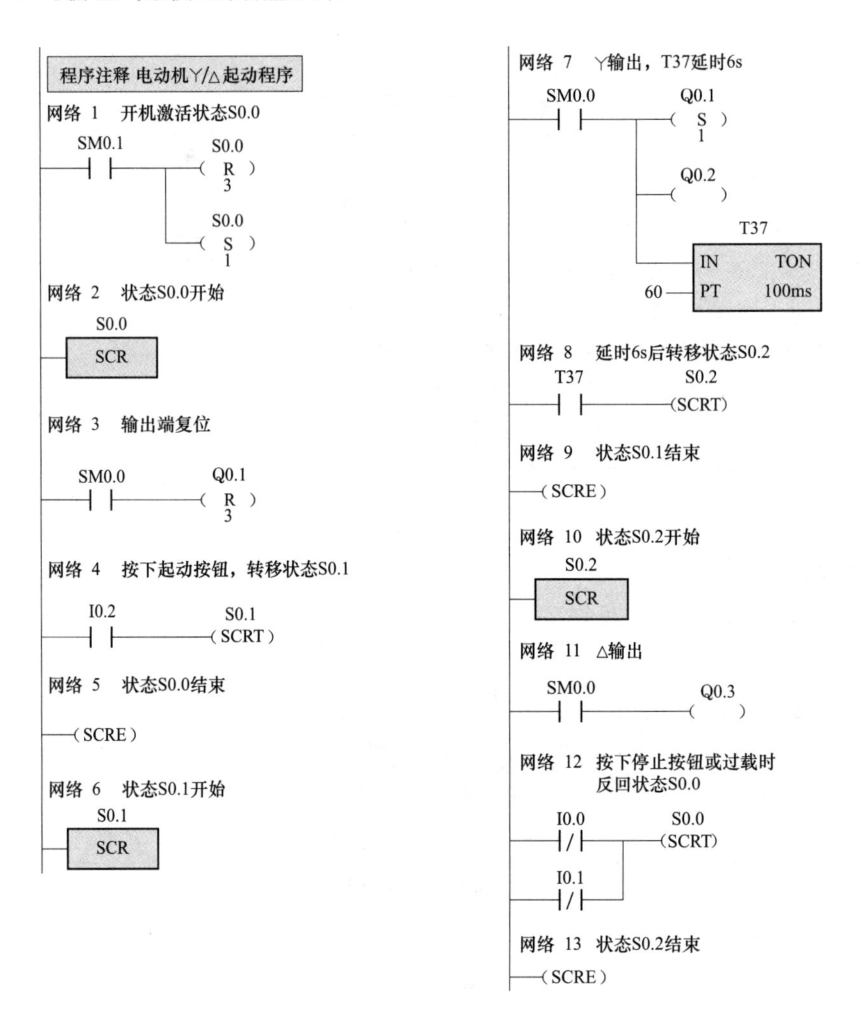

图 2-4 电动机Y/△降压起动顺控程序

(1) 程序网络 1，PLC 运行时利用初始化脉冲 SM0.1 先复位所有的 SCR，然后置位初始状态 S0.0。

(2) 程序网络 3，输出继电器 Q0.1～Q0.3 复位。

(3) 程序网络 4，当按下起动按钮 I0.2 时，转移到状态 S0.1。S0.1 置位，S0.0 复位。

(4) 程序网络 7，Q0.1 置位，Q0.2 得电，电动机绕组Y连接起动，T37 延时。

(5) 程序网络 8，T37 延时 6s 后，转移到状态 S0.2。S0.2 置位，S0.1 复位，Q0.2 因为是非保持型输出而失电。

(6) 程序网络 11，Q0.1 置位保持得电，Q0.3 得电，电动机绕组△连接运转。

(7) 程序网络 12，当按下停止按钮或过载保护动作时，转移到初始状态 S0.0，S0.0 置位，S0.2 复位。在程序网络 3，Q0.1～Q0.3 复位。

四、程序逻辑测试

将如图 2-4 所示程序下载到 PLC 并进行程序监控。

(1) 起动。当按下起动按钮 I0.2 时，Q0.1、Q0.2、T37 同时得电。T37 延时 6s 后，Q0.2 失电，Q0.3 得电。

（2）停止。当按下停止按钮 I0.1 时，Q0.1、Q0.2、Q0.3 同时失电。

（3）过载保护。断开 I0.0 接线端，模拟过载故障，Q0.1、Q0.2、Q0.3 同时失电。.

五、操作

将接触器线圈 KM1、KM2、KM3 分别连接到 PLC 输出端 Q0.1、Q0.2、Q0.3。

（1）Y起动。当按下起动按钮 SB2 时，电源接触器和Y接触器同时得电，电动机绕组Y连接起动。

（2）△运转。延时 6s 后，Y接触器先失电，△接触器后得电，电动机绕组△连接运转。

（3）停止。当按下停止按钮 SB1 时，电动机失电停止。

（4）过载保护。当发生过载故障时，电动机失电停止。

思考与练习

1. 顺控功能图由哪几个部分组成？

2. 什么是单流程模式？

3. 发生状态转移后，新、老状态分别是置位还是复位？

4. 试写出如图 2-4 所示程序梯形图的指令表语句。

5. 有 2 个接触器 KM1 和 KM2，控制要求如下，试设计 PLC 控制电路、顺控功能图和控制程序。

（1）按下起动按钮，KM1 得电，5s 后，KM2 得电。

（2）按下停止按钮，KM2 失电，4s 后，KM1 失电。

任务 2 应用并行流程模式实现交通信号灯控制

任务引入

并行流程模式是指新状态由两个或两个以上的分支状态构成，并且这些分支状态必须同时被激活。以公路十字路口的交通信号灯控制为例，东西方向信号灯为一个分支状态，南北方向信号灯为另一个分支状态，这两个分支状态应同时运行。

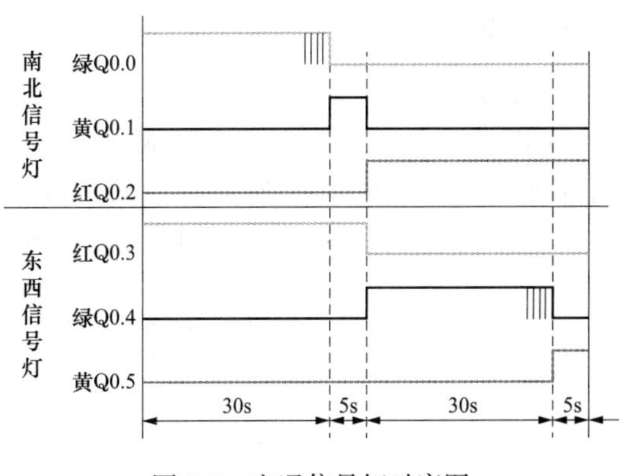

图 2-5 交通信号灯时序图

本任务使用并行流程模式实现交通信号灯的控制。交通信号灯一个周期（70s）的时序图如图 2-5 所示。0～30s，南北信号绿灯亮，东西信号红灯亮；30～35s 期间，南北信号黄灯亮，东西信号红灯亮；35～65s 期间，南北信号红灯亮，东西信号绿灯亮；65～70s 期间，南北信号红灯亮，东西信号黄灯亮。为了提醒人们不闯黄灯，绿灯最后 5s 期间以秒脉冲周期闪烁。

交通信号灯控制电路如图 2-6 所示（由于输出端口频繁动作，在实际应用中应采用晶体管输出型 PLC），PLC 输入/输出端口分配见表 2-4。

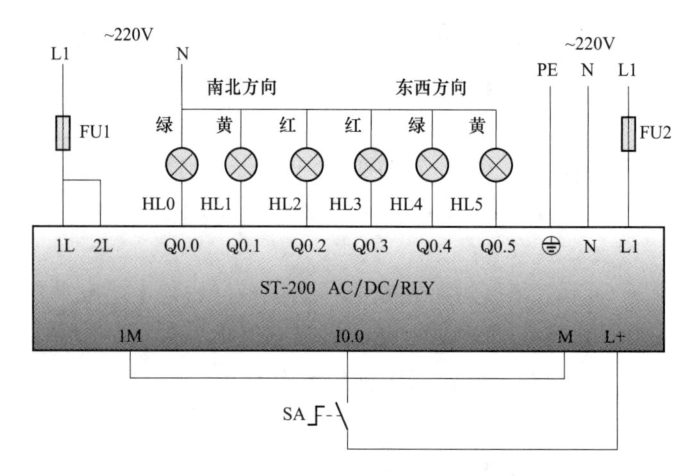

图 2-6 交通信号灯控制电路

表 2-4 **PLC 输入/输出端口分配表**

输入端口			输出端口		
输入继电器	输入元件	作 用	输出继电器	输出元件	控制对象
I0.0	SA 钮子开关	运行/停止	Q0.0	HL0	南北绿灯
			Q0.1	HL1	南北黄灯
			Q0.2	HL2	南北红灯
			Q0.3	HL3	东西红灯
			Q0.4	HL4	东西绿灯
			Q0.5	HL5	东西黄灯

相关知识

一、并行流程模式的分支控制

如图 2-7（a）所示工序图表示，状态 L 有 2 个转移方向。当转移条件为真时，从状态 L 同时转移到状态 M、N。用图 2-7（b）所示顺控功能图表示，当转移条件 M0.0 和 M0.1 动合触点都闭合时，从状态 S3.0 同时转移到状态 S3.1 和 S3.2，关联程序如图 2-8 所示。

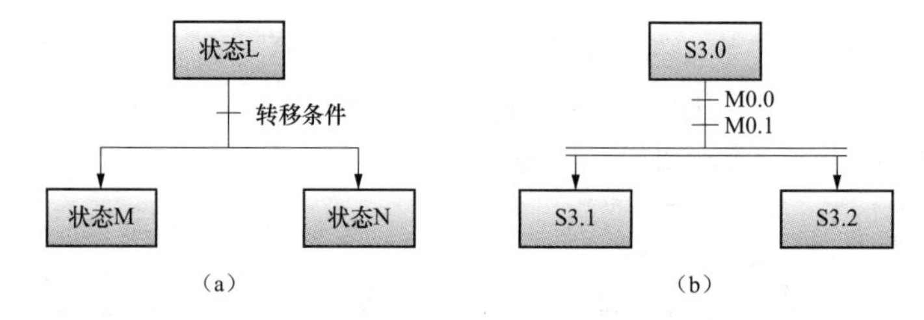

图 2-7 并行流程模式分支工序图和顺控功能图

（a）工序图；（b）顺控功能图

二、并行流程模式的合并控制

当多个分支状态汇集为一个状态时，称为并行流程模式的合并。当合并时，所有的分支必须完成当前进程，才能转移到下一个状态。用图 2-9（a）所示工序图表示，当转移条件为真时，从状态 X、Y 同时转移到状态 Z。用图 2-9（b）所示顺控功能图表示，状态 S3.5 和 S4.5 都要汇集到状态 S5.0，在合并控制时要借助状态 S3.6 和 S4.6。当转移条件 S3.6 和 S4.6 动合触点都闭合时，实现状态转移合并，关联程序如图 2-10 所示。

在程序网络 7 中，当满足转移条件时，将状态 S5.0 置位激活，状态 S3.6 和 S4.6 复位，以实现并行流程模式的合并控制。

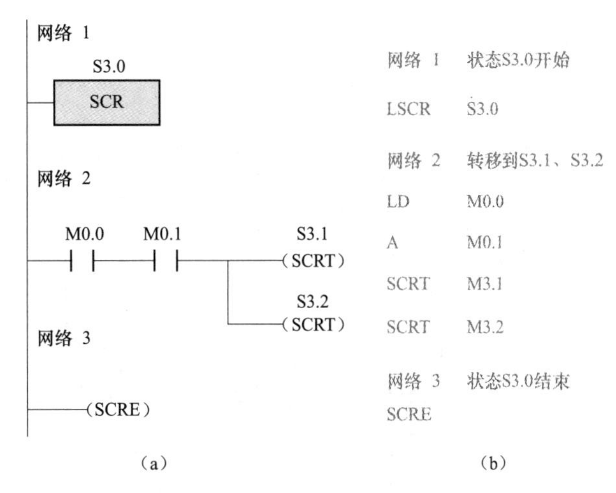

图 2-8 并行流程模式分支控制程序

（a）程序梯形图；（b）程序指令表

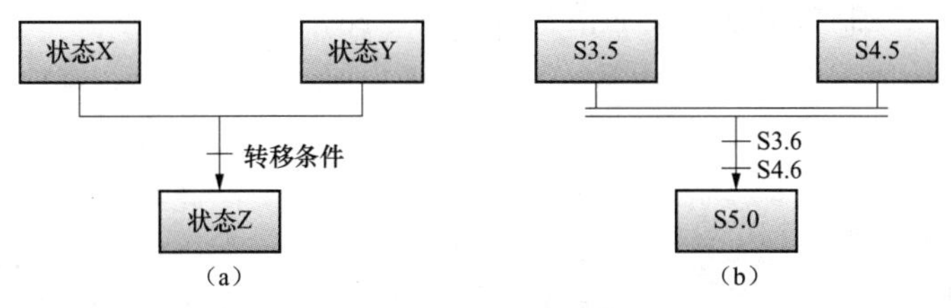

图 2-9 并行流程模式合并工序图和功能图

（a）工序图；（b）顺控功能图

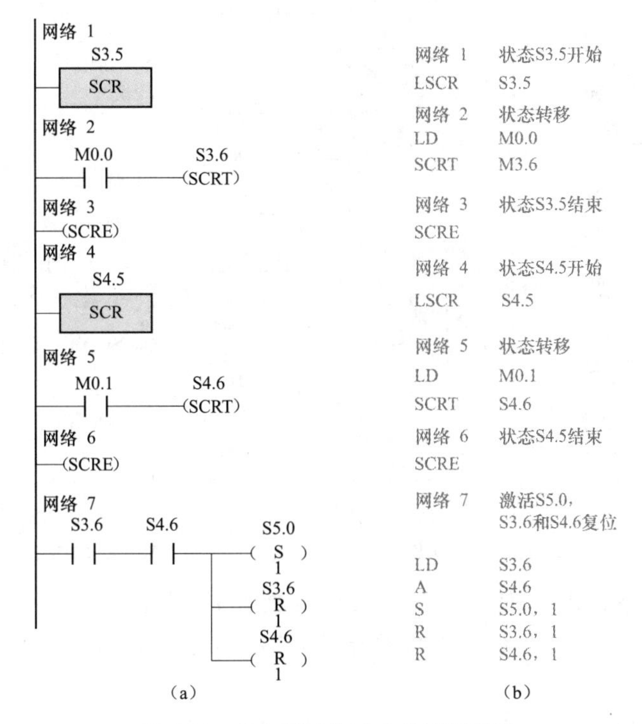

图 2-10 并行流程模式合并控制程序

（a）程序梯形图；（b）程序指令表

任务实施

一、任务准备

实施本任务所需要的设备见表 2-5。

表 2-5　　设　备　表

序　号	名　称	型　号　规　格	数　量	单　位
1	计算机	安装 STEP 7-Micro/WIN V 4.0 软件	1	台
2	PLC	S7-200　AC/DC/RLY	1	台
3	编程电缆	PC/PPI 或 USB/PPI	1	根
4	熔断器	RT 系列	2	只
5	钮子开关	KN3-2	1	个
6	指示灯	红、绿、黄各 2 只（220V）	6	盏
7	控制板	长 750mm、宽 600mm	1	块

二、连接电路

按图 2-6 所示在控制板上连接交通信号灯控制电路。

三、设计顺控功能图

交通信号灯顺控功能图如图 2-11 所示。

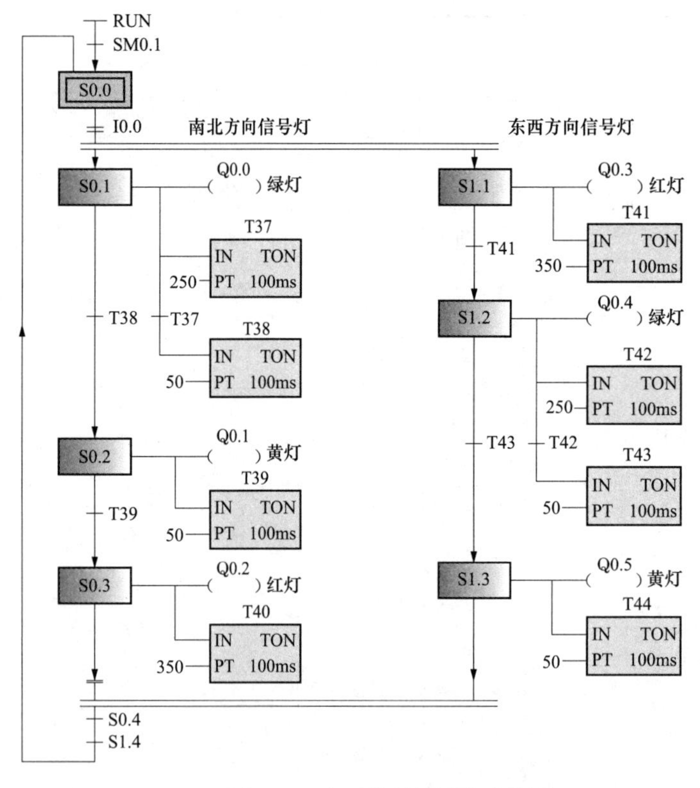

图 2-11　交通信号灯顺控功能图

（1）交通信号灯顺控功能图的分支控制。当 I0.0 动合触点闭合后，S0.1 和 S1.1 同时置位，南北绿灯亮、东西红灯亮；定时器 T37、T38 和 T41 开始计时。

（2）南北方向信号灯。定时器 T37、T38 计时时间到，由 S0.1 转移到 S0.2，南北黄灯亮，定时器 T39 开始定时；T39 定时时间到，由 S0.2 转移到 S0.3，南北红灯亮，定时器 T40 开始定时；T40 定时时间到，转移到 S0.4，使状态 S0.4 置位。

（3）东西方向信号灯。定时器 T41 定时时间到，由 S1.1 转移到 S1.2，东西绿灯亮，定时器 T42、T43 开始计时；T42、T43 定时时间到，由 S1.2 转移到 S1.3，东西黄灯亮，定时器 T44 开始计时；T44 定时时间到，转移到 S1.4，使状态 S1.4 置位。

（4）交通信号灯顺控功能图的合并控制。当状态 S0.4 和 S1.4 动合触点都闭合时，转移到初始状态 S0.0。

四、编写顺控程序

交通信号灯顺控程序如图 2-12 所示，其工作原理如下。

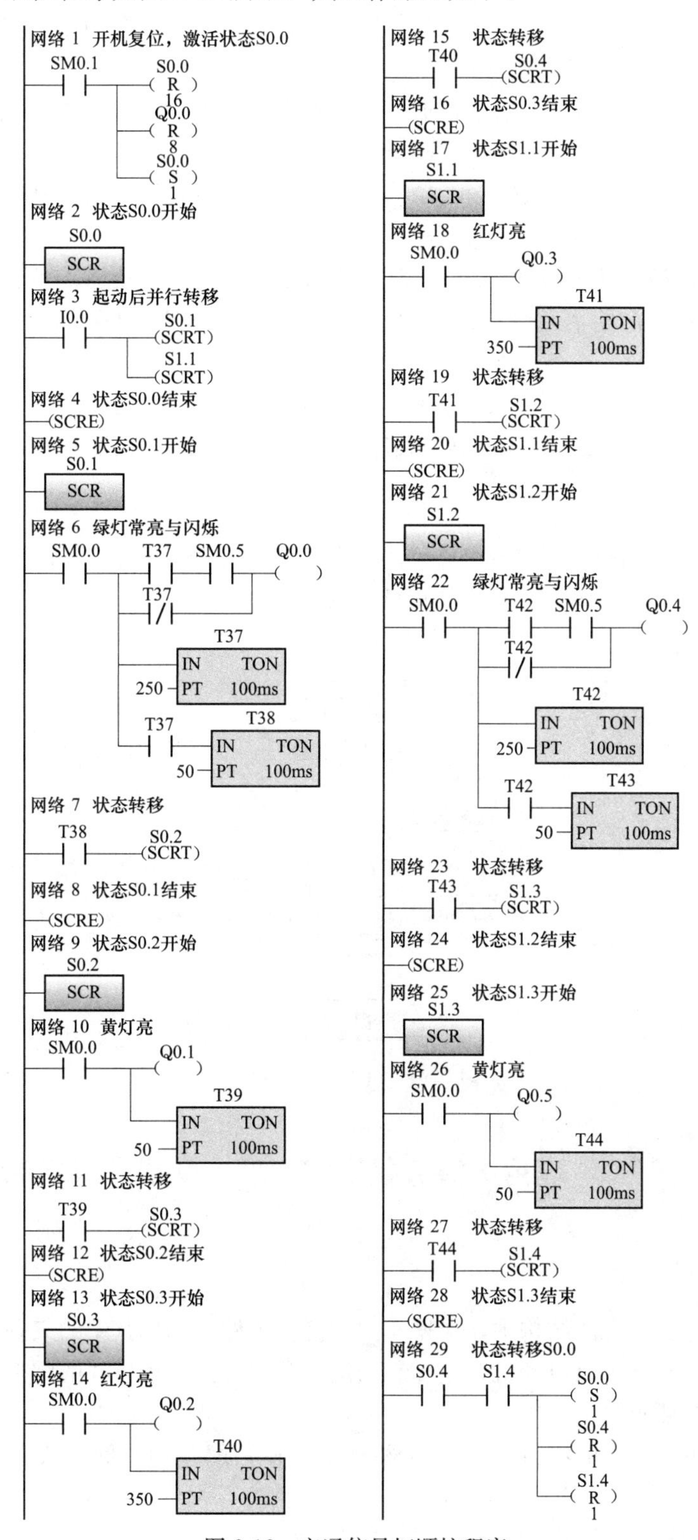

图 2-12 交通信号灯顺控程序

（1）程序网络 1，初始化脉冲 SM0.1 使顺控继电器 S0.0～S1.7 复位，输出继电器 Q0.0～Q0.7 复位，置位指令激活初始状态 S0.0。

（2）程序网络 3，是并行流程模式的分支控制处，当 I0.0 动合触点闭合时，由初始状态 S0.0 同时转移到状态 S0.1 和 S1.1。

（3）状态 S0.1～S0.4 属于单流程结构，控制南北方向信号灯。在程序网络 6 中，利用秒脉冲 SM0.5 和 T37 使绿灯常亮或闪烁。

（4）状态 S1.1～S1.4 属于单流程结构，控制东西方向信号灯。在程序网络 22 中，利用秒脉冲 SM0.5 和 T42 使绿灯常亮或闪烁。

（5）程序网络 29 是并行流程模式的合并控制处，当两个分支各自完成流程后，S0.4、S1.4 动合触点闭合，初始状态 S0.0 置位激活，状态 S0.4、S1.4 复位，程序开始新的周期循环。

五、操作

拨动钮子开关 SA，接通 I0.0，顺控程序运行，相应交通信号灯循环亮灭。

思考与练习

1. 并行流程模式如何实现状态流程分支控制与合并控制？
2. 试编写如图 2-13 所示顺控功能图的程序梯形图。

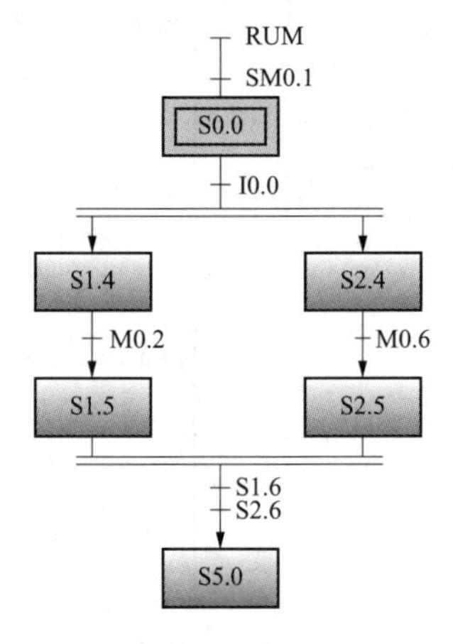

图 2-13　思考与练习题 2

*任务 3　应用选择流程模式实现电动机 3 速控制

任务引入

在具有多个分支状态的结构中，根据不同的转移条件来选择其中的某一个分支状态，称为选择流程模式。本任务以电动机 3 速控制为例，介绍选择流程模式的顺控功能图和控制程序。具体生产工艺要求是。

（1）每当按下起动/调速按钮时，电动机逐级升速，即起动→低速状态→中速状态→高速状态。

（2）在高速状态下按下起动/调速按钮时，电动机降速，即高速状态→中速状态。

（3）在任何状态下按下停止按钮时，电动机停止运转。

PLC 输入/输出端口分配见表 2-6，控制电路如图 2-14 所示。利用中间继电器 KA1、KA2、KA3 的辅助动合触点控制变频器的低、中、高速控制端（变频器电路略去）。

表 2-6　　PLC 输入/输出端口分配表

输入端口			输出端口		
输入继电器	输入元件	作　用	输出继电器	输出元件	控制对象
I0.1	SB1（动断触点）	停止按钮	Q0.1	KA1	变频器低速控制端
I0.2	SB2（动合触点）	起动/调速按钮	Q0.2	KA2	变频器中速控制端
—	—	—	Q0.3	KA3	变频器高速控制端

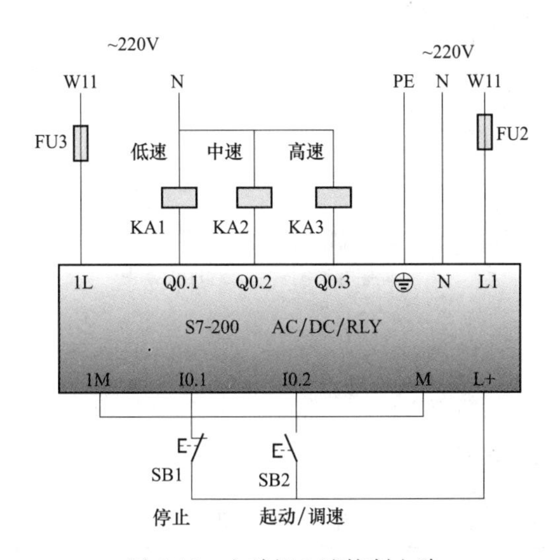

图 2-14　电动机 3 速控制电路

相关知识

一、选择流程模式的顺控功能图

在有些情况下，状态可以选择转移到多个分支状态中的某一个，到底转移到哪一个分支状态，取决于哪个分支状态的转移条件首先为真。如图 2-15（a）所示工序图表示，当转移条件 M 先为真时，从状态 L 转移到状态 M；当转移条件 N 先为真时，从状态 L 转移到状态 N。用如图 2-15（b）所示顺控功能图表示，当转移条件 M0.0 动合触点首先闭合时，从状态 S3.0 转移到状态 S3.1；当转移条件 M0.1 动合触点首先闭合时，从状态 S3.0 转移到状态 S3.2。

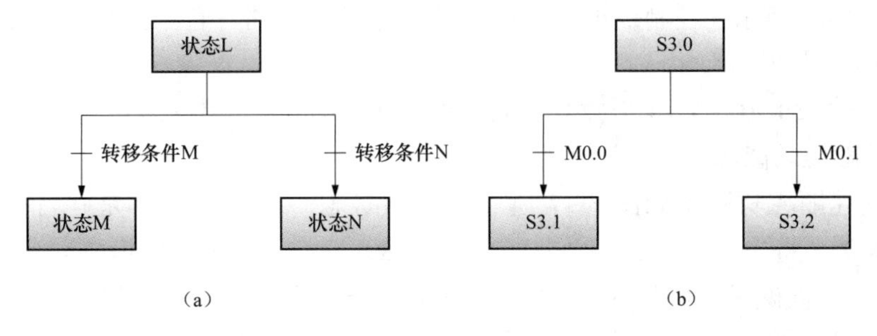

图 2-15　选择流程模式的工序图和功能图

（a）工序图；（b）顺控功能图

二、选择流程模式的控制程序

与如图 2-15（b）所示顺控功能图的关联程序如图 2-16 所示。

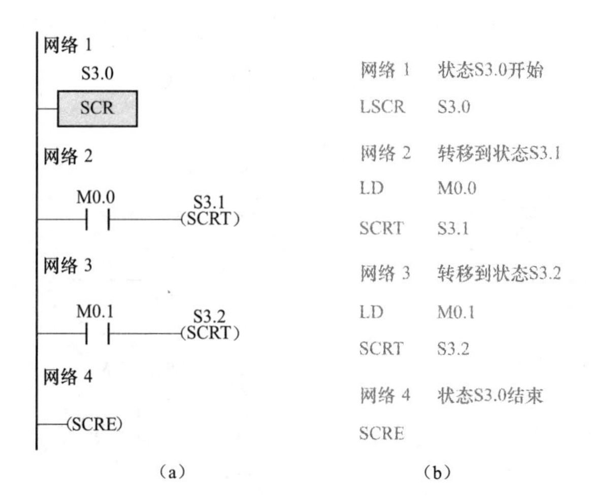

图 2-16　选择流程模式程序梯形图与指令表

（a）程序梯形图；（b）程序指令表

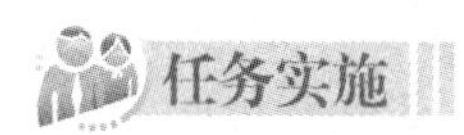

任务实施

一、任务准备

实施本任务所需要的设备见表 2-7。

表 2-7　设　备　表

序　号	名　称	型　号　规　格	数　量	单　位
1	计算机	安装 STEP 7-Micro/WIN V 4.0 软件	1	台
2	PLC	S7-200　AC/DC/RLY	1	台
3	编程电缆	PC/PPI 或 USB/PPI	1	根
4	熔断器	RT18-32	1	组
5	中间继电器	JZ7-22（线圈电压 220V）或接触器	3	个
6	按钮	LA10-3H	1	个
7	控制板	长 750mm、宽 600mm	1	块

二、连接线路

（1）按图 2-14 所示在控制板上连接电动机 3 速控制电路，暂不连接输出端负载，连接无误后接通 PLC 电源。

（2）PLC 输入指示灯 I0.1 应点亮，表示停止按钮与连线正常。

三、设计顺控功能图

电动机 3 速顺控功能图如图 2-17 所示。初始状态 S0.0 和 S0.1 是并行流程模式，初始化脉冲 SM0.1 将 S0.0 和 S0.1 同时置位激活。S0.1 为单流程模式，S0.2、S0.3 和 S0.4 均为选择流程模式。例如在 S0.2 状态中，当按下起动/调速按钮时，转移至 S0.3 状态；当按下停止按钮时，转移至 S0.1 状态。同理，可以分析状态 S0.3 和 S0.4 的转移方向。

四、编写顺控程序

电动机 3 速顺控程序如图 2-18 所示，程序原理如下。

（1）程序网络 1，利用初始化脉冲 SM0.1 使初始状态 S0.0 和 S0.1 置位激活。

（2）程序网络 3，当 S0.2、S0.3 和 S0.4 分别为活动状态时其动合触点闭合，输出继电器 Q0.1、Q0.2 和 Q0.3 分别得电，控制继电器 KA1、KA2 和 KA3 分别接通变频器的低速、中速和高速控制端。由于状态 S0.0 没有转移条件和转移方向，所以 S0.0 始终为活动状态。

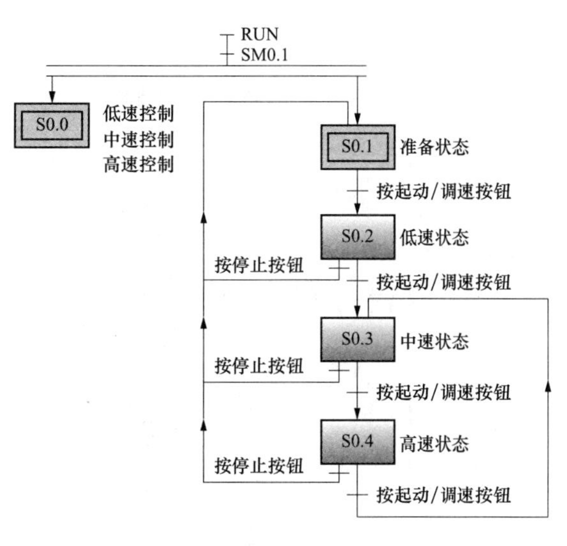

图 2-17　电动机 3 速顺控功能图

（3）程序网络 6，当按下起动/调速按钮时，I0.2 触点闭合，程序转移到状态 S0.2（低速）。

（4）程序网络 10，当按下起动/调速按钮时，I0.2 触点闭合，程序转移到状态 S0.3（中速）；程序网络 11，当按下停止按钮时，I0.1 触点闭合，程序转移到状态 S0.1（准备）。

（5）程序网络 15，当按下起动/调速按钮时，I0.2 触点闭合，程序转移到状态 S0.4（高速）；程序网络 16，当按下停止按钮时，I0.1 触点闭合，程序转移到状态 S0.1（准备）。

（6）程序网络 20，当按下起动/调速按钮时，I0.2 触点闭合，程序转移到状态 S0.3（中速）；程序网络 21，当按下停止按钮时，I0.1 触点闭合，程序转移到状态 S0.1（准备）。

由于起动/调速按钮 I0.2 在多个状态中充当转移条件，所以在程序中设定了延时 1s 的定时器 T37、T38 和 T39，从而限制程序不能连续转移。

五、程序逻辑测试

接通电源，将如图 2-18 所示程序下载到 PLC 并进行程序监控。

（1）当按下起动/调速按钮 SB2 时，Q0.1、Q0.2、Q0.3 按顺序逐个得电。

（2）在 Q0.3 得电按下起动/调速按钮 SB2 时，Q0.2 得电；再次按下起动/调速按钮 SB2 时，Q0.3 得电。

（3）当按下停止按钮 SB1 时，Q0.1、Q0.2、Q0.3 都失电。

六、操作

将中间继电器线圈 KA1、KA2、KA3 分别连接到 PLC 输出端 Q0.1、Q0.2、Q0.3。

（1）第 1 次按下起动/调速按钮时，电动机低速继电器 KA1 得电；第 2 次按下起动/调速按钮时，电动机中速继电器 KA2 得电；第 3 次按下起动/调速按钮时，电动机高速继电器 KA3 得电；第 4 次按下起动/调速按钮时，电动机中速继电器 KA2 得电；第 5 次按下起动/调速按钮时，电动机高速继电器 KA3 得电。

（2）无论在何种状态下按下停止按钮时，KA1、KA2、KA3 均失电。

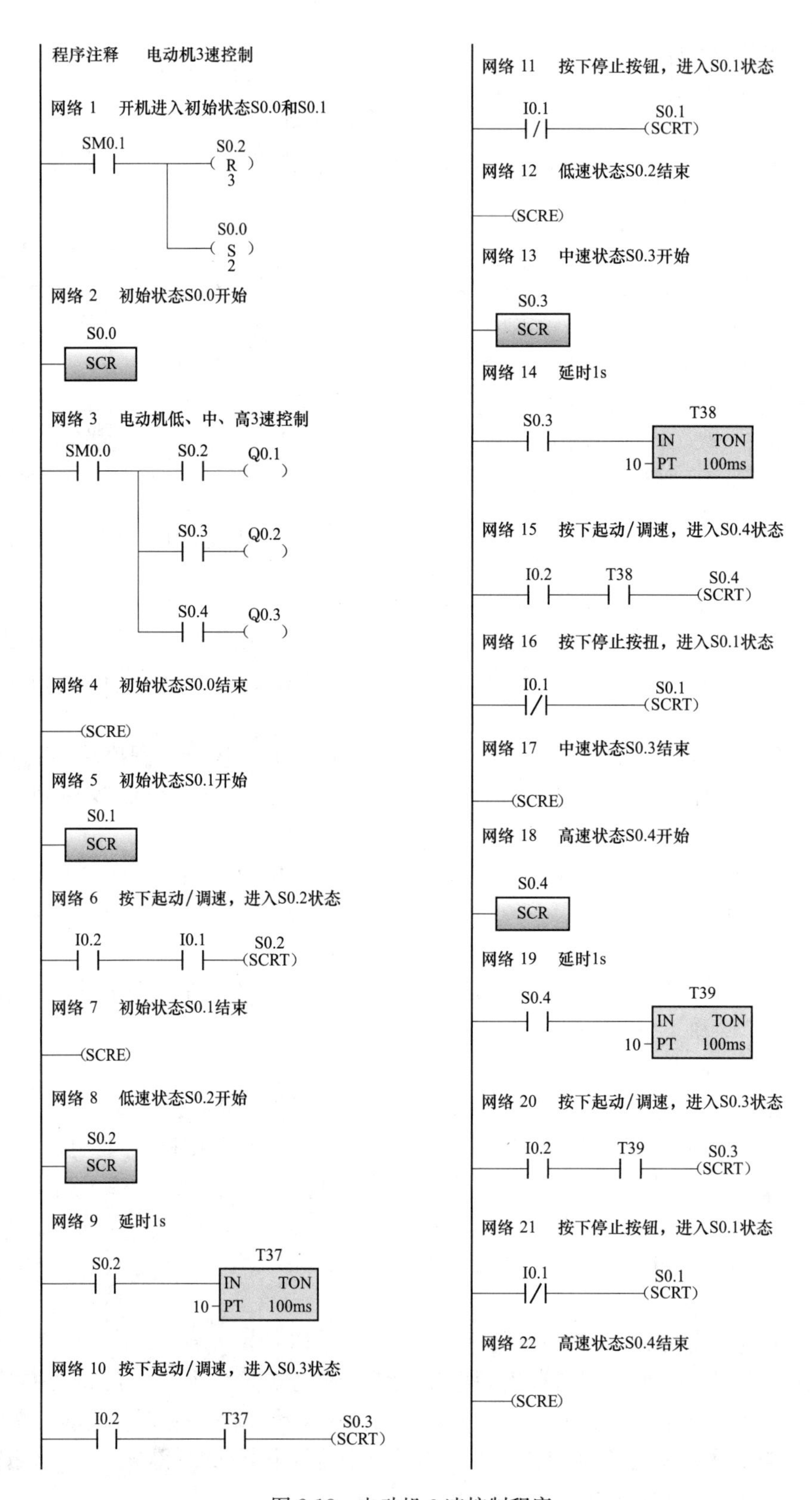

图 2-18　电动机 3 速控制程序

思考与练习

1. 什么是选择流程模式的顺控？
2. 在编程软件上查看如图 2-18 所示程序梯形图的指令表语句。
3. 试写出如图 2-19 所示顺控功能图的程序梯形图和指令表。

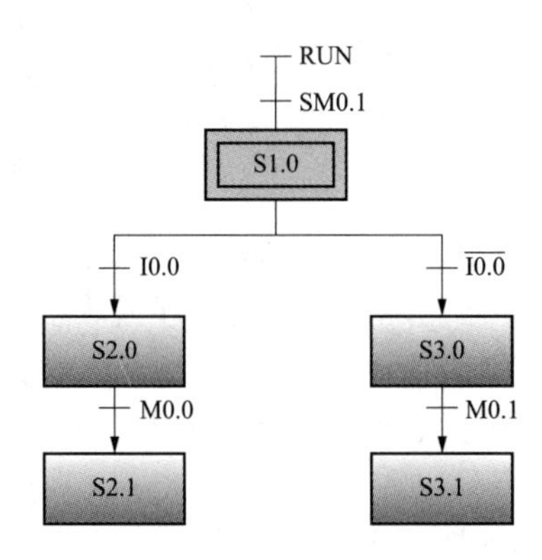

图 2-19 思考与练习题 3

功能指令的应用

功能指令是PLC制造商为满足用户的特殊要求而开发的专用指令。应用功能指令，不仅大大提升了PLC的控制能力，而且降低了编写程序的难度，有效地提高了编程效率。

常见功能指令的类型及用途有以下几种。

(1) 数据处理类指令，包括传送、比较、整数计算、逻辑运算、数码转换等指令，用于各种运算控制。

(2) 程序控制类指令，包括跳转、子程序、中断、循环、条件结束与程序停止、看门狗复位等指令，用于程序结构及流程控制。

(3) 移位指令，包括左移、右移、循环左移、循环右移和移位寄存器指令，用于具有规律性变化特点的控制程序。

(4) 特殊功能类指令，包括时钟、高速计数器、高速脉冲输出、模拟量控制等指令，用于实现某些特殊功能。

(5) 外部设备类指令，包括输入输出接口设备指令及通信指令等，用于PLC内外设备间的数据交换。

功能指令与位逻辑指令的区别是：位逻辑指令的控制对象是位元件，功能指令的控制对象是字元件。由于1个字元件中包含了多个（最多32个）位元件，所以功能指令的编程效率高，控制能力强，程序易读性好。

任务1　应用数据传送指令实现多盏灯控制

任务引入

本任务应用数据传送指令控制8盏灯亮或灭，其控制要求是：当按下按钮SB1时，全部灯亮；当按下按钮SB2时，奇数灯亮；当按下按钮SB3时，偶数灯亮；当按下按钮SB4时，全部灯灭。PLC输入/输出端口分配见表3-1，控制电路如图3-1所示。

表3-1　PLC输入/输出端口分配表

输入端口			输出端口	
输入继电器	输入元件	作　用	输出继电器	控制对象
I0.0	SB1（动合触点）	使全部灯亮	Q0.0～Q0.7	HL0～HL7
I0.1	SB2（动合触点）	使奇数灯亮		
I0.2	SB3（动合触点）	使偶数灯亮		
I0.3	SB4（动合触点）	使全部灯灭		

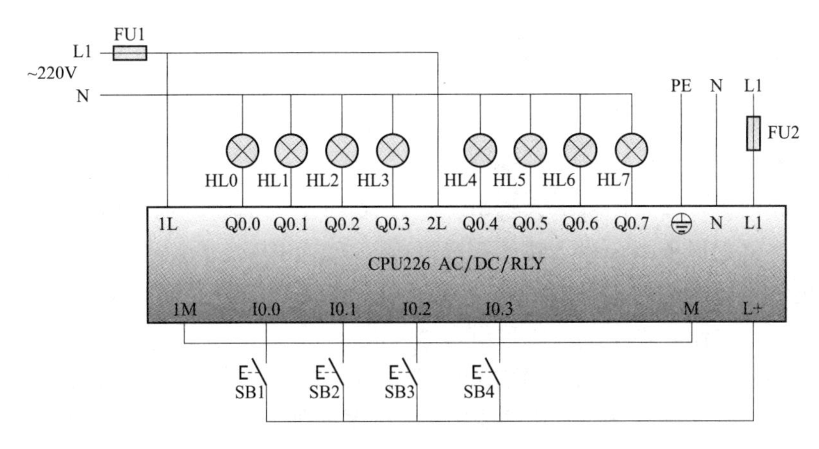

图 3-1　8 盏指示灯控制电路图

相关知识

一、输入继电器（I）地址

S7-200 将数据存于不同的存储器单元，每个单元都有唯一的地址，若要进行数据存取，则必须指定存储器的单元地址。输入继电器地址见表 3-2。

表 3-2　　输入继电器地址

位（b）	I0.0～I0.7、I1.0～I1.7、…、I15.0～I15.7	128 点
字节（B）	IB0、IB1、…、IB15	16 个
字（W）	IW0、IW2、…、IW14	8 个
双字（DW）	ID0、ID4、ID8、ID12	4 个

输入继电器地址说明如下。

（1）位。位是存储器的最小单位，1 位可以存储 1 个二进制数据，位格式为：存储器标识符［字节地址］.［位地址］。例如，I3.4 表示输入继电器第 3 个字节的第 4 位，如图 3-2 所示。

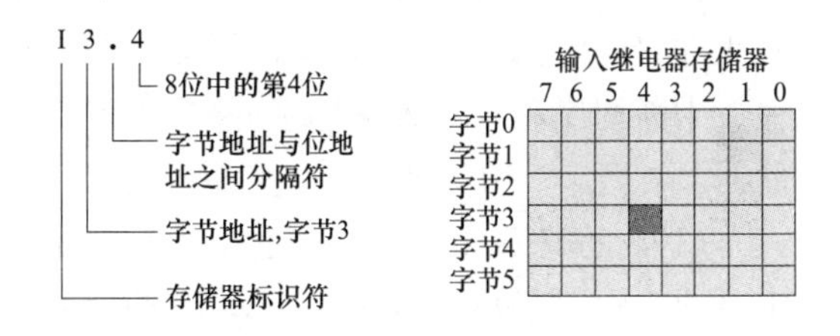

图 3-2　输入继电器 I3.4 的位地址表示

（2）字节。字节是存储器的基本单位，每个字节由 0～7 八个位元件构成。例如，字节 IB0 由位元件 I0.0～I0.7 构成，如图 3-3 所示。字节格式为：IB［字节地址］。例如，IB0 表示输入继电器的第 0 个字节，IB1 表示输入继电器的第 1 个字节。

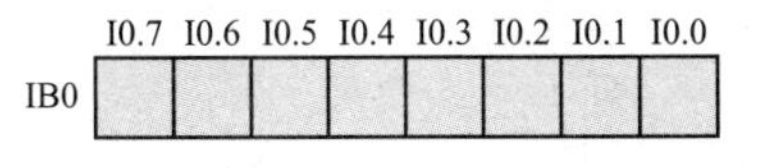

图 3-3　输入继电器字节 IB0

（3）字。字格式为：IW［起始字节地址］。1 个字包含 2 个字节，这 2 个字节的地址必须连续，并且字节组合时，遵循高地址、低字节的规律。例如，字 IW0 中 IB0 是高字节，IB1 是低字节，如图 3-4 所示。每个字有 16 个位元件。

（4）双字。双字格式为：ID［起始字节地址］。1 个双字含 2 个字或 4 个字节，这 4 个字节的地址必须连续。例如，ID0 中

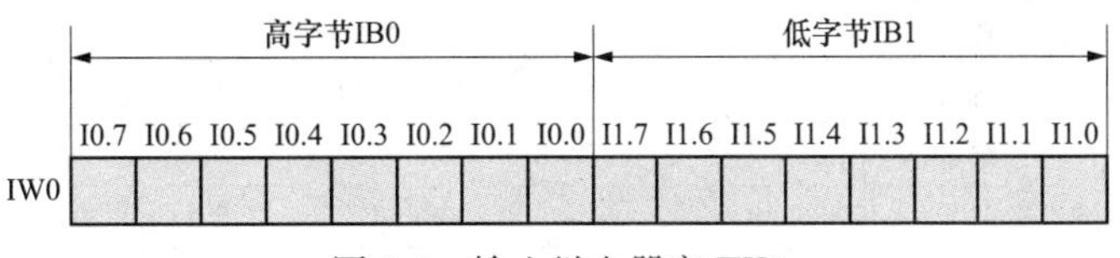

图 3-4　输入继电器字 IW0

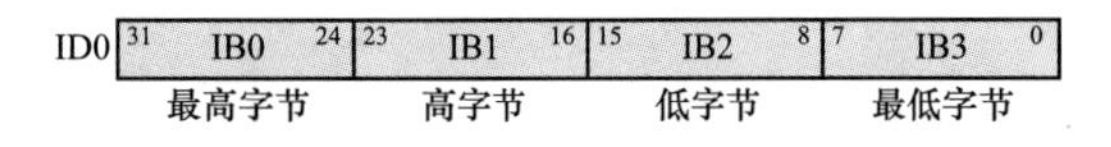

图 3-5　输入继电器双字 ID0

IB0 是最高字节，IB1 是高字节，IB2 是低字节，IB3 是最低字节，如图 3-5 所示。每个双字有 32 个位元件。

二、变量存储器

（1）输入映像寄存器（简称输入继电器）I。在每个扫描周期的开始，CPU 对物理输入点进行采样，并将采样值写入输入映像寄存器内。

（2）输出映像寄存器（简称输出继电器）Q。在每个扫描周期的结尾，CPU 将输出映像寄存器中的数值复制到输出端口物理继电器。

（3）位存储器 M。M 可以作为控制继电器来存储中间操作状态和控制信息。

（4）顺控继电器存储器 S。S 用于提供控制程序的逻辑分段。

（5）定时器存储器 T。定时器用于时间累计，定时器的当前值寄存器可以保存 16 位有符号整数，用来存储定时器所累计的时间。

（6）计数器存储器 C。计数器用于累计其输入端脉冲电平由低到高的次数，计数器的当前值寄存器可以保存 16 位有符号整数，用来存储累计值。

（7）累加器 AC。累加器是可以像存储器一样使用的读写单元，可以按字节、字或双字的格式来存取累加器中的数据。存取的数据长度由所应用的指令决定，当以字节或字的格式存取累加器时，使用的是低 8 位或低 16 位，当以双字的格式存取累加器时，使用全部 32 位。

（8）变量存储器 V。用于存储程序执行过程中控制逻辑操作的中间结果和运算数据。变量存储器 V 是全局存储器，其变量可以被所有的 POU 存取。

（9）局部存储器 L。主程序、子程序和中断程序简称为 POU（程序组织单元），各 POU 都有自己的局部变量表，局部变量表仅仅在它被创建的 POU 中有效。S7-200 给主程序、中断程序和每一级子程序分配 64 字节局部存储器，各程序不能访问其他程序的局部存储器。

（10）特殊存储器 SM。特殊存储器用于 CPU 与用户之间交换信息，例如用户程序运行中 SM0.0 一直为 ON 状态，SM0.1 仅在用户程序的第一个扫描周期为 ON 状态。SM0.5 为周期 1s 的时钟脉冲。SM1.0 和 SM1.2 分别是零标志和负数标志。SM0.0～SM29.7 为只读存储器。

变量存储器 I、Q、M、S、V、L 和 SM 等均可以按位、字节、字和双字地址来存取数据，CPU 变量存储区地址范围与存取格式见表 3-3。

表 3-3　　CPU 变量存储区地址范围与存取格式

变量存储区	CPU 221	CPU 222	CPU 224	CPU 226	存取格式			
					位	字节	字	双字
输入映像寄存器	I0.0～I15.7，128 点				Ix.y	IBx	IWx	IDx
输出映像寄存器	Q0.0～Q15.7，128 点				Qx.y	QBx	QWx	QDx
位存储器	M0.0～M31.7，256 位				Mx.y	MBx	MWx	MDx
顺控继电器	S0.0～S31.7，256 位				Sx.y	SBx	SWx	SDx
定时器	T0～T255，256 个				Tx		Tx	
计数器	C0～C255，256 个				Cx		Cx	

续表

变量存储区	CPU 221	CPU 222	CPU 224	CPU 226	存取格式			
					位	字节	字	双字
累加器	AC0～AC3，4 个					ACx	ACx	ACx
局部存储器	LB0.0～LB63.7，64 字节				Lx.y	LBx	LWx	LDx
变量存储器	VB0～VB2047	VB0～VB2047	VB0～VB8191	VB0～VB10239	Vx.y	VBx	VWx	VDx
特殊存储器	SM0.0～SM179.7	SM0.0～SM299.7	SM0.0～SM549.7	SM0.0～SM549.7	SMx.y	SMBx	SMWx	SMDx

三、常数的输入格式

各类变量存储器均以二进制格式存储数据，但在编程软件中输入常数时可以使用二进制、十进制或十六进制格式，表 3-4 给出了输入常数的例子。

表 3-4　　输入常数举例

数　制	输　入　格　式	举　例
十进制正数	＋［十进制值］	＋2014 或 2014
十进制负数	－［十进制值］	－2
二进制	2＃［二进制值］	2＃01010011
十六进制	16＃［十六进制值］	16＃B3

四、数据格式和取值范围

S7-200 的数据格式和取值范围见表 3-5。

表 3-5　　数据格式和取值范围

数据格式	数据长度	数据类型	取　值　范　围
位 BOOL	1 位	布尔数	ON（1）；OFF（0）
字节 BYTE	8 位	无符号整数	0～255；16＃0～FF
整数 INT	16 位	有符号整数	－32 768～＋32 767；16＃8000～7FFF
字 WORD	16 位	无符号整数	0～65 535；16＃0～FFFF
双整数 DINT	32 位	有符号整数	－2 147 483 648～＋2 147 483 647；16＃80 000 000～7FFF FFFF
双字 DWORD	32 位	无符号整数	0～4 294 967 295；16＃0～FFFF FFFF

字节 B 通常是无符号整数，但作为个别指令（如 SHRB）的参数时则作为有符号整数，取值范围为－127～＋128；16＃80～7F。

五、数据传送指令 MOV

数据传送指令 MOV 属于数据处理类指令，其指令格式见表 3-6。

表 3-6　　数据传送指令

项　目	字节 B 传送	字 W 传送	双字 D 传送
梯形图	MOV_B EN　ENO IN　OUT	MOV_W EN　ENO IN　OUT	MOV_DW EN　ENO IN　OUT
指令表	MOVB　IN，OUT	MOVW　IN，OUT	MOVD　IN，OUT
操作数范围以字节为例	IN（字节）：VB，IB，QB，MB，SB，SMB，LB，AC，常数，* VD，* LD，* AC		
	OUT（字节）：VB，IB，QB，MB，SB，SMB，LB，AC，* VD，* LD，* AC		

数据传送指令说明如下。

（1）数据传送指令的梯形图使用指令盒形式。指令盒由操作码 MOV，数据类型（B/DW），使能输入端 EN，使能输出端 ENO，源操作数 IN 和目标操作数 OUT 构成。

（2）ENO 可作为下一个指令盒 EN 的输入，即几个指令盒可以串联在一行，只有前一个指令盒被正确执行时，后一个指令盒才能执行。

（3）数据传送指令的原理。当 EN 为 1 时，执行数据传送指令，把源操作数 IN 传送到目标操作数 OUT 中。数据传送指令执行后，源操作数的数据不变，目标操作数的数据刷新。

（4）操作数 IN、OUT 的数据类型可以是字节、字和双字。

（5）操作数 IN、OUT 的数据范围为各类变量存储器，常数可以作为 IN 数据，但不能作为 OUT 数据。表 3-6 中仅以字节为例列出操作数范围，其中加有“*”号的为变址标记。用鼠标右键单击编程软件指令树中指令图标，选择“帮助”，可查看操作数范围等信息。

（6）数据传送指令常用于程序初始化。程序初始化是指当 PLC 转换为程序运行模式（RUN）时，对某些变量存储器清零或设置常数的一种操作。

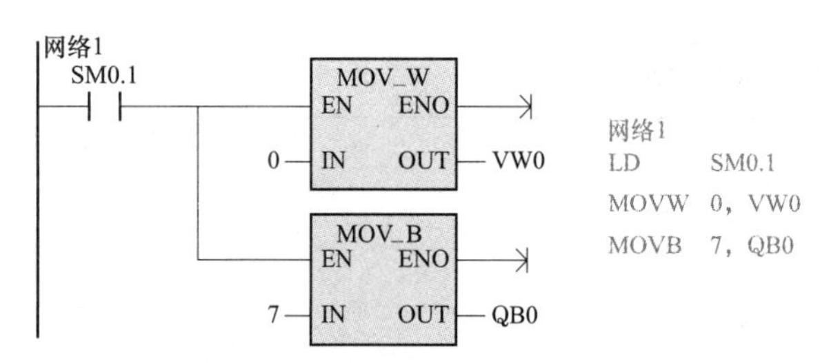

图 3-6　初始化存储器清零与置数

【例 3-1】　试用数据传送指令在 PLC 程序开始运行时将 VW0 清零，将 QB0 设置为 7。

解　清零与置数的初始化程序如图 3-6 所示。

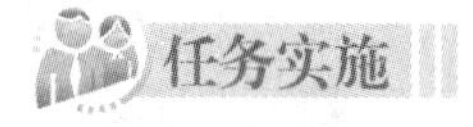

一、任务准备

实施本任务所需要的设备见表 3-7。

表 3-7　　设　备　表

序　号	名　称	型　号　规　格	数　量	单　位
1	计算机	安装 STEP 7-Micro/WIN V 4.0 软件	1	台
2	PLC	CPU226　AC/DC/RLY	1	台
3	编程电缆	PC/PPI 或 USB/PPI	1	根
4	熔断器	RT18-32	2	组

续表

序号	名称	型号规格	数量	单位
5	按钮	LA10-3H	2	个
6	指示灯	220V/15W	8	盏
7	控制板	长 750mm、宽 600mm	1	块

二、连接电路

按图 3-1 所示在控制板上连接 8 盏灯控制电路，连接无误后接通 PLC 电源。

三、列出控制数据

根据控制要求列出相应的控制数据，见表 3-8。

表 3-8　　8 盏指示灯控制数据表

输入继电器（按钮）	输出继电器字节 QB0								控制数据
	Q0.7	Q0.6	Q0.5	Q0.4	Q0.3	Q0.2	Q0.1	Q0.0	
I0.0（SB1）	1	1	1	1	1	1	1	1	16#FF
I0.1（SB2）	1	0	1	0	1	0	1	0	16#AA
I0.2（SB3）	0	1	0	1	0	1	0	1	16#55
I0.3（SB4）	0	0	0	0	0	0	0	0	0

四、编写控制程序

控制程序如图 3-7 所示，由于灭灯优先权最高，所以在程序网络 4 中不使用脉冲指令 EU。

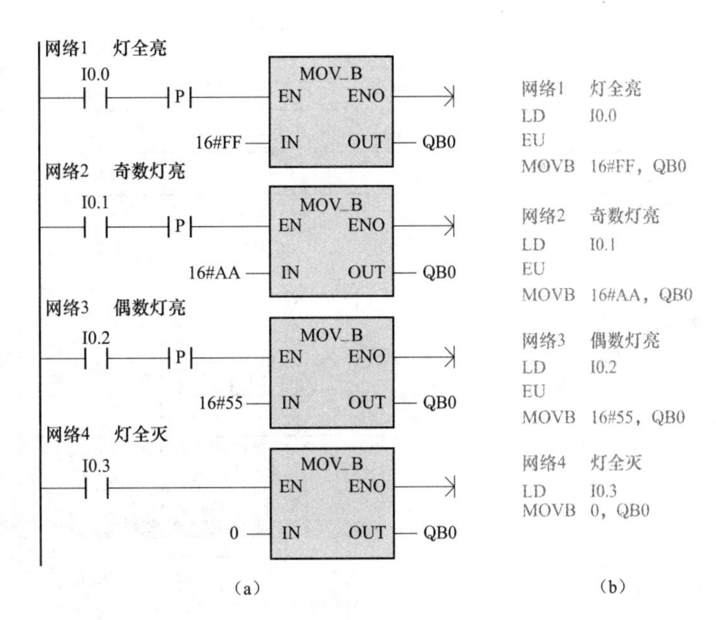

图 3-7　8 盏指示灯控制程序

（a）程序梯形图；（b）程序指令表

五、操作

（1）当按下按钮 SB1 时，HL0～HL7 灯全亮。

（2）当按下按钮 SB2 时，HL1、HL3、HL5、HL7 奇数灯亮。

（3）当按下按钮 SB3 时，HL0、HL2、HL4、HL6 偶数灯亮。

（4）当按下按钮 SB4 时，HL0～HL7 灯全灭。

思考与练习

1. 分别写出输出继电器 QD0 所包含的字元件、字节元件和位元件的地址。
2. 执行数据传送指令后，源操作数和目标操作数各发生怎样的变化？
3. 什么是程序初始化？试编写初始化程序将 MB0 清零，MB10 设置为 2#0110 1001。

4. 设有16盏指示灯，控制要求是：当I0.3接通时，全部灯亮；当I0.2接通时，HL0～HL7灯亮；当I0.1接通时，HL8～HL15灯亮；当I0.0接通时，全部灯灭。试用数据传送指令编写控制程序。

任务2 应用比较指令实现多台电动机顺序起动

任务引入

比较指令是将两个同类型的数据按指定条件进行大小比较，当满足比较关系时，比较触点接通，否则比较触点分断。在实际应用中，比较指令多应用于上下限控制及数值条件控制。

本任务应用比较指令实现5台电动机顺序起动控制，其控制要求是：当按下起动按钮时，5台电动机间隔5s顺序起动；当按下停止按钮或发生电动机过载故障时，5台电动机失电停止。PLC输入/输出端口分配见表3-9，控制电路如图3-8所示（不含主电路）。

表3-9　PLC输入/输出端口分配表

输入端口			输出端口		
输入继电器	输入元件	作　用	输出继电器	输出元件	控制对象
I0.0	KH1～KH5（动断触点串联）	过载保护	Q0.0	KM1	电动机M1
			Q0.1	KM2	电动机M2
I0.1	SB1（动断触点）	停止按钮	Q0.2	KM3	电动机M3
I0.2	SB2（动合触点）	起动按钮	Q0.3	KM4	电动机M4
—	—	—	Q0.4	KM5	电动机M5

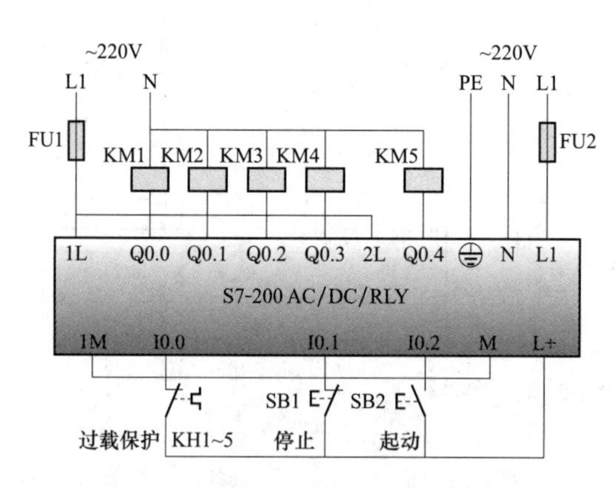

图3-8　5台电动机顺序起动控制电路

相关知识

一、比较指令

比较指令属于数据处理类指令，其指令格式见表3-10。

表 3-10　　比较指令格式

类　型	字节比较	整数比较	双整数比较	比较指令关系式符号说明
梯形图（以＝＝为例）	IN1 —|＝＝B|— IN2	IN1 —|＝＝I|— IN2	IN1 —|＝＝D|— IN2	
指令表	LDB＝　IN1，IN2 LDB＜＞　IN1，IN2 LDB＜　IN1，IN2 LDB＜＝　IN1，IN2 LDB＞　IN1，IN2 LDB＞＝　IN1，IN2 AB＝　IN1，IN2 AB＜＞　IN1，IN2 AB＜　IN1，IN2 AB＜＝　IN1，IN2 AB＞　IN1，IN2 AB＞＝　IN1，IN2 OB＝　IN1，IN2 OB＜＞　IN1，IN2 OB＜　IN1，IN2 OB＜＝　IN1，IN2 OB＞　IN1，IN2 OB＞＝　IN1，IN2	LDW＝　IN1，IN2 LDW＜＞　IN1，IN2 LDW＜　IN1，IN2 LDW＜＝　IN1，IN2 LDW＞　IN1，IN2 LDW＞＝　IN1，IN2 AW＝　IN1，IN2 AW＜＞　IN1，IN2 AW＜　IN1，IN2 AW＜＝　IN1，IN2 AW＞　IN1，IN2 AW＞＝　IN1，IN2 OW＝　IN1，IN2 OW＜＞　IN1，IN2 OW＜　IN1，IN2 OW＜＝　IN1，IN2 OW＞　IN1，IN2 OW＞＝　IN1，IN2	LDD＝　IN1，IN2 LDD＜＞　IN1，IN2 LDD＜　IN1，IN2 LDD＜＝　IN1，IN2 LDD＞　IN1，IN2 LDD＞＝　IN1，IN2 AD＝　IN1，IN2 AD＜＞　IN1，IN2 AD＜　IN1，IN2 AD＜＝　IN1，IN2 AD＞　IN1，IN2 AD＞＝　IN1，IN2 OD＝　IN1，IN2 OD＜＞　IN1，IN2 OD＜　IN1，IN2 OD＜＝　IN1，IN2 OD＞　IN1，IN2 OD＞＝　IN1，IN2	＝＝等于 ＜＞不等于 ＜　小于 ＜＝小于等于 ＞　大于 ＞＝大于等于 LD 取比较触点 A 串联比较触点 O 并联比较触点

比较指令说明如下。

（1）比较指令操作数的类型是字节、整数和双整数。字节比较指令用来比较两个无符号数 IN1 与 IN2 的大小；整数和双整数比较指令用来比较两个整数 IN1 与 IN2 的大小，最高位为符号位，例如，在整数比较指令中，16＃0＞16＃8000，因为后者是－32 768。

（2）比较指令的运算符有＝＝、＜＞、＜、＜＝、＞、＞＝六种类型。

（3）对比较指令可进行取（LD）、串联（A）、并联（O）编程。

二、比较指令应用举例一

应用比较指令实现电动机Y/△降压起动控制，起动延时时间为 6s。I0.2 为起动按钮，I0.1 为停止按钮（物理动断触点），I0.0 为热继电器（物理动断触点），Q0.1、Q0.2、Q0.3 分别控制电源接触器、Y接触器和△接触器，控制线路如图 1-54 所示。

控制程序如图 3-9 所示，在程序中将定时器 T37 的当前值作为比较指令的参数 IN1，延时时间参数作为比较指令的参数 IN2。

程序工作原理如下。

（1）当按下起动按钮 I0.2 时，Q0.1 通电自锁，定时器 T37 延时。当 T37 的当前值小于 60 时，Q0.2 通电，电动机Y起动；当 T37 的当前值大于 60 时，Q0.3 通电，电动机△运转。

（2）当按下停止按钮 I0.1 或热继电器 I0.0 过载保护时，Q0.1 断电解除自锁，使 Q0.2 和 Q0.3 断电，电动机停止。

（3）在程序中 Q0.2 的分断与 Q0.3 的接通之间间隔 0.1s，实现了Y/△接触器的连锁。

三、比较指令应用举例二

比较指令可用来产生周期和脉冲宽度可调的矩形波，脉冲周期值取决于定时器的预置

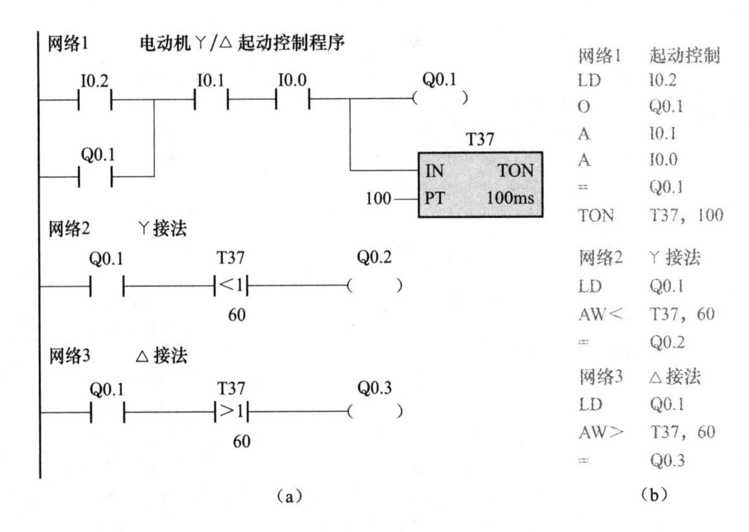

图 3-9 电动机Y—△降压起动控制程序

（a）程序梯形图；（b）程序指令表

值，脉冲信号的高、低电平时间取决于比较指令中的参数值。

例如，应用比较指令产生低电平 6s、高电平 4s 的脉冲信号，程序与时序图如图 3-10 所示。T37 的预置值为 100，接成自复位电路，产生 10s 的振荡周期信号。当 T37 的当前值等于或大于 60 时，比较触点接通，Q0.0 得电，输出高电平信号；当 T37 的当前值等于 100 时，T37 复位，比较触点分断，Q0.0 失电，输出低电平信号。

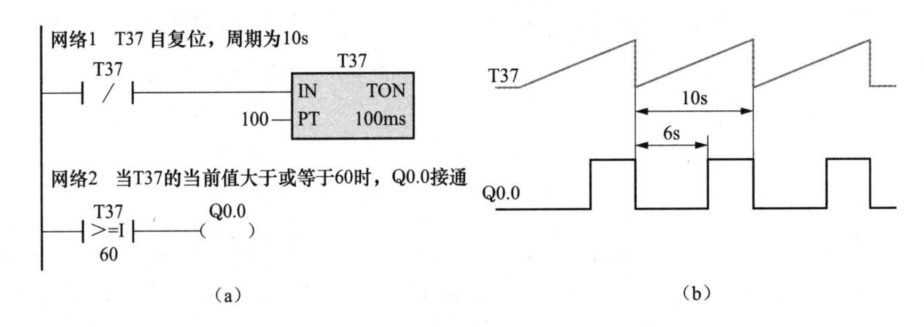

图 3-10 应用比较指令产生脉冲信号

（a）程序梯形图；（b）时序图

任务实施

一、任务准备

实施本任务所需要的设备见表 3-11，本任务是模拟操作，不包括主电路器件。

表 3-11 设 备 表

序 号	名 称	型 号 规 格	数 量	单 位
1	计算机	安装 STEP 7-Micro/WIN V 4.0 软件	1	台
2	PLC	S7-200 AC/DC/RLY	1	台
3	编程电缆	PC/PPI 或 USB/PPI	1	根

续表

序 号	名 称	型 号 规 格	数 量	单 位
4	熔断器	RT18-32	2	组
5	按钮	LA10-3H	1	个
6	热继电器	JR36-20	1（5）	个
7	控制板	长 750mm、宽 600mm	1	块

二、连接电路

按图 3-8 所示连接 5 台电动机顺序起动控制电路，连接无误后接通 PLC 电源。

（1）PLC 输入指示灯 I0.0 应点亮，表示串联的 5 个热继电器动断触点与连线正常。

（2）PLC 输入指示灯 I0.1 应点亮，表示停止按钮与连线正常。

三、编写控制程序

用比较指令编写的 5 台电动机顺序起动控制程序如图 3-11 所示。

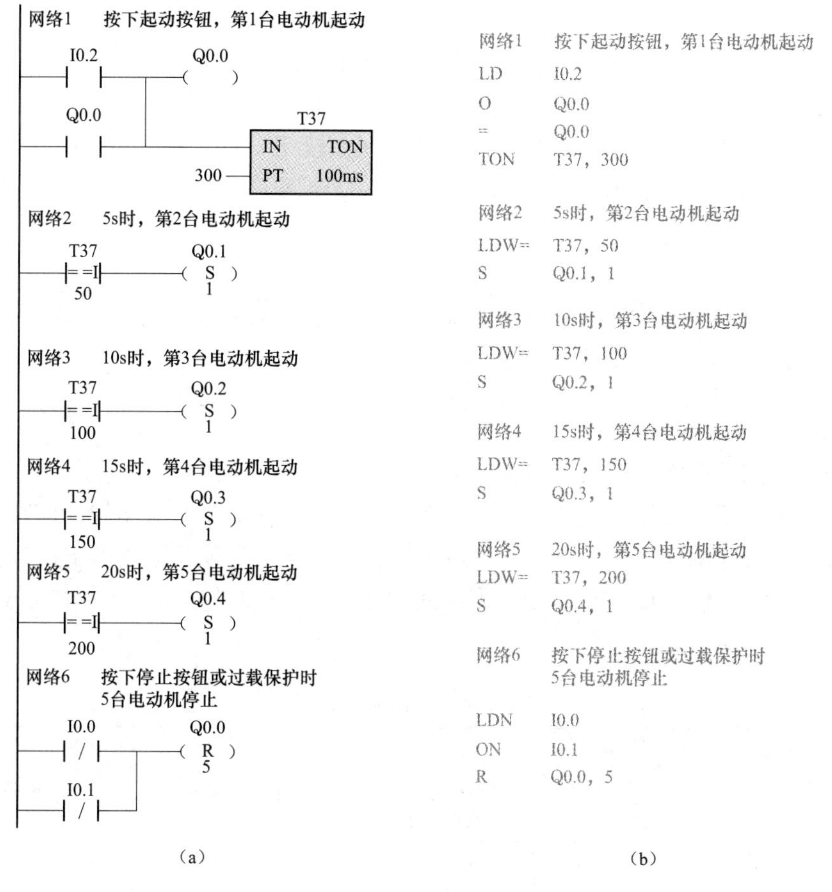

图 3-11 5 台电动机顺序起动控制程序

（a）程序梯形图；（b）程序指令表

程序工作原理如下。

（1）按下起动按钮，Q0.0 通电自锁，第 1 台电动机起动，定时器 T37 的当前值寄存器从0开始计数。

（2）在程序网络2，当T37的当前值为50（即延时时间为5s）时，满足比较关系式，比较触点接通，Q0.1置位，第2台电动机起动，以下3台电动机起动过程同理。

（3）当按下停止按钮或热继电器过载保护时，Q0.0～Q0.4复位，T37失电复位，比较触点全部分断。

四、程序逻辑测试

接通电源，将图3-11所示程序下载到PLC并进行程序监控。

（1）起动。按下起动按钮I0.2，Q0.0通电自锁，当T37延时5s、10s、15s、20s时，Q0.1～Q0.4顺序得电。

（2）停止。按下停止按钮I0.1，Q0.0～Q0.4同时失电。

（3）过载保护。断开I0.0端的连线，模拟过载故障，Q0.0～Q0.4同时失电。

思考与练习

1. 在比较指令中符号“＝＝、＜＞、＜、＜＝、＞、＞＝”分别表示什么类型的比较条件？

2. 比较指令触点在什么情况下接通，什么情况下分断？

3. 试用比较指令编写产生周期为10s方波信号的程序。

4. 某设备有3盏指示灯，控制要求为：按下起动按钮时第1盏指示灯亮；延时2s后第2盏指示灯亮；再延时3s后第3盏指示灯亮；3盏灯全亮5s后同时灭。试用比较指令编写控制程序。

任务3　应用跳转指令实现手动/自动操作模式选择控制

任务引入

跳转指令可用来选择执行指定的程序段，跳过暂时不需要执行的程序段。例如，在调试生产工艺时，需要手动操作（点动）模式；在正常生产时，需要自动操作（自锁）模式。这就需要在程序中编写两段程序，点动程序段用于调试工艺，自锁程序段用于正常生产。本任务应用跳转指令实现电动机手动/自动操作模式选择控制，PLC输入/输出端口分配见表3-12，控制线路如图3-12所示。

表3-12　PLC输入/输出端口分配表

<table>
<tr><th colspan="3">输入端口</th><th colspan="2">输出端口</th></tr>
<tr><th>输入继电器</th><th>输入元件</th><th>作　用</th><th>输出继电器</th><th>输出元件</th></tr>
<tr><td>I0.0</td><td>KH（动断触点）</td><td>过载保护</td><td rowspan="4">Q0.1</td><td rowspan="4">接触器KM</td></tr>
<tr><td>I0.1</td><td>SB1（动断触点）</td><td>停止按钮</td></tr>
<tr><td>I0.2</td><td>SB2（动合触点）</td><td>起动按钮</td></tr>
<tr><td>I0.3</td><td>SA拨动开关</td><td>手动/自动模式选择</td></tr>
</table>

SA是手动/自动模式选择开关，当SA处于断开状态时，选择手动操作模式；当SA处于接通状态时，选择自动操作模式。不同操作模式的进程如下。

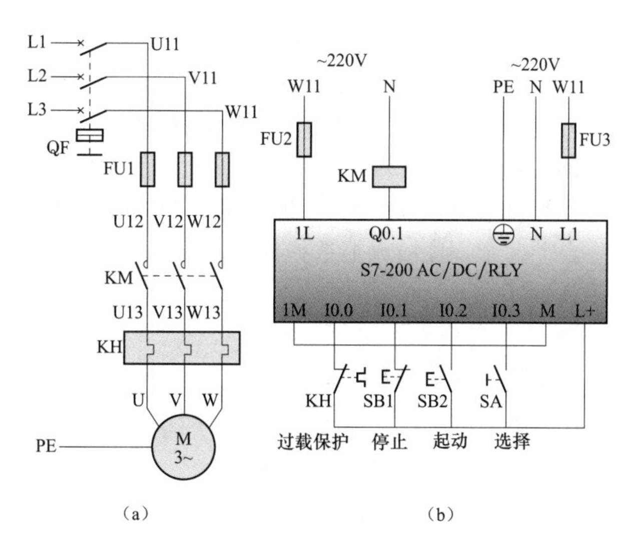

图 3-12 电动机手动/自动模式选择控制线路

(a) 主电路；(b) 控制电路

(1) 手动操作模式。当按下起动按钮 SB2 时，电动机运转；当松开起动按钮 SB2 时，电动机停止。

(2) 自动操作模式。当按下起动按钮 SB2 时，电动机连续运转 60s 后，自动停止。当按下停止按钮 SB1 时，电动机立即停止。

相关知识

一、跳转指令

跳转指令属于程序控制类指令，跳转指令（JMP）、标号指令（LBL）的格式见表 3-13。

表 3-13　　跳转指令与标号指令

项　目	跳　转　指　令	标　号　指　令
梯形图	N ——(JMP)	N LBL
指令表	JMP　N	LBL　N
操作数范围	N：0～255	

跳转指令与标号指令说明如下。

(1) 跳转指令改变了程序流程，当跳转条件满足时，由 JMP 指令控制转至标号 N 的程序段去执行。

(2) 跳转指令和标号指令必须位于同一个程序块中，即同时位于主程序（或子程序或中断程序）内。

(3) 标号指令 LBL 属于无条件输入指令，应直接与左母线连接。

(4) 多个编号相同的 JMP 指令可以用在同一程序里。但在一个程序里不可以使用相同编号的两个或多个 LBL 指令。

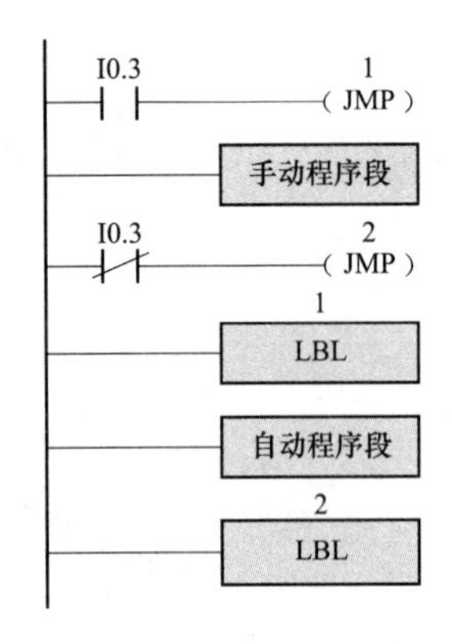

图 3-13　跳转指令程序结构

二、跳转指令程序结构

应用跳转指令的程序结构如图 3-13 所示。I0.3 连接手动/自动模式选择开关，当 I0.3 断开时，执行手动程序段，跳过自动程序段（跳转标号 2 处）；当 I0.3 接通时，跳过手动程序段（跳转标号 1 处），执行自动程序段。I0.3 的动合/动断触点起连锁作用，使手动、自动两个程序段只能选择其一。

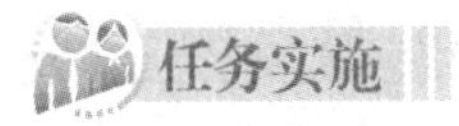

一、任务准备

实施本任务所需要的设备见表 3-14。

表 3-14　　　　设　备　表

序　号	名　称	型 号 规 格	数　量	单　位
1	计算机	安装 STEP 7-Micro/WIN V 4.0 软件	1	台
2	PLC	S7-200　AC/DC/RLY	1	台
3	编程电缆	PC/PPI 或 USB/PPI	1	根
4	低压断路器	DZ47LE	1	个
5	熔断器	RT18-32	2	组
6	接触器	CJ20-10A（线圈电压 220V）	1	个
7	热继电器	JR36-20	1	个
8	按钮	LA10-3H	1	个
9	钮子开关	YB 系列	1	个
10	电动机	YS5024，60W，380V，Y/△，1400r/min	1	台
11	控制板	长 750mm、宽 600mm	1	块

二、连接线路

按图 3-12 所示在控制板上连接电动机手动/自动操作模式选择控制线路，暂不连接输出端负载，连接无误后接通 PLC 电源。

（1）PLC 输入指示灯 I0.0 应点亮，表示热继电器动断触点与连线正常。

（2）PLC 输入指示灯 I0.1 应点亮，表示停止按钮与连线正常。

三、编写控制程序

电动机手动/自动操作模式选择控制程序如图 3-14 所示。虽然程序中 Q0.1 出现了双线圈，但因为手动/自动程序段不会同时运行，所以此处允许出现双线圈。

四、程序逻辑测试

接通电源，将如图 3-14 所示程序下载到 PLC 并进行程序监控。

（1）选择手动操作模式。断开选择开关 SA，输入指示灯 I0.3 灭。在程序网络 2 中，当按下起动按钮 I0.2 时，Q0.1 得电；当松开起动按钮 I0.2 时，Q0.1 失电。

（2）选择自动操作模式。接通选择开关 SA，输入指示灯 I0.3 亮。在程序网络 5 中，当按下起动按钮 I0.2 时，Q0.1 得电自锁，60s 后 Q0.1 自动失电。在程序运行过程中，当按停止按钮 I0.1 时，Q0.1 立即失电。

（3）过载保护。断开 I0.0 接线端，模拟过载故障，Q0.1 失电。

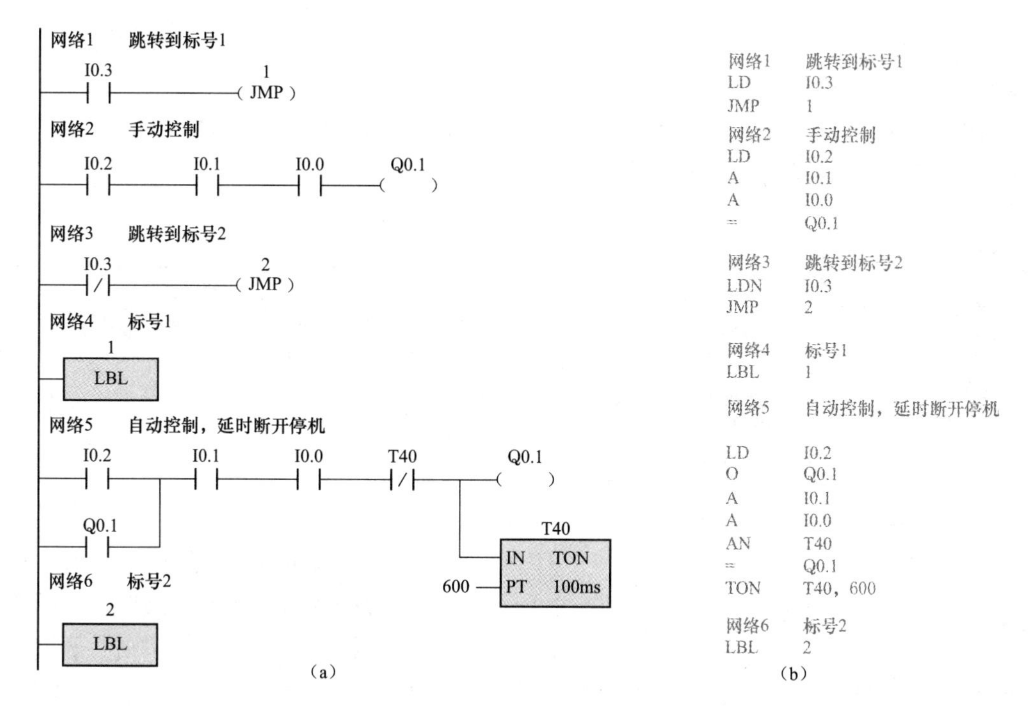

图 3-14 电动机手动/自动操作模式选择控制程序

(a) 程序梯形图；(b) 程序指令表

五、操作

将接触器线圈 KM 连接到 PLC 输出端 Q0.1。

(1) 选择手动操作模式。断开选择开关 SA，输入指示灯 I0.3 灭。当按下起动按钮 SB2 时，电动机起动；当松开起动按钮 SB2 时，电动机停止。

(2) 选择自动操作模式。接通选择开关 SA，输入指示灯 I0.3 亮。当按下起动按钮 SB2 时，电动机起动，60s 后自动停止。在运转过程中，当按下停止按钮 SB1 时，电动机立即停止。

(3) 过载保护。当出现过载故障时，电动机自动停止。

思考与练习

1. 在一个程序里允许两个或多个使用相同编号的 JMP 指令和 LBL 指令吗？

2. 为什么允许如图 3-14 所示程序中出现 Q0.1 双线圈现象？

3. 应用跳转指令设计一个电磁阀点动/自锁控制程序。要求 I0.0 状态 ON 时点动控制，状态 OFF 时自锁控制。选择开关连接 I0.0 端，停止按钮连接 I0.1 端，起动按钮连接 I0.2 端。

任务 4 应用子程序指令实现手动/自动操作模式选择控制

任务引入

在编写复杂的用户程序时，可以按控制功能将程序分解为若干个功能段，每个功能段对应一个子程序，在主程序里根据需要来调用子程序。使用子程序可使程序结构简单，控制关系清晰，容易编写和查错。

本任务应用子程序指令实现电动机手动/自动操作模式选择控制，PLC输入/输出端口分配见表3-15，控制线路如图3-15所示。

表3-15　PLC输入/输出端口分配表

输入端口			输出端口	
输入继电器	输入元件	作　用	输出继电器	输出元件
I0.0	KH（动断触点）	过载保护	Q0.1	接触器KM
I0.1	SB1（动断触点）	停止按钮		
I0.2	SB2（动合触点）	起动按钮		
I0.3	SA	手动/自动模式选择开关		

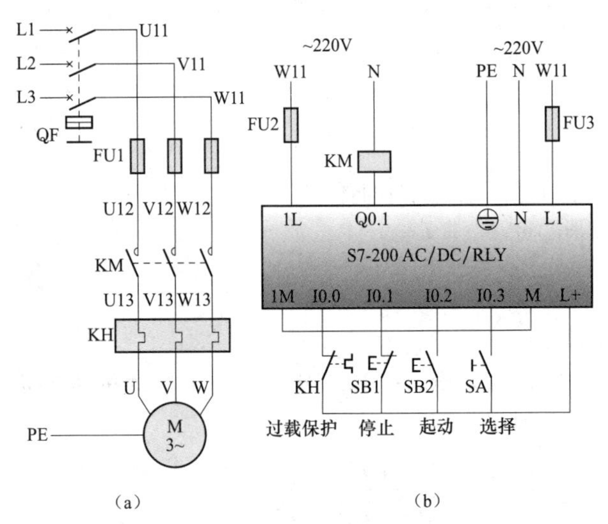

图3-15　电动机手动/自动操作模式选择控制线路

(a) 主电路；(b) 控制电路

SA是手动/自动操作模式选择开关，当SA处于断开状态时，选择手动操作模式；当SA处于接通状态时，选择自动操作模式，不同操作模式的进程如下。

(1) 手动操作模式。手动操作模式是点动控制，当按下起动按钮SB2时，电动机运转；当松开起动按钮SB2时，电动机停止。

(2) 自动操作模式。自动操作模式是自锁控制加上延时控制，当按下起动按钮SB2时，电动机起动，连续运转60s后，自动停止。如果按下停止按钮SB1，则电动机立即停止。

相关知识

一、创建子程序的方法

S7-200的程序块由主程序、子程序和中断程序三类组成，其中主程序是必需的。在软件窗口里为每个程序提供一个独立的编辑页面，主程序总是位于第一页，其后两个页面分别是子程序0和中断程序0。

除主程序OB1外，程序编辑器默认一个子程序0（SBR_0）。若要再新建一个子程序，可以单击编程软件主菜单“编辑”→“插入”→“子程序”，即可新建子程序1（SBR_1）。也可以在编辑界面上单击鼠标右键，选择“插入”→“子程序”菜单。

CPU226最多可以创建128（SBR_0～SBR_127）个子程序，其他类型CPU可以创建64（SBR_0～SBR_63）个子程序。

二、子程序指令

子程序指令属于程序控制类指令，子程序调用指令CALL、条件返回指令CRET的指令格式见表 3-16。

表 3-16　　CALL、CRET 指令

项　目	子程序调用指令	条件返回指令
梯形图	SBR_N EN	——(RET)
指令表	CALL　SBR _ N	CRET

子程序指令说明如下。

（1）编程软件在每个子程序末尾处自动添加无条件返回指令。调用子程序将执行子程序的全部指令，直至子程序结束，然后返回调用子程序指令的下一条指令处。

（2）系统还提供了子程序条件返回指令 CRET，根据条件选择是否提前返回调用它的程序。

（3）类似地，编程软件也自动地为主程序末尾处添加无条件结束指令，也可以在主程序中用触点电路驱动 END（有条件结束）指令。

（4）如果在子程序中再调用其它子程序称为子程序嵌套，嵌套数可达 8 级。

（5）如果在停止调用子程序时子程序中的定时器正在计时，100ms 定时器将停止计时，保持当前值不变，重新调用时继续计时；但是 1ms 定时器和 10ms 定时器将继续计时，定时时间到，它们的定时器位变为 ON 状态。

（6）当子程序在同一个扫描周期内被多次调用时，不能使用上升沿、下降沿、定时器和计数器指令。

（7）在主程序中还可以调用带参数的子程序，相关内容在本模块任务 9 中讲述。

子程序调用与条件返回指令程序举例如图 3-16 所示。

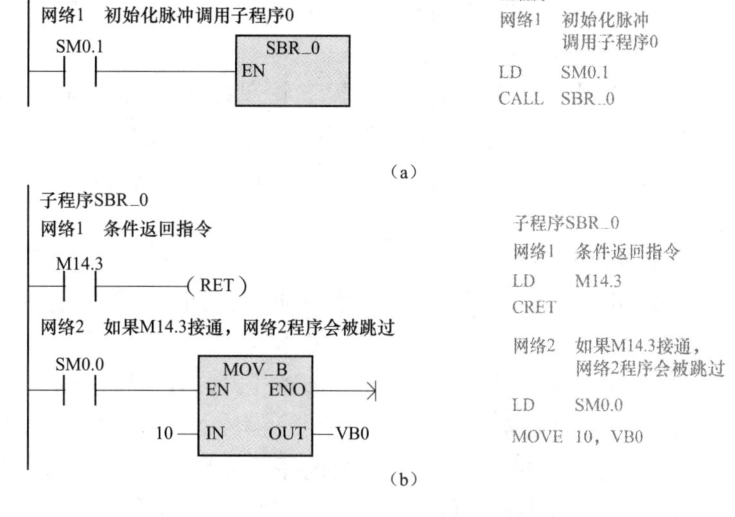

图 3-16　子程序调用指令与条件返回指令程序举例
(a) 主程序；(b) 子程序 SBR _ 0

任务实施

一、任务准备

实施本任务所需要的设备见表 3-17。

表 3-17　设　备　表

序　号	名　称	型　号　规　格	数　量	单　位
1	计算机	安装 STEP 7-Micro/WIN V 4.0 软件	1	台
2	PLC	S7-200　AC/DC/RLY	1	台
3	编程电缆	PC/PPI 或 USB/PPI	1	根
4	低压断路器	DZ47LE	1	个
5	熔断器	RT18-32	2	组
6	接触器	CJ20-10A（线圈电压 220V）	1	个
7	热继电器	JR36-20	1	个
8	按钮	LA10-3H	1	个
9	钮子开关	YB 系列	1	个
10	电动机	YS5024，60W，380V，Y/△，1400r/min	1	台
11	控制板	长 750mm、宽 600mm	1	块

二、连接线路

按图 3-15 所示在控制板上连接电动机手动/自动操作模式选择控制线路，暂不连接输出端负载，连接无误后接通 PLC 电源。

（1）PLC 输入指示灯 I0.0 应点亮，表示热继电器动断触点与连线正常。

（2）PLC 输入指示灯 I0.1 应点亮，表示停止按钮与连线正常。

三、编写控制程序

电动机手动/自动操作模式选择控制程序如图 3-17 所示，图（a）、（b）、（c）分别表示主程序、子程序 0、子程序 1。手动操作模式与子程序 0 对应，自动操作模式与子程序 1 对应，在主程序里根据选择条件分别调用它们。

程序工作原理如下。

（1）选择手动操作模式。当 I0.3 物理触点分断时，在主程序中调用子程序 SBR_0，子程序 SBR_0 是点动控制程序段，用于调试生产工艺。

（2）选择自动操作模式。当 I0.3 物理触点接通时，在主程序中调用子程序 SBR_1，子程序 SBR_1 是自锁控制与延时控制程序段，用于正常生产。

四、程序逻辑测试

接通电源，将如图 3-17 所示程序下载到 PLC，并分别在 SBR_0 和 SBR_1 页面进行程序监控。

（1）选择手动操作模式。断开选择开关 SA，输入指示灯 I0.3 灭。在主程序中调用子程序 0，当按下起动按钮 I0.2 时，Q0.1 得电；当松开起动按钮 I0.2 时，Q0.1 失电。

（2）选择自动操作模式。接通选择开关 SA，输入指示灯 I0.3 亮。在主程序中调用子程序 1，当按下起动按钮 I0.2 时，Q0.1 得电自锁，60s 后 Q0.1 自动失电。在程序运行过程中，当按下停止按钮 I0.1 时，Q0.1 立即失电。

（3）过载保护。断开 I0.0 接线端，模拟过载故障，Q0.1 失电。

五、操作

将接触器线圈 KM 连接到 PLC 输出端 Q0.1。

（1）选择手动操作模式。断开选择开关 SA，输入指示灯 I0.3 灭。当按下起动按钮 SB2 时，电动机起动；当松开起动按钮 SB2 时，电动机停止。

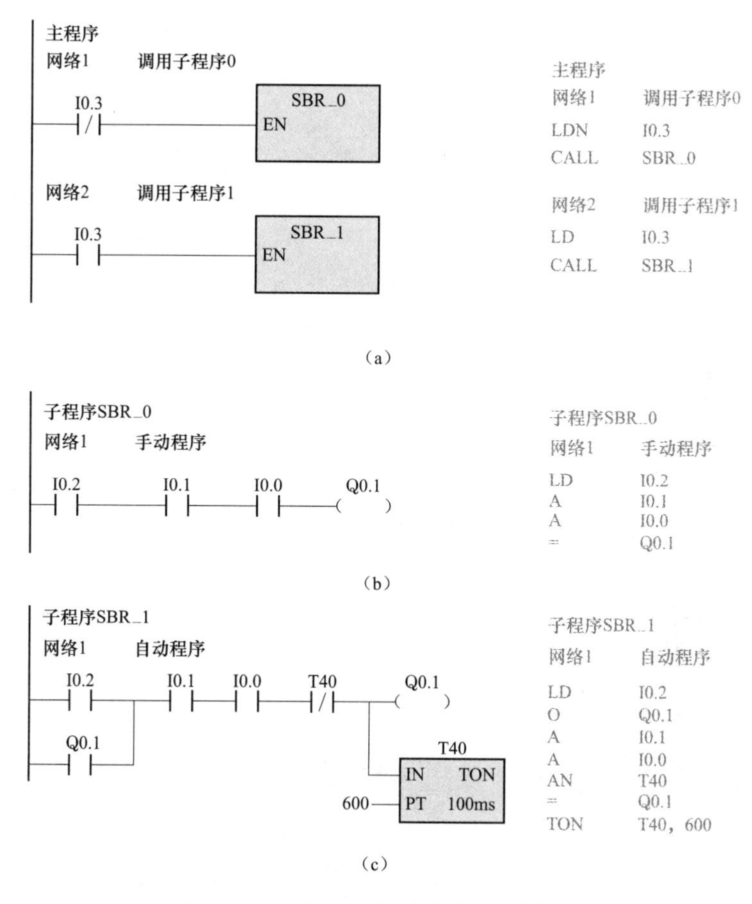

图 3-17　电动机手动/自动选择控制程序

(a) 主程序；(b) 子程序 SBR _ 0；(c) 子程序 SBR _ 1

(2) 选择自动操作模式。接通选择开关 SA，输入指示灯 I0.3 亮。当按下起动按钮 SB2 时，电动机起动，60s 后自动停止。在运转过程中，当按下停止按钮 SB1 时，电动机立即停止。

(3) 过载保护。当出现过载故障时，电动机自动停止。

知识拓展

一、有条件结束指令（END）

(1) 有条件结束指令根据前面的逻辑条件提前结束用户主程序的扫描周期。调试程序时，在用户主程序的适当位置插入有条件结束指令可实现程序的分段调试。

(2) 有条件结束指令只能在主程序中使用，不能在子程序或中断程序中使用。

(3) 编程软件自动在用户主程序末端加入无条件结束指令。

二、停止指令（STOP）

停止指令强制 CPU 从 RUN 模式转换至 STOP 模式，从而立即终止程序的执行。例如，当 SM5.0 检测到 I/O 错误时置 1，并强制 CPU 转换至 STOP（停止）模式，程序如图 3-18 所示。

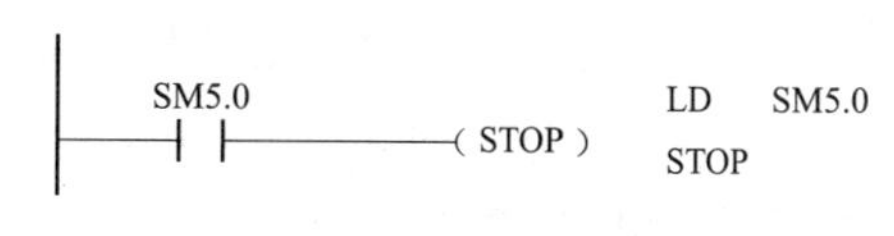

图 3-18　STOP 指令格式

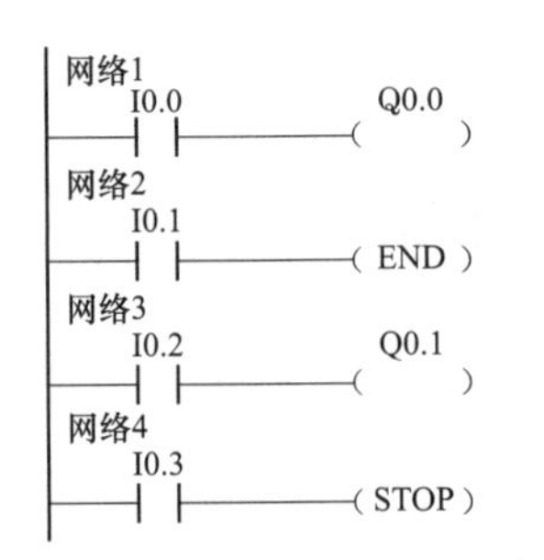

图 3-19　END、STOP 指令应用举例

三、END、STOP 指令应用举例

END、STOP 指令应用举例如图 3-19 所示。当 I0.0 接通时，Q0.0 得电，若 I0.1 接通，执行 END 指令，返回主程序的起点，这样，Q0.0 仍保持得电，但下面的程序不会执行。若 I0.1 断开，接通 I0.2，则 Q0.1 得电。若 I0.3 接通，则执行 STOP 指令，立即终止程序执行，Q0.0 和 Q0.1 均复位，CPU 从 RUN 模式转换至 STOP 模式。

思考与练习

1. PLC 程序块由哪几类程序构成，其中哪一类程序是必需的？
2. 使用子程序编程有哪些优点？
3. 主程序与子程序是在同一个页面编辑吗？
4. 如何创建一个子程序？
5. 应用子程序指令设计一个电磁阀点动/自锁控制程序。要求 I0.0 状态 ON 时点动控制，状态 OFF 时自锁控制。I0.0 连接工作模式选择开关，I0.1 连接停止按钮，I0.2 连接起动按钮。

任务 5　应用整数计算指令和模拟电位器调节程序参数

任务引入

在实际生产中，当同一系列的产品类型或生产工艺发生变化时，往往需要调整 PLC 控制程序的参数，解决的方法有两种：一是写入新的用户程序，二是用 PLC 自带的模拟电位器调节程序的相关参数。显然，应用后者更加快捷易行。本任务介绍用模拟电位器调节用户程序参数的方法。

相关知识

一、模拟电位器

在 PLC 面板的前盖里，CPU221、CPU222 有 1 个模拟电位器 0，CPU224、CPU226 有 2 个模拟电位器 0 和 1，它们的数值经模数转换电路处理后分别存储于特殊存储器字节 SMB28 和 SMB29 中，数值范围为 0～255，用仪用小螺钉旋具轻轻将电位器顺时针旋转时数值增大，逆时针旋转时数值减小。在程序中编入字节 SMB28 或 SMB29，就可以通过旋转电位器来调节定时器或计数器的预置值以及其他程序参数。

【例 3-2】 设 I0.0 在接通 0～25.5s 时间内 Q0.0 状态 ON，延时时间用模拟电位器 0 进行调节，编写相应的 PLC 程序，并对当前值监控。

解　程序梯形图和状态表监控值如图 3-20 所示，先将 SMB28 的无符号数值转变为整数存储于 VW1000，再将（VW1000）作为定时器 T40 的预置值。调节模拟电位器 0 时，预置值变化范围为 0～+255，所以 T40 的延时时间为 0～25.5s。

使用状态表可以监控数据。当程序下载并运行后，单击编程软件主界面左侧中的“状态

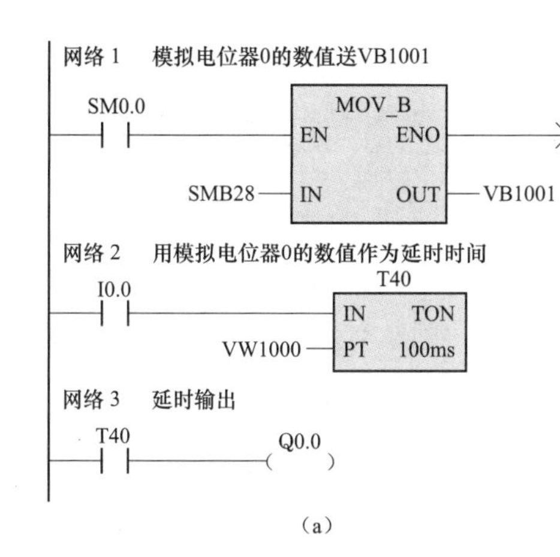

（a）

序号	地址	格式	当前值
1	SMB28	无符号	100
2	VB1001	无符号	100
3	VW1000	有符号	+100
4	T40	有符号	+100
5	Q0.0	位	2#1

（b）

图 3-20 使用模拟电位器 0 延时控制程序

（a）程序梯形图；（b）状态表监控值

表”按钮，打开状态表界面，并在状态表地址列输入需要监控的元件地址和选择格式；单击编程软件主菜单“调试”→“开始状态表监控”。状态表监控值如图 3-20（b）所示，当（SMB28）调至 100 时，T40 延时 10s 后 Q0.0 的状态为 1。

也可在程序编辑器中选择一个或几个网络，单击鼠标右键，在弹出的快捷菜单中单击“创建状态表”选项，能快速生成一个包含所选网络内各元件的状态表。

二、整数计算结果标志位

整数计算指令包括整数加、减、乘、除等指令。当整数运算结果为 0 时，零标志位 SM1.0 状态置 1；运算结果溢出时，溢出标志位 SM1.1 状态置 1；运算结果为负数时，负数标志位 SM1.2 状态置 1；做除法运算，当除数为 0 时，SM1.3 状态置 1。

三、加法指令（ADD）

加法指令（ADD）是对整数进行相加操作，即 IN1＋IN2＝OUT，其指令格式见表 3-18。

表 3-18　　ADD 指令

项　目	整数加法	双整数加法
梯形图	ADD_I EN ENO IN1 OUT IN2	ADD_DI EN ENO IN1 OUT IN2
指令表	＋I　IN2，OUT	＋D　IN2，OUT

（1）加法指令（ADD）的说明。

1）整数加法运算 ADD_I。将 2 个单字长（16 位）有符号整数 IN1 和 IN2 相加，运算结果送到 OUT 指定的存储器单元，输出结果为 16 位。

2）双整数加法运算 ADD_DI。将 2 个双字长（32 位）有符号整数 IN1 和 IN2 相加，运算结果送到 OUT 指定的存储器单元，输出结果为 32 位。

3）整数加法有“MOVW IN1，OUT”和“＋I IN2，OUT”两条指令表语句，即先将数据 IN1 传送 OUT 地址，然后与数据 IN2 做加法运算，运算结果存储于 OUT 地址。以下各条算术运算指令类同。

（2）加法指令（ADD）的应用举例。加法指令（ADD）的应用举例如图3-21所示。执行加法指令后，－2＋10的运算结果＋8存储到VW30中，在状态表中VW30不同格式的当前值如图3-21（c）所示。

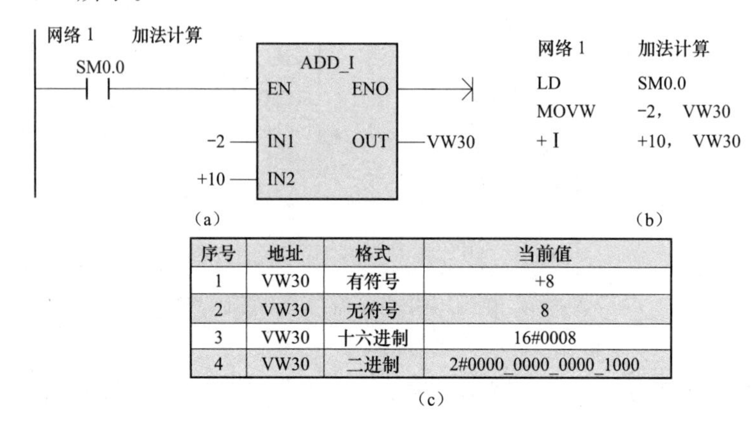

序号	地址	格式	当前值
1	VW30	有符号	+8
2	VW30	无符号	8
3	VW30	十六进制	16#0008
4	VW30	二进制	2#0000_0000_0000_1000

（c）

图3-21　加法指令举例

（a）程序梯形图；（b）程序指令表；（c）状态表监控值

四、减法指令（SUB）

减法指令（SUB）是对整数进行相减操作，即IN1－IN2＝OUT，其指令格式见表3-19。

表3-19　SUB指令

项　目	整数减法	双整数减法
梯形图	SUB_I EN　ENO IN1　OUT IN2	SUB_DI EN　ENO IN1　OUT IN2
指令表	－I　IN2，OUT	－D　IN2，OUT

（1）减法指令（SUB）的说明。

1）整数减法运算SUB_I。将2个单字长（16位）有符号整数IN1和IN2相减，运算结果送到OUT指定的存储器单元，输出结果为16位。

2）双整数减法运算SUB_DI。将2个双字长（32位）有符号双整数IN1和IN2相减，运算结果送到OUT指定的存储器单元，输出结果为32位。

（2）减法指令SUB的应用举例。减法指令SUB的应用举例如图3-22所示。执行减法指令后，3－12的运算结果－9存储到变量存储器VW30。由于运算结果为负数，SM1.2状态为1，Q0.0通电。

（3）原码。数值进行运算，离不开正负号。用有符号整数二进制格式的最高位来表示符号位，“0”表示正数，“1”表示负数，其余位为数值位，这种表示法称为数的原码。例如，＋9的原码为2＃0000_0000_0000_1001，－9的原码为2＃1000_0000_0000_1001。

（4）反码与补码。为了方便CPU运算，参与运算的正数、负数以及运算结果均为补码格式。对于正数，反码、补码与原码相同。例如，＋9的原码、反码、补码均为2＃0000_

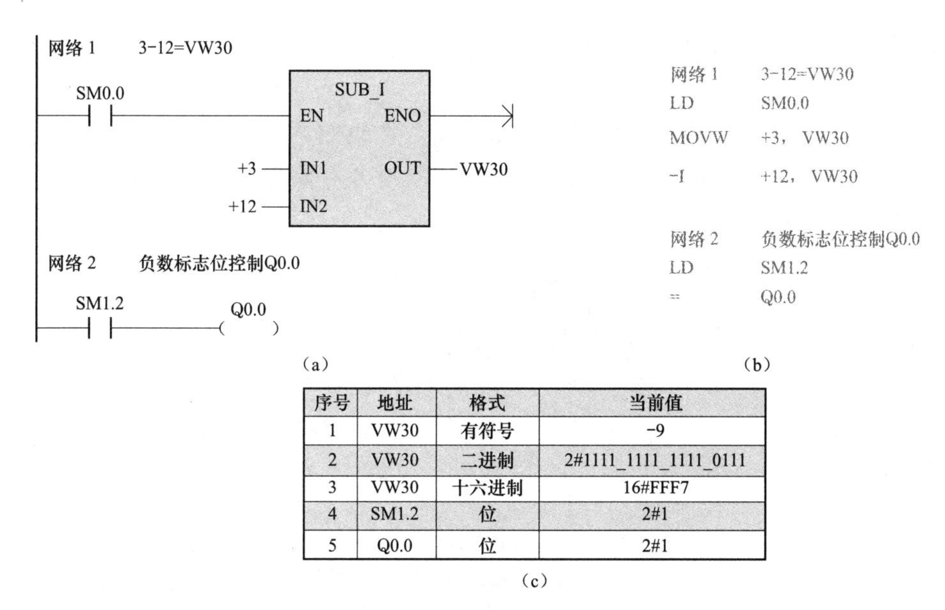

序号	地址	格式	当前值
1	VW30	有符号	-9
2	VW30	二进制	2#1111_1111_1111_0111
3	VW30	十六进制	16#FFF7
4	SM1.2	位	2#1
5	Q0.0	位	2#1

(c)

图 3-22 减法指令举例

(a) 程序梯形图；(b) 程序指令表；(c) 状态表监控值

0000 _ 0000 _ 1001。

负数的反码符号位为 1，数值位为对负数的原码按位求反。例如，－9 的反码为 2＃1111 _ 1111 _ 1111 _ 0110。

负数的补码符号位为 1，数值位对负数的反码加 1。例如，－9 的补码为 2＃1111 _ 1111 _ 1111 _ 0111。由于负数以补码格式存在，所以用负数作为输出参数值时要格外注意。将负数的补码的各位取反后再加 1，则得到它的绝对值。

五、乘法指令（MUL）

乘法指令（MUL）是对整数进行相乘操作，即 IN1×IN2＝OUT，其指令格式见表 3-20。

表 3-20 MUL 指令

项 目	整数乘法	双整数乘法	整数乘法运算双整数输出
梯形图	MUL_I EN ENO IN1 OUT IN2	MUL_DI EN ENO IN1 OUT IN2	MUL EN ENO IN1 OUT IN2
指令表	*I IN2，OUT	*D IN2，OUT	MUL IN2，OUT

（1）乘法指令（MUL）的说明。

1）整数乘法运算 MUL _ I。将 2 个单字长（16 位）有符号整数 IN1 和 IN2 相乘，运算结果送到 OUT 指定的存储器单元，输出结果为 16 位。

2）双整数乘法运算 MUL _ DI。将 2 个双字长（32 位）有符号双整数 IN1 和 IN2 相乘，运算结果送到 OUT 指定的存储器单元，输出结果为 32 位。

3）整数乘法运算双整数输出 MUL。将 2 个单字长（16 位）有符号整数 IN1 和 IN2 相乘，运算结果送到 OUT 指定的存储器单元，输出结果为 32 位。

4）整数数据作乘2运算，其二进制数据左移1位；作乘4运算，左移2位；作乘8运算，左移3位；……

（2）乘法指令（MUL）的应用举例。整数乘法运算双整数输出的程序如图3-23所示。执行乘法指令MUL后，10923×12的运算结果131 076存储在VD30目标操作数中，其十六进制格式为16＃00020004。

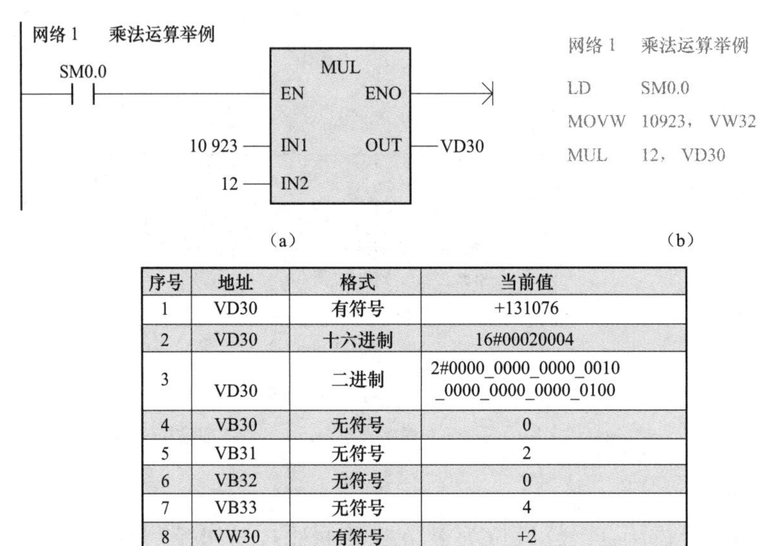

序号	地址	格式	当前值
1	VD30	有符号	+131076
2	VD30	十六进制	16#00020004
3	VD30	二进制	2#0000_0000_0000_0010_0000_0000_0000_0100
4	VB30	无符号	0
5	VB31	无符号	2
6	VB32	无符号	0
7	VB33	无符号	4
8	VW30	有符号	+2
9	VW32	有符号	+4

（c）

图3-23　乘法指令举例

（a）程序梯形图；（b）程序指令表；（c）状态表监控值

状态表监控值如图3-23（c）所示，VD30中各字节存储的数据分别是VB30＝0、VB31＝2、VB32＝0、VB33＝4；VD30中各字存储的数据分别是VW30＝＋2、VW32＝＋4。

六、除法指令（DIV）

除法指令（DIV）是对整数进行相除操作，即IN1/IN2＝OUT，其指令格式见表3-21。

表3-21　**DIV指令**

项　目	整数除法	双整数除法	整数除法运算双整数输出
梯形图	DIV_I EN　ENO IN1　OUT IN2	DIV_DI EN　ENO IN1　OUT IN2	DIV EN　ENO IN1　OUT IN2
指令表	/I　IN2，OUT	/D　IN2，OUT	DIV　IN2，OUT

（1）除法指令（DIV）的说明。

1）整数除法运算DIV _ I。将2个单字长（16位）有符号整数IN1和IN2相除，运算结果送到OUT指定的存储器单元，输出结果为16位，余数不被保留。

2）双整数除法运算DIV _ DI。将2个双字长（32位）有符号双整数IN1和IN2相除，运算结果送到OUT指定的存储器单元，输出结果为32位，余数不被保留。

3）整数除法运算双整数输出 DIV。将 2 个单字长（16 位）有符号整数 IN1 和 IN2 相除，运算结果送到 OUT 指定的存储器单元，输出结果为 32 位，其中低 16 位是商，高 16 位是余数。

4）整数数据作除以 2 运算，相当于其二进制数值右移 1 位；作除以 4 运算，相当于右移 2 位；作除以 8 运算，相当于右移 3 位；……

在如图 3-24 所示的除法程序中，被除数存储 VW0，除数存储 VW10，运算结果存储 VD20。其中商存储在 VW22，余数存储在 VW20，数据结构如图 3-24（c）所示。

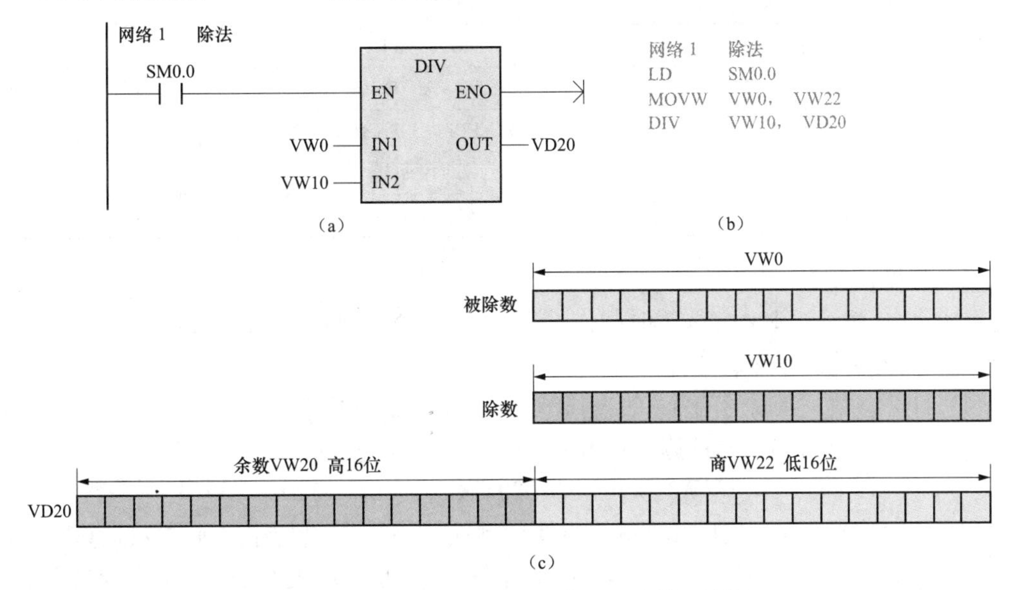

图 3-24　整数除法运算双整数输出的数据结构

（a）程序梯形图；（b）程序指令表；（c）除法数据结构

（2）除法指令（DIV）的应用举例。除法指令程序如图 3-25 所示。执行除法指令 DIV 后，运算结果（15/2=7 余 1）存储在 VD30 的目标操作数中，其中商 7 存储在 VW32，余数 1 存储在 VW30，其十六进制格式为 16＃00010007。

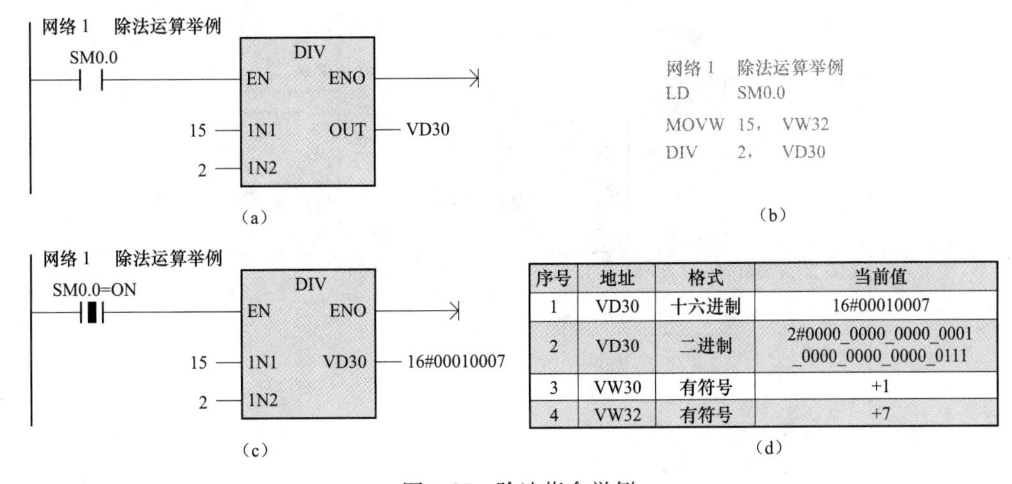

序号	地址	格式	当前值
1	VD30	十六进制	16#00010007
2	VD30	二进制	2#0000_0000_0000_0001_0000_0000_0000_0111
3	VW30	有符号	+1
4	VW32	有符号	+7

图 3-25　除法指令举例

（a）程序梯形图；（b）程序指令表；（c）监控梯形图；（d）状态表监控值

利用除 2 取余法，可以判断运算结果的奇偶性，即余数为 1 是奇数，为 0 是偶数。

一、任务准备

实施本任务所需要的设备见表 3-22。

表 3-22　　设　备　表

序　号	名　称	型号规格	数　量	单　位
1	计算机	安装 STEP 7-Micro/WIN V 4.0 软件	1	台
2	PLC	CPU226　AC/DC/RLY	1	台
3	编程电缆	PC/PPI 或 USB/PPI	1	根
4	按钮	LA10-3H	1	个
5	仪用小螺钉旋具	一字型或十字型	1	个

二、实施任务 1

要求 I0.0 在接通 120～150s 时间内 Q0.0 状态 ON，延时时间用模拟电位器 1 进行调节，编写相应的控制程序。

(1) 计算参数。延时时间为 120～150s，则定时器的预置值应为 1200～1500，设 VW10 为 T40 的预置值寄存器，则计算公式为

$$(VW10) = (SMB29) \times 300/255 + 1200$$

(2) 编写控制程序。程序如图 3-26 所示，SMB29 只有 1 字节长，而整数运算指令需要 1 个字（2 字节）长，因此，使用累加器运算比较方便。电位器逆时针旋转到底时，(SMB29) =0，预置值为 1200，定时时间为 120s。电位器顺时针旋转到底时，(SMB29) = 255，预置值为 1500，定时时间为 150s。

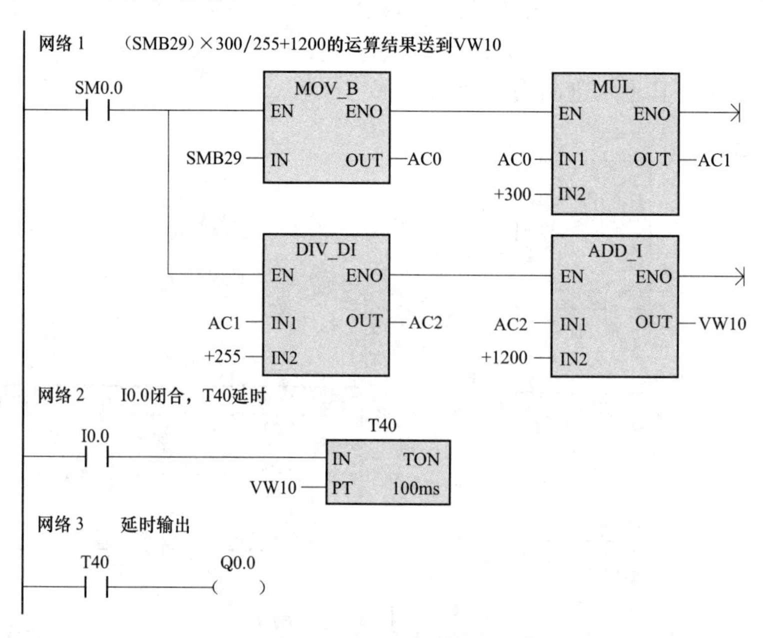

图 3-26　使用模拟电位器 1 调节定时器的预置值

为了保证运算的精度，应先乘后除。由于乘法运算结果可能大于一个字所表示的最大正数 32 767，所以使用整数乘法运算双整数输出指令 MUL。

(3) 操作。在程序运行与程序监控状态下，用小螺钉旋具轻轻旋转模拟电位器，可以观察到 (VW10) 的变化范围为 1200～1500。当 I0.0 处于接通状态时，T40 的延时时间为 120～150s。

三、实施任务 2

要求 I0.0 接通后延时控制 Q0.0 状态 ON，延时时间用模拟电位器 0 进行调节，延时时刻分别为 1、2、3、4、5、6s。编写相应的控制程序。

(1) 计算参数。延时时间分别为 1、2、3、4、5、6s，则定时器 T40 的预置值应分别为 10、20、30、40、50、60，设 VW10 为 T40 的预置值寄存器，则计算公式为

$$(VW10) = (SMB28)/50 \times 10 + 10$$

(2) 编写控制程序。程序如图 3-27 所示，由于采用整数除法运算指令 DIV _ I，所以运算结果只保留商，舍去了余数，即 AC1 的数值只能为 0、1、2、3、4、5。再经过相应的乘法和加法运算，当调节模拟电位器时，VW10 的数值分别为 10、20、30、40、50、60。

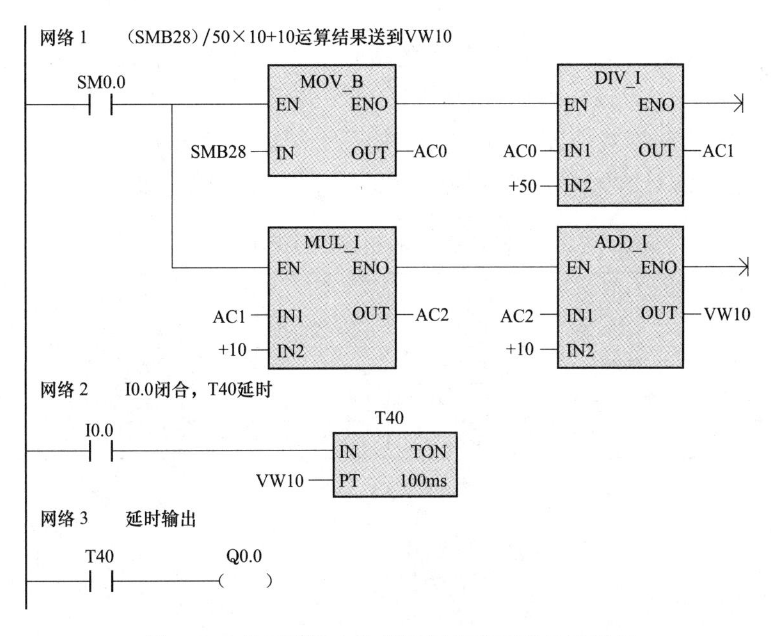

图 3-27 使用模拟电位器零调节定时器的预置值

(3) 操作。在程序运行与监控状态下，用仪用小螺钉旋具轻轻旋转模拟电位器，可以观察到 VW10 的数值分别为 10、20、30、40、50、60。当 I0.0 处于接通状态时，T40 的延时时间分别为 1、2、3、4、5、6s。

思考与练习

1. 用二进制格式写出整数＋5 和－5 的原码、反码和补码。

2. 设计一个程序，将 85 传送到 VW0，23 传送到 VW10，并完成以下操作。

(1) 求 VW0 与 VW10 的和，结果送到 VW20 存储。

(2) 求 VW0 与 VW10 的差，结果送到 VW30 存储。

(3) 求 VW0 与 VW10 的积，结果送到 VW40 存储。

（4）求 VW0 与 VW10 的余数和商，结果送到 VW50、VW52 存储。

3. 整数+5 与−5 作 ADD 运算后，标志位 SM1.0 的数据是多少?

4. 设某数据为 2#1011 0100，作乘 2 运算后，运算结果是多少?

5. 设某数据为 2#1011 0100，作除以 8 运算后，运算结果是多少?

6. 要求 I0.0 接通后延时控制 Q0.0 状态 ON，延时时间用模拟电位器零进行调节，延时时刻分别为 3、4、5s，试用整数计算指令编写程序。

7. 要求 I0.0 接通后延时控制 Q0.0 状态 ON，延时时间用模拟电位器零进行调节，延时时刻分别为 3、4、5s，试用比较指令编写程序。

提示：将 0～255 平分为三段，分别赋值为 30、40、50。

任务 6　应用加 1/减 1 指令实现多挡功率调节控制

任务引入

本任务应用加 1/减 1 指令实现加热器的多挡功率调节控制。设加热器的功率调节有 7 个挡位，分别是 0.5，1，1.5，2，2.5，3kW 和 3.5kW。每按一次功率增加按钮 SB2，功率上升 1 挡；每按一次功率减少按钮 SB3，功率下降 1 挡；按停止按钮 SB1，停止加热。

功率调节控制 PLC 输入/输出端口分配见表 3-23，控制线路如图 3-28 所示。

表 3-23　　PLC 输入/输出端口分配表

输入端口			输出端口		
输入继电器	输入元件	作用	输出继电器	输出元件	电热元件
I0.0	SB1（动断触点）	停止加热	Q0.0	KM1	R1/0.5kW
I0.1	SB2（动合触点）	功率增加	Q0.1	KM2	R2/1kW
I0.2	SB3（动合触点）	功率减小	Q0.2	KM3	R3/2kW

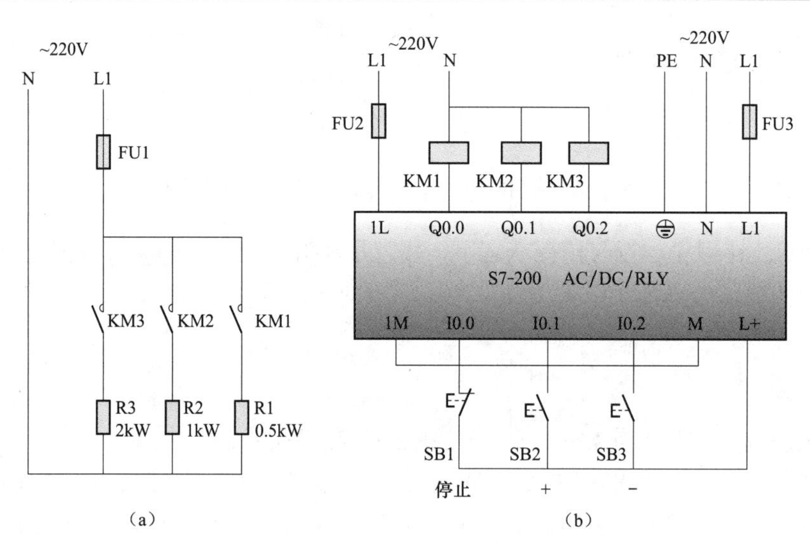

图 3-28　功率调节控制线路

（a）主电路；（b）控制电路

相关知识

一、加1/减1指令INC/DEC

加1/减1指令属于整数计算类指令，常用于累计计数或循环控制等，其操作数类型可以是字节、字或双字，指令格式见表3-24和表3-25。

表3-24　加 1 指 令

项　目	加1指令INC		
梯形图	INC_B EN ENO IN OUT	INC_W EN ENO IN OUT	INC_DW EN ENO IN OUT
指令表	INCB　OUT	INCW　OUT	INCD　OUT

表3-25　减 1 指 令

项　目	减1指令DEC		
梯形图	DEC_B EN ENO IN OUT	DEC_W EN ENO IN OUT	DEC_DW EN ENO IN OUT
指令表	DECB　OUT	DECW　OUT	DECD　OUT

加1/减1指令说明如下。

(1) 字节加1/减1操作是无符号循环数。最大值255加1结果为0，即执行加1指令后数据分别为0→1→2…→254→255→0；最小值0减1结果为255，即执行减1指令后数据分别为0→255→254…→1→0。

(2) 字加1/减1操作是有符号数，负数以补码格式出现。0（2＃0000 0000 0000 0000）加1结果为＋1（2＃0000 0000 0000 0001）；0减1结果为－1（2＃1111 1111 1111 1111）。

(3) 字加1/减1结果是循环数。＋32 767（2＃0111 1111 1111 1111）加1结果为－32 768（2＃1000 0000 0000 0000），－32 768减1结果为＋32 767。

(4) 加1/减1指令的运算结果影响SM1.0（零）、SM1.1（溢出）、SM1.2（负数）标志位。

二、加1/减1指令应用举例

加1/减1指令举例如图3-29所示，该程序可以用来验证字节加1/减1操作结果是无符号循环数。为了控制每次操作只能增加或减少1个数值，应用脉冲上升沿（或下降沿）指令来控制INC/DEC指令只能执行一次。I0.0将QB0清零，I0.1将QB0置数255。I0.2触点每接通一次，QB0的数据被加1后刷新，即（QB0）＋1→（QB0）；I0.3触点每接通一次，QB0的数据被减1后刷新，即（QB0）－1→（QB0），运算结果可以通过输出端LED显示。

【例3-3】 应用加1/减1指令调整QB0的状态。要求QB0的初始状态为7，调整范围为5～10，编写相应的PLC程序。

解　PLC程序如图3-30所示。应用初始化脉冲SM0.1设置QB0的初始值7；应用比较指令设定比较条件，在比较条件成立时分别传送最小值5和最大值10，调整结果可以通过输出端LED显示。

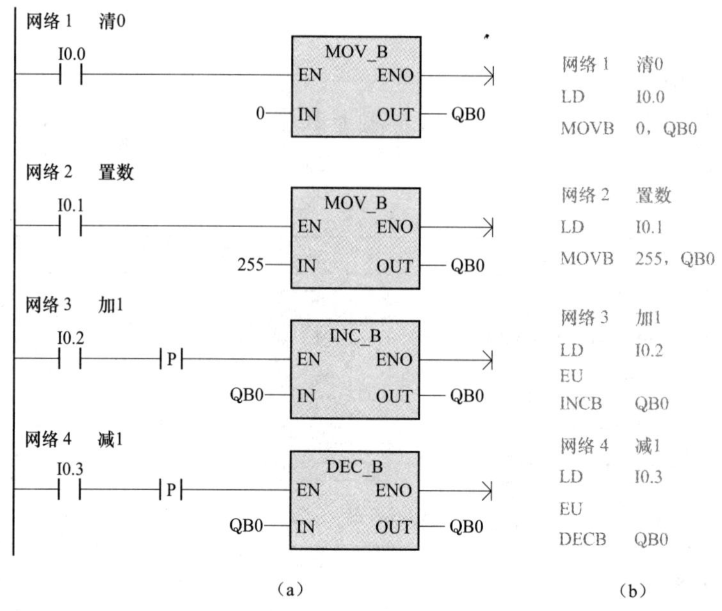

图 3-29 加 1/减 1 指令举例

(a) 程序梯形图；(b) 程序指令表

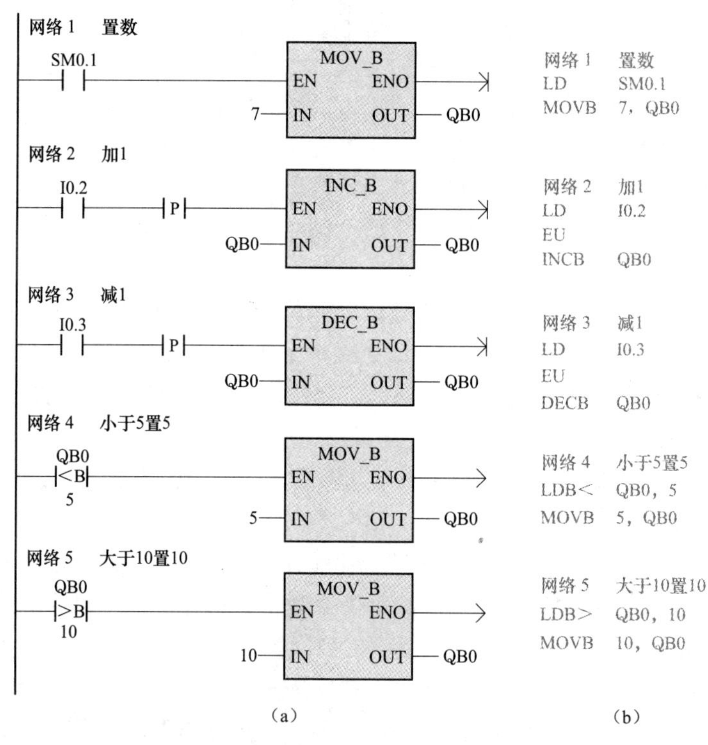

图 3-30 用加 1/减 1 指令调整 QB0 状态

(a) 程序梯形图；(b) 程序指令表

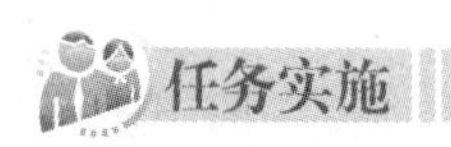

任务实施

一、任务准备

本任务为模拟操作，不连接电热元件，实施本任务所需要的设备见表 3-26。

表 3-26　　　　　　　　　　　　设　备　表

序　号	名　称	型 号 规 格	数　量	单　位
1	计算机	安装 STEP 7-Micro/WIN V 4.0 软件	1	台
2	PLC	S7-200　AC/DC/RLY	1	台
3	编程电缆	PC/PPI 或 USB/PPI	1	根
4	电源开关	HZ10-10/3	1	只
5	熔断器	RT 系列	2	组
6	接触器	CJX1/N 系列（线圈电压 220V）	3	个
7	按钮	LA10-3H	1	个
8	控制板	长 750mm、宽 600mm	1	块

二、连接线路

（1）按图 3-28 所示在控制板上连接多挡功率调节控制电路，暂不连接输出端负载，连接无误后接通 PLC 电源。

（2）PLC 输入指示灯 I0.0 应点亮，表示停止按钮与连线正常。

三、编写控制程序

多挡功率调节控制程序如图 3-31 所示。使用字节 MB10 控制 Q0.0～Q0.2，可以节省输出端口（若直接使用 QB0 则占用 Q0.0～Q0.7 八个输出端口）；应用比较指令设定比较条

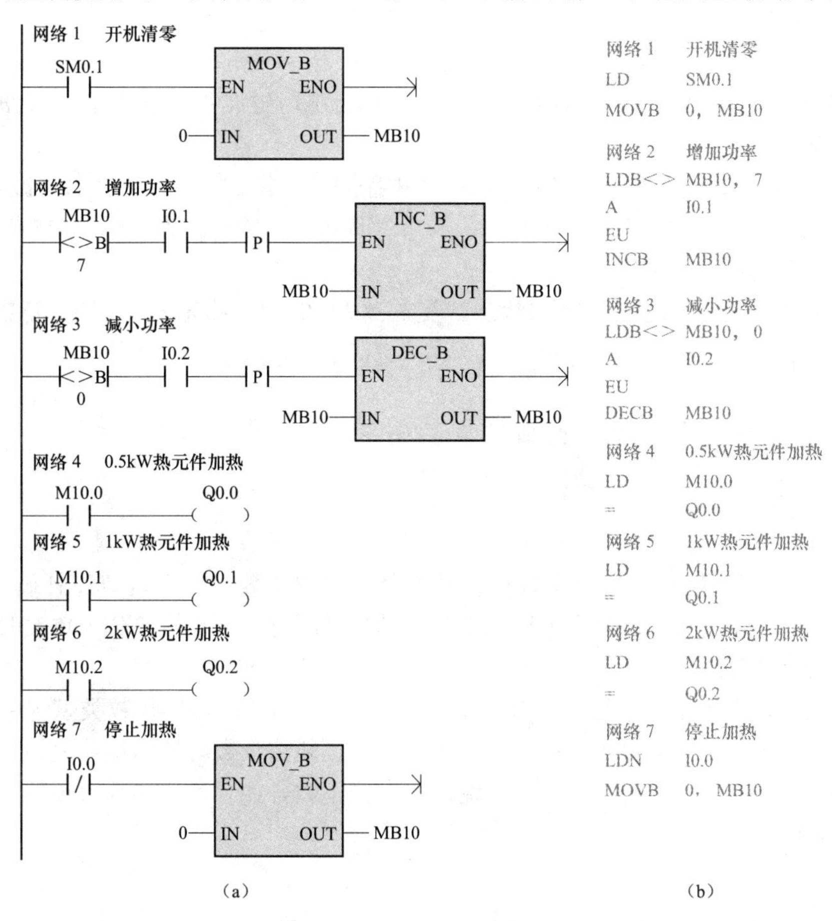

图 3-31　多挡功率调节控制程序

（a）程序梯形图；（b）程序指令表

件，使控制字节 MB10 的数值范围为 0～7。

四、程序逻辑测试

接通电源，将如图 3-31 所示程序下载到 PLC 并进行程序监控。

（1）增加功率。触点 I0.1 每接通一次，Q0.0～Q0.2 按加 1 规律得电，直到 Q0.0～Q0.2 全部得电为止。

（2）减小功率。触点 I0.2 每接通一次，Q0.0～Q0.2 按减 1 规律得电，直到 Q0.0～Q0.2 全部失电为止。

（3）停止。当按下停止按钮 I0.0 时，Q0.0～Q0.2 同时失电。

五、操作

将接触器线圈 KM1～KM3 分别连接到 PLC 输出端 Q0.0～Q0.2。

（1）增加功率。每按一次增加功率按钮 SB2，KM1～KM3 按加 1 规律得电，直到 KM1～KM3 全部得电为止。

（2）减小功率。每按一次减小功率按钮 SB3，KM1～KM3 按减 1 规律得电，直到 KM1～KM3 全部失电为止。

（3）停止。当按下停止按钮 SB1 时，KM1～KM3 同时失电。

思考与练习

1. 在如图 3-31 所示程序中，若开机后先按下功率减小按钮，会出现什么情况？为什么？

2. 在如图 3-31 所示程序中，若 Q0.0～Q0.2 都得电时继续按下功率增加按钮，会出现什么情况？为什么？

3. 若在如图 3-31 所示程序网络 2 和网络 3 中删除 EU 指令，会出现什么情况？为什么？

4. 用加 1/减 1 指令调整 MB10 的状态。要求 MB10 的初始状态为 100，调整范围为 90～120，试编写相应的 PLC 程序。

5. 用加 1/减 1 指令调整 VW0 的状态。要求 VW0 的初始状态为 0，调整范围为 0～9，试编写相应的 PLC 程序。

任务 7　应用逻辑运算指令求控制数据的绝对值

任务引入

当 CPU 对控制参数作整数计算时，有时不免会出现负数。由于负数以补码格式存在，所以用负数作输出参数时可能会出现意想不到的结果，因此，当输出参数为负数时程序应自动将负数转换为绝对值。

S7-200 的逻辑运算指令包括“与”、“或”、“取反”、“异或”，操作数类型为字节、字和双字。应用逻辑运算指令可以控制操作数的位状态，也能将负数转换为绝对值。

本任务编写输出参数控制程序，默认输出参数为正数，如果输出参数为负数，自动将负数转换为绝对值。

相关知识

一、逻辑真值表

在 PLC 控制中，经常会遇到开关的接通或断开、负载的通电或断电等一些相互对立的现象，这些现象可以分别用 1 或 0 来表示，这里 1 或 0 并不表示数值的大小，而是表示两种相反的逻辑状态，即逻辑 0 和逻辑 1。将逻辑输入变量所有可能的取值与对应的逻辑输出变量值列成逻辑关系式，称为逻辑真值表，见表 3-27。

表 3-27　逻辑真值表

与逻辑	或逻辑	取反逻辑	异或逻辑
0×0=0	0+0=0		0⊕0=0
0×1=0	0+1=1	$\bar{0}=1$	0⊕1=1
1×0=0	1+0=1	$\bar{1}=0$	1⊕0=1
1×1=1	1+1=1		1⊕1=0

二、逻辑与指令（WAND）

逻辑与指令（WAND）的指令格式见表 3-28。

表 3-28　WAND 指令

项　目	字节与	字　与	双字与
梯形图	WAND_B EN　ENO IN1　OUT IN2	WAND_W EN　ENO IN1　OUT IN2	WAND_DW EN　ENO IN1　OUT IN2
指令表	ANDB　IN1，IN2	ANDW　IN1，IN2	ANDD　IN1，IN2

（1）逻辑与指令（WAND）的说明。

1）IN1、IN2 为两个相与的源操作数，OUT 为存储与逻辑结果的目标操作数。

2）逻辑与指令的功能是将两个源操作数的二进制数据按位相与，并将运算结果存入目标操作数中。

3）所有逻辑运算指令的结果均影响零标志位 SM1.0。

（2）逻辑与指令 WAND 应用举例。要求用输入字节 IB0 去控制输出字节 QB0，但 Q0.6、Q0.7 两位不受字节 IB0 的控制而始终处于 0 状态。可用逻辑与指令屏蔽 I0.6、I0.7 位，程序如图 3-32 所示。

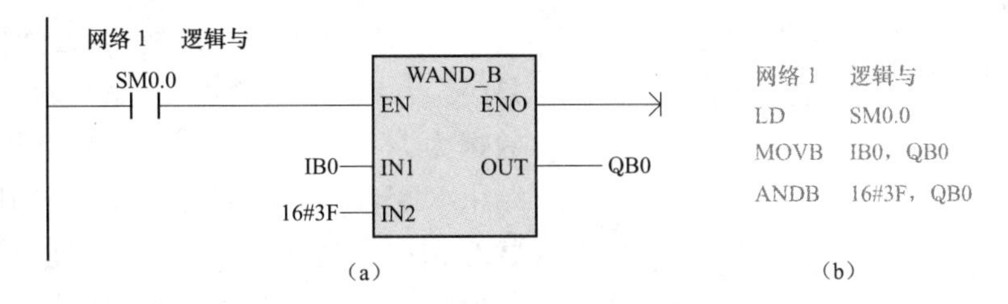

图 3-32　应用逻辑与指令的程序

(a) 程序梯形图；(b) 程序指令表

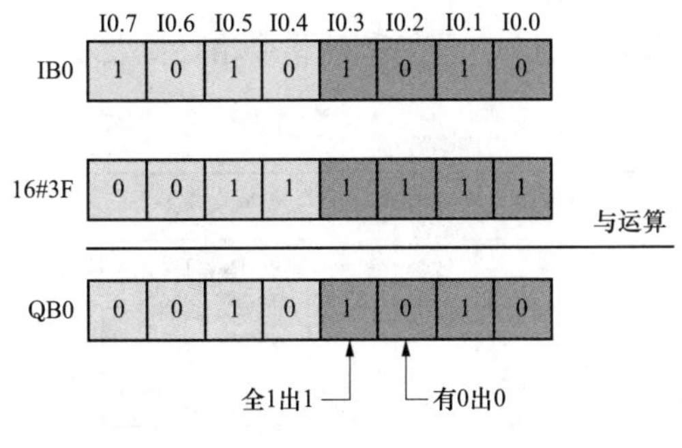

图 3-33　逻辑与指令运算过程

运算过程如图 3-33 所示。逻辑与运算规则是：全 1 出 1、有 0 出 0。设输入字节 IB0 的数据为 16＃AA，与常数 16＃3F 相与后，输出结果（QB0）=16＃2A。QB0 与 IB0 的低 6 位状态相同，高两位恒为 0。由此可得出结论：某位数据与 1 相“与”状态保持，与 0 相“与”状态清零。

三、逻辑或指令（WOR）

逻辑或指令（WOR）的指令格式见表 3-29。

表 3-29　　WOR 指令

项　目	字节或	字　或	双字或
梯形图	WOR_B EN　ENO IN1　OUT IN1	WOR_W EN　ENO IN1　OUT IN1	WOR_DW EN　ENO IN1　OUT IN1
指令表	ORB　IN1，IN2	ORW　IN1，IN2	ORD　IN1，IN2

（1）逻辑或指令（WOR）的说明。

1）IN1、IN2 为两个相或的源操作数，OUT 为存储或运算结果的目标操作数。

2）逻辑或指令的功能是将两个源操作数的二进制数据按位相或，并将运算结果存入目标操作数中。

（2）逻辑或指令 WOR 应用举例。要求用输入字节 IB0 去控制输出字节 QB0，但 Q0.6、Q0.7 两位不受字节 IB0 的控制而始终处于 1 状态。可用逻辑或指令屏蔽 I0.6、I0.7 位，程序如图 3-34 所示。

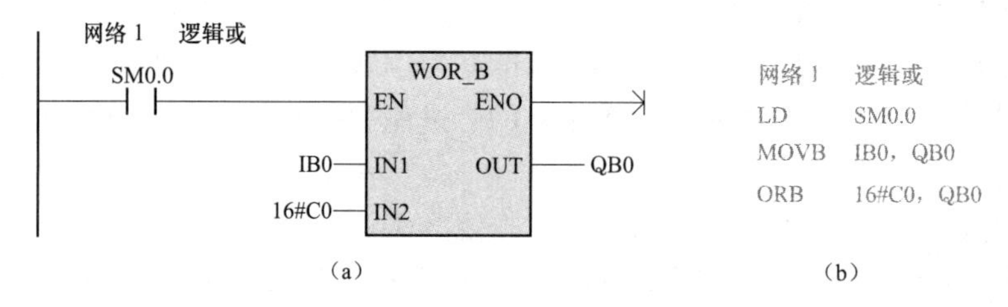

图 3-34　应用逻辑或指令的程序
（a）程序梯形图；（b）程序指令表

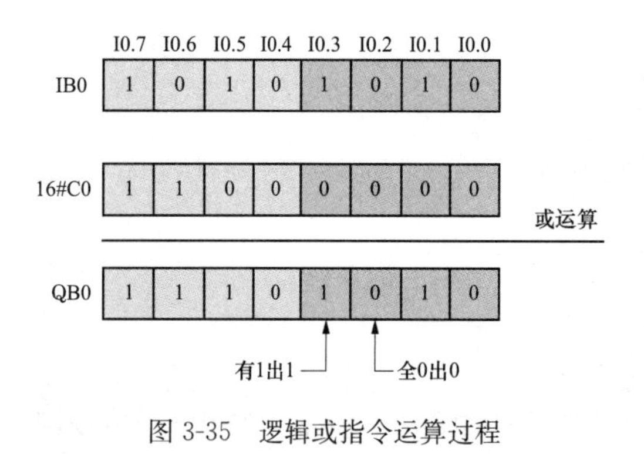

图 3-35　逻辑或指令运算过程

运算过程如图 3-35 所示。逻辑或运算规则是：全 0 出 0、有 1 出 1。假设输入字节 IB0 的数据为 16＃AA，与常数 16＃C0 相或后，输出结果（QB0）＝16＃EA。QB0 与 IB0 低 6 位的状态相同，高两位恒为 1。由此可得出结论：某位数据与 0 相“或”状态保持，与 1 相“或”状态置 1。

四、逻辑取反指令

逻辑取反指令（INV）的指令格式见表 3-30。

表 3-30　　INV　指　令

项　目	字节取反	字取反	双字取反
梯形图	INV_B EN　ENO IN　OUT	INV_W EN　ENO IN　OUT	INV_DW EN　ENO IN　OUT
指令表	INVB　IN	INVW　IN	INVD　IN

（1）逻辑取反指令（INV）的说明。

1）IN 为取反的源操作数，OUT 为存储取反运算结果的目标操作数。

2）逻辑取反指令的功能是将源操作数的二进制数据按位取反，并将逻辑运算结果存入目标操作数 OUT 中。

（2）逻辑取反指令 INV 应用举例。要求用输入字节 IB0 的相反状态去控制输出字节 QB0，即 IB0 的某位为 1 时，QB0 的相应位为 0；IB0 某位为 0 时，QB0 的相应位为 1。程序如图 3-36 所示。

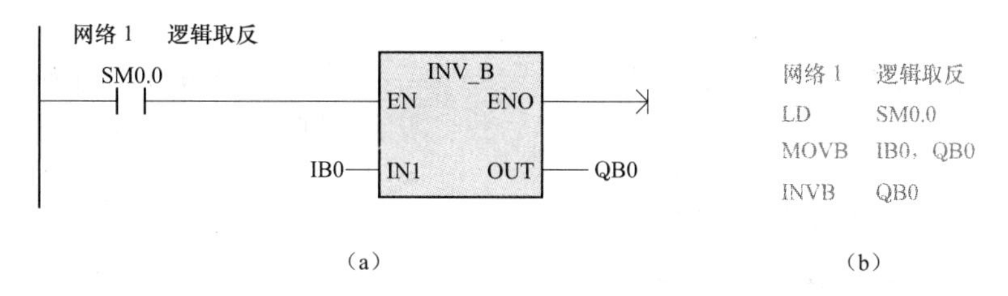

图 3-36 应用逻辑取反指令的程序

（a）程序梯形图；（b）程序指令表

运算过程如图 3-37 所示。逻辑取反运算规则是：有 0 出 1，有 1 出 0。设输入字节 IB0 的数据为 16＃AA，按位取反后，输出结果（QB0）＝16＃55。

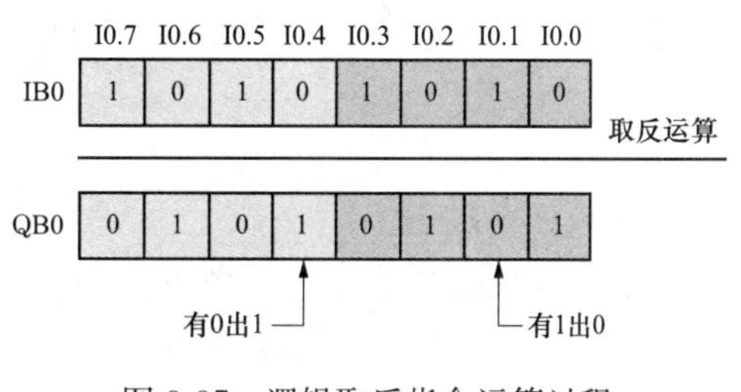

图 3-37 逻辑取反指令运算过程

五、逻辑异或指令（WXOR）

逻辑异或指令（WXOR）的指令格式见表 3-31。

表 3-31 WXOR 指 令

项 目	字节异或	字异或	双字异或
梯形图	WXOR_B: EN ENO, IN1 OUT, IN2	WXOR_W: EN ENO, IN1 OUT, IN2	WXOR_DW: EN ENO, IN1 OUT, IN2
指令表	XORB IN1，IN2	XORW IN1，IN2	XORD IN1，IN2

（1）逻辑异或指令（WXOR）的说明。

1）IN1、IN2 为两个相异或的源操作数，OUT 为存储异或运算结果的目标操作数。

2）逻辑异或指令的功能是将两个源操作数的二进制数据按位相异或，并将运算结果存入目标操作数中。

3）异或指令相当于一个半加器，即两个一位二进制数相加，只考虑两个加数本身，不考虑来自低位的进位数。

（2）逻辑异或指令（WXOR）应用举例。要求用输入字节 IB0 的低 4 位去控制输出字节 QB0 的低 4 位，用输入字节 IB0 高 4 位的相反状态去控制输出字节 QB0 的高 4 位，程序如图 3-38 所示。

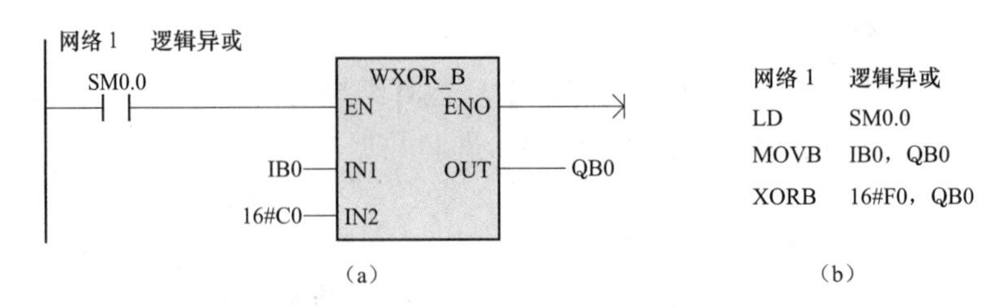

图 3-38　应用逻辑异或指令的程序

（a）程序梯形图；（b）程序指令表

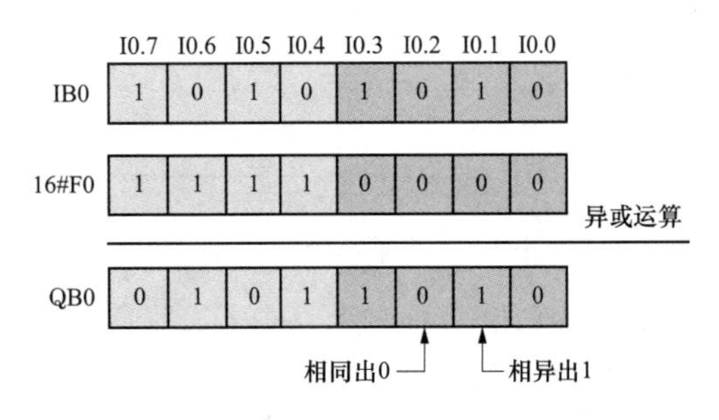

图 3-39　逻辑异或指令的运算过程

运算过程如图 3-39 所示。逻辑异或运算规则是：相同出 0、相异出 1。假设输入字节 IB0 的数据为 16＃AA，与常数 16＃F0 相异或后，输出结果（QB0）＝16＃5A。QB0 与 IB0 低 4 位的状态相同，高 4 位的状态相反。由此可得出结论：某位数据与 0 相“异或”状态保持，与 1 相“异或”状态取反。

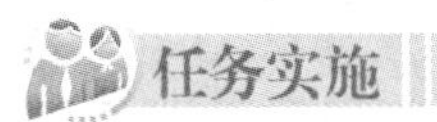

任务实施

一、任务准备

实施本任务所需要的设备见表 3-32。

表 3-32　　设　备　表

序　号	名　称	型号规格	数　量	单　位
1	计算机	安装 STEP 7-Micro/WIN V 4.0 软件	1	台
2	PLC	CPU226　AC/DC/RLY	1	台
3	编程电缆	PC/PPI 或 USB/PPI	1	根

二、任务要求

求两个数据的差，并用差的绝对值来控制 QB0 的状态，编写相应的控制程序。

三、编写控制程序

设这两个数据分别是＋150 和＋180，则它们的差可能是＋30 或－30。求负数的绝对值是将负数的补码逐位取反后加 1，相应程序如图 3-40 所示。在网络 1 中执行两个数的减法指令，如果差为正数，直接执行网络 3 中的传送指令；如果差为负数，则累加器 AC0 中的数值小于 0，比较触点接通，执行网络 2 中的取反加 1 指令，将负数转换为绝对值，然后执行网络 3 中的传送指令。

在图 3-40 程序中，被减数为＋150，减数为＋180，差为－30，经过网络 2 取反加 1 操作后，（QB0）为 2＃0001_1110。如果在程序中被减数为＋180，减数为＋150，差为＋30，则不执行网络 2，（QB0）仍为 2＃0001_1110。

思考与练习

1. 用 IB0 的状态控制 QB0，但要求 QB0 的最高位恒为 0，试编写程序。

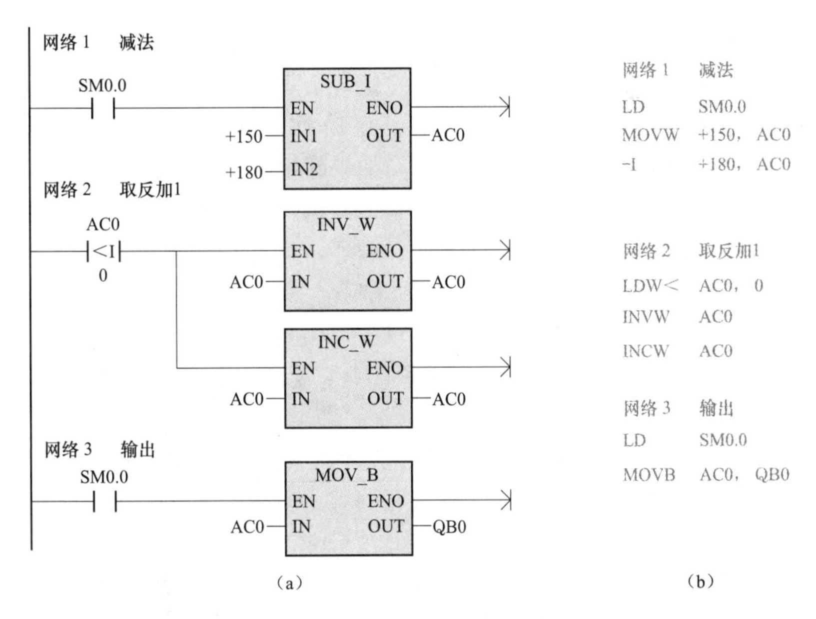

图 3-40 用差的绝对值控制输出端口

(a) 程序梯形图；(b) 程序指令表

2. 用 IB0 的状态控制 QB0，但要求 QB0 的最高位恒为 1，试编写程序。

3. 用 IB0 的状态控制 QB0，用 IB0 的相反状态控制 QB1，试编写程序。

4. 设有一个负数已存放 VW100，若将其绝对值存放 VW110，试编写程序。

任务 8 应用循环指令和看门狗复位指令编写求和程序

任务引入

在生产控制中经常遇到需要反复执行相同的操作运算，应用循环指令可以大大简化用户程序。例如，求 0＋1＋2＋3＋…＋100 的和，如果仅应用加法指令，要编写 100 个 ADD 指令，但应用循环指令编程时，只需要编写 1 个 ADD 指令即可。

用户程序的扫描周期与 CPU 的类型及程序指令语句的长短有关。如果用户程序指令语句过长或语句循环次数过多，程序扫描周期的时间超过了系统监视程序定时器允许使用的时间（500ms），则 CPU 转为 STOP 模式并报警，因此需要在程序中插入看门狗复位指令才能使程序正常运行。

相关知识

一、循环指令（FOR、NEXT）

循环指令属于程序控制类指令，FOR、NEXT 的指令格式见表 3-33。

对循环指令的说明如下。

（1）循环指令 FOR 表示循环开始，NEXT 表示循环结束，FOR、NEXT 之间的程序称为循环体。指令 FOR、NEXT 必须成对出现，缺一不可。

（2）参数 INDX 为当前循环次数计数器，用来记录循环次数的当前值。

（3）参数 INIT 及 FINAL 用来设定循环次数的起始值和结束值。通常起始值小于结束值，每执行一次循环，循环次数的当前值增 1，并且同结束值作比较，如果大于结束值，循

表 3-33　　FOR、NEXT 指令

项　目	FOR 指令	NEXT 指令
梯形图	FOR / EN ENO / INDX / INIT / FINAL	─(NEXT)
指令表	FOR　INDX，INIT，FINAL	NEXT
参数类型	INDX，INIT，FINAL 均为整数	

环结束。例如，假定 INIT 值等于 1，FINAL 值等于 10，FOR 与 NEXT 之间的指令被执行 10 次，INDX 值递增：1、2、3、…、10。如果起始值大于结束值，则不执行循环。

（4）如果在循环体内又包含了另外一个循环，称为循环嵌套，最多允许 8 级循环嵌套。

（5）再次起动循环时，它将起始值 INIT 复制到当前循环次数计数器 INDX。

二、扫描周期标志字

CPU 扫描周期标志字见表 3-34，扫描时间单位为 ms。

当程序运行以后，在状态表中对 SMW26 进行监控，便可得知程序的最长扫描周期时间。也可以单击编程软件主菜单“PLC”→“信息”，查看最大扫描周期。

表 3-34　　CPU 扫描周期标志字

标志字	描述（只读）
SMW22	上次扫描时间
SMW24	进入 RUN 模式后，所记录的最短扫描周期
SMW26	进入 RUN 模式后，所记录的最长扫描周期

三、循环指令应用举例

求 0＋1＋2＋3＋…＋100 的和，将运算结果存入 VD4，并在状态表中监控 VD0、VD4 和 SMW26。

应用循环指令求和程序如图 3-41 所示，VD0 为循环增量，I0.0 连接控制按钮。当 I0.0

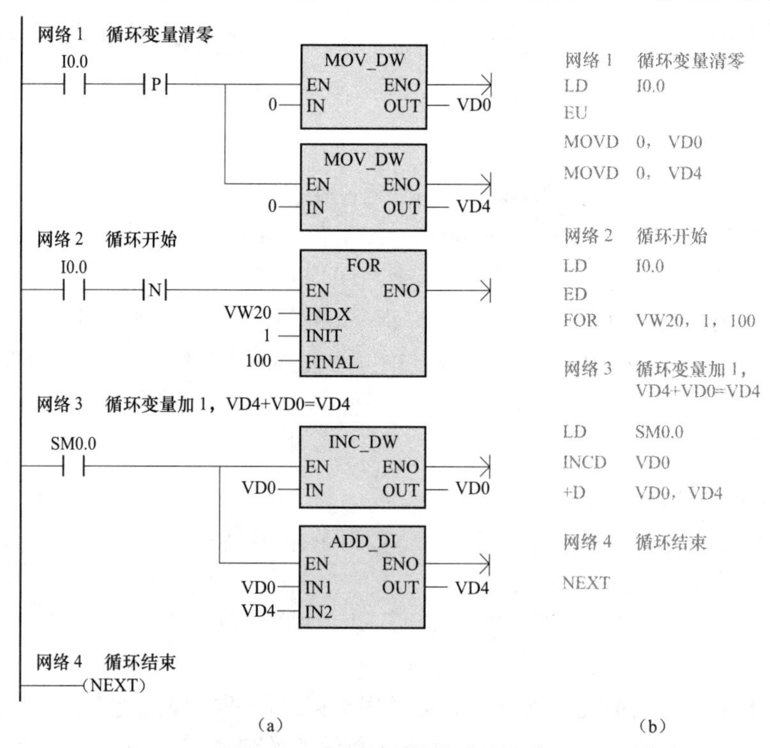

图 3-41　应用循环指令求和程序
（a）程序梯形图；（b）程序指令表

接通时，对 VD0、VD4 清零；当 I0.0 分断时循环开始，循环次数 100 次。每循环一次，循环增量 VD0 中的数据自动加 1，（VD4）与（VD0）相加 1 次，结果存入 VD4。共计相加 100 次后结束循环。

状态表监控值见表 3-35 第 3 列。当求 0＋1＋2＋3＋…＋100 和的程序运行后，循环增量（VD0）＝＋100，运算结果（VD4）＝＋5050，记录程序运行最长扫描周期标志字（SMW26）＝9ms，程序正常运行。

表 3-35　　　　状态表监控值

地　址	格　式	当前值	当前值	当前值
VD0	有符号	＋100	＋1000	＋10000
VD4	有符号	＋5050	＋500500	＋50005000
SMW26	有符号	＋9	＋80	＋865

将如图 3-41 所示循环程序的终值（FINAL）修改为 1000，当求 0＋1＋2＋3＋…＋1000 和的程序运行后，运算结果（VD4）＝＋500 500，（SMW26）＝80ms，程序正常运行，状态表监控值见表 3-35 第 4 列。

再将如图 3-41 所示循环程序的终值（FINAL）修改为 10 000，当求 0＋1＋2＋3＋…＋10 000 和的程序运行后，因为程序运行扫描时间已超过系统监视定时器时间，CPU 转为停止（STOP）模式，计算被中止。PLC 面板上系统错误/诊断（SF）灯亮，要解除 CPU 报警，需要先切断 PLC 电源，然后重新通电开机。

四、看门狗复位指令（WDR）

系统监视定时器又称看门狗（Watch Dog），它的时间设置为 500ms。若用户程序扫描周期小于 500ms，每当本次扫描结束时，看门狗被自动复位。如果用户程序的扫描周期大于 500ms 时，看门狗会使 CPU 由运行（RUN）模式转换为停止（STOP）模式。

为了延长系统允许扫描时间，可以将看门狗复位指令 WDR（Watch Dog Reset）插入到程序中适当的地方，使系统监视定时器提前复位。使用 WDR 指令时应当小心，如果使用循环指令阻止扫描完成或严重延迟扫描完成，下列程序只有在扫描周期完成后才能执行。

（1）通信（自由端口模式除外）。

（2）I/O 更新（立即 I/O 除外）。

（3）强迫更新。

（4）SM 位更新（不更新 SMB0、SMB5～SMB29）。

（5）运行时间诊断程序。

（6）10ms 和 100ms 定时器对于超过 25s 的扫描不能正确地累计时间。

（7）用于中断例行程序时的 STOP（停止）指令。

五、看门狗复位指令（WDR）应用举例

应用循环指令和看门狗复位指令编写求 0＋1＋2＋3＋…＋10 000 和的程序，如图 3-42 所示。在循环体内插入看门狗复位指令 WDR，每循环一次，看门狗定时器都被复位一次。当程序运行后，（VD4）＝＋50 005 000，（SMW26）＝865ms，虽然超过了系统监视定时值 500ms，但由于插入了看门狗复位指令 WDR，程序仍可正常运行，状态表监控值见表 3-35 第 5 列。

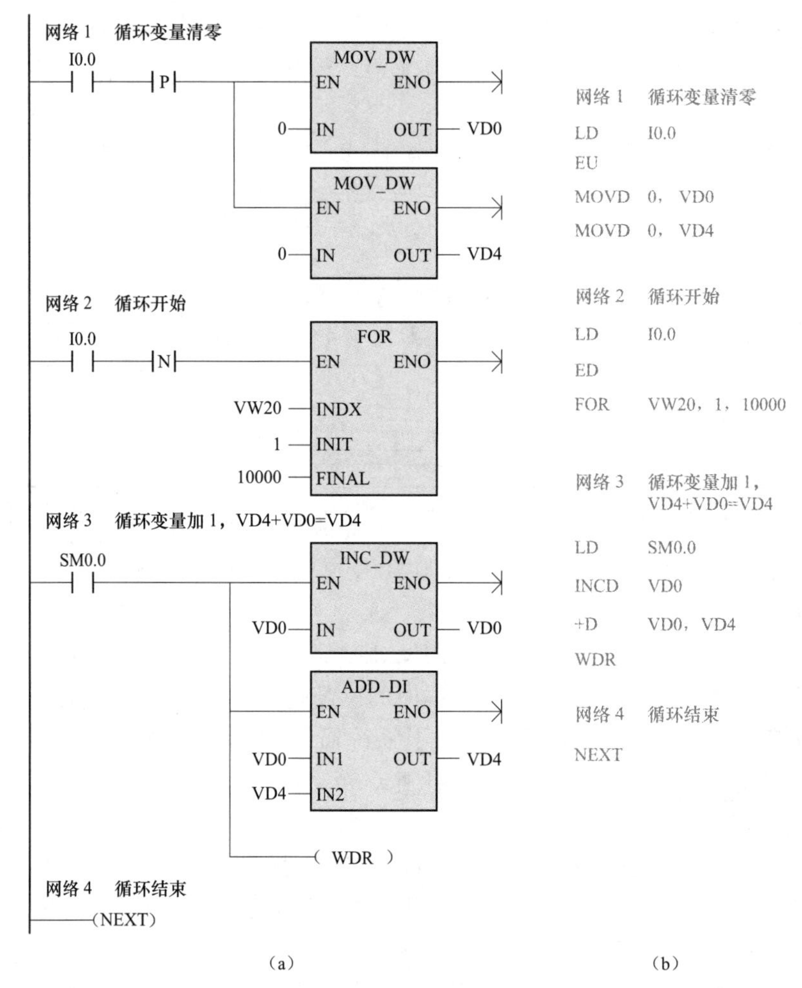

图3-42 应用循环指令和看门狗复位指令求和的程序

（a）程序梯形图；（b）程序指令表

思考与练习

1. 在什么情况下适合应用循环指令FOR、NEXT？
2. S7-200系统监视定时器的设置时间是多少？
3. 在什么情况下应用看门狗复位指令WDR？
4. 求0+1+2+3+…+6500的和，并记录该程序的最长扫描周期是多少。

任务9 应用7段译码指令制作智力竞赛抢答器

任务引入

在工业生产和日常生活中，常采用数码管来显示各种控制参数或结果。本任务用PLC组装一台5人智力竞赛抢答器，控制要求为：抢答开始，当某参赛选手抢先按下按钮时，数码管显示该选手的号码，同时连锁其他参赛选手的输入信号无效；主持人按复位按钮清除选手号码后，比赛才能继续进行。5人智力竞赛抢答器控制电路需要6个输入端口，7个输出端口。PLC 输入/输出端口分配见表 3-36。

表 3-36　　PLC 输入/输出端口分配表

输入端口			输出端口	
输入继电器	输入元件	作用	输出继电器	控制对象
I0.0	SB1	主持人复位	Q0.0～Q0.6	a～g7 段显示码
I0.1～I0.5	SB2～SB6	参赛选手 1～5 抢答		

5 人智力竞赛抢答器控制电路如图 3-43 所示，PLC 输出端口 QB0 连接共阴极数码管，使用外部直流电源 12V，限流电阻的阻值可根据发光亮度调整。

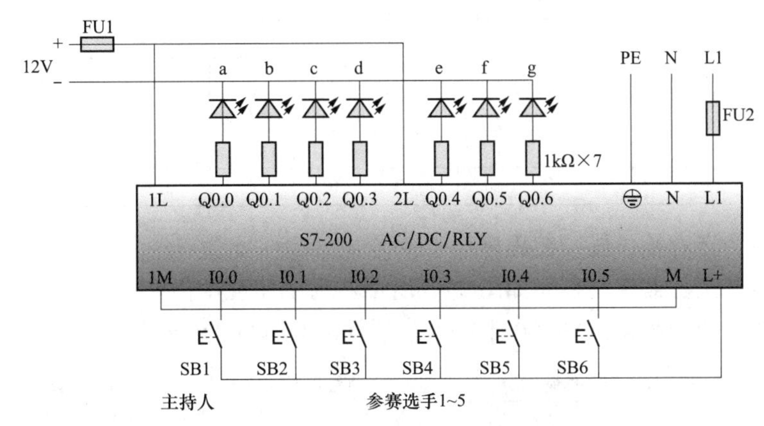

图 3-43　5 人智力竞赛抢答器控制电路图

相关知识

一、7 段数码管与显示代码

7 段数码管可以显示数码 0～9，十六进制数码 A～F。如图 3-44 所示为 LED 组成的 7 段数码管外形和内部结构，数码管分共阳极结构和共阴极结构，其 3 脚、8 脚为公共端。以共阴极数码管为例，当 7 段均接高电平发光时，显示数码“8”。当 a、b、c、d、e、f 段接高电平发光，g 段接低电平不发光时，显示数码“0”。

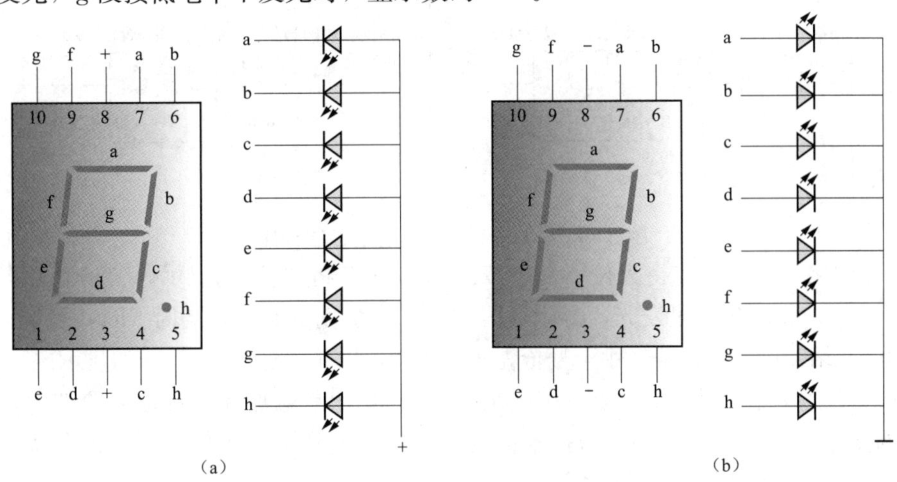

图 3-44　7 段数码管

（a）共阳极结构；（b）共阴极结构

表 3-37 列出十进制数码与 7 段显示电平和显示代码之间的逻辑关系（共阴极数码管）。

表 3-37　　　　十进制数码与 7 段显示电平和显示代码逻辑关系

十进制数码		7 段显示电平							7 段显示码
数码	显示图形	g	f	e	d	c	b	a	
0	0	0	1	1	1	1	1	1	16＃3F
1	1	0	0	0	0	1	1	0	16＃06
2	2	1	0	1	1	0	1	1	16＃5B
3	3	1	0	0	1	1	1	1	16＃4F
4	4	1	1	0	0	1	1	0	16＃66
5	5	1	1	0	1	1	0	1	16＃6D
6	6	1	1	1	1	1	0	1	16＃7D
7	7	0	0	0	0	1	1	1	16＃07
8	8	1	1	1	1	1	1	1	16＃7F
9	9	1	1	0	0	1	1	1	16＃67

二、5 人智力竞赛抢答器控制程序

5 人智力竞赛抢答器控制程序如图 3-45 所示，为了体现竞赛抢时性，用脉冲上升沿指令 EU 控制参赛选手的按钮动作只有在主持人按下复位按钮后才有效。

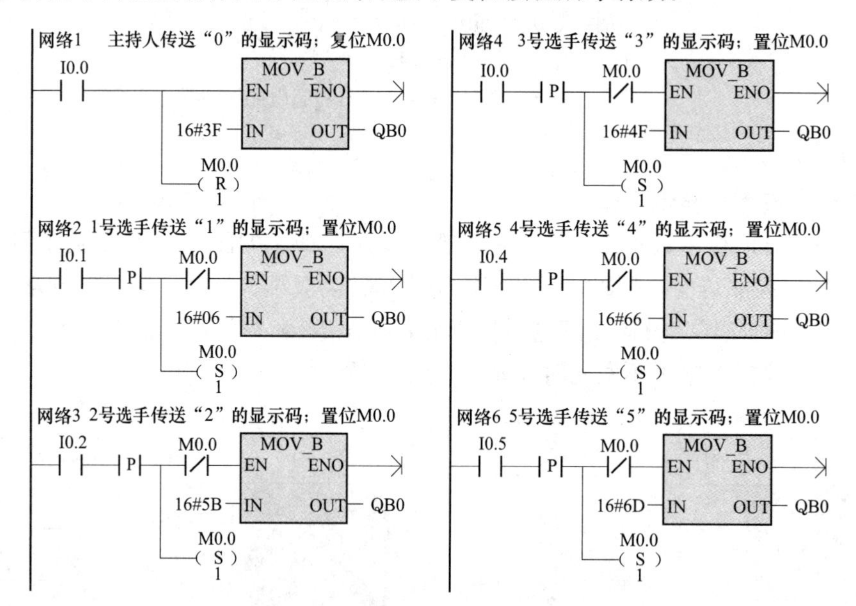

图 3-45　5 人智力竞赛抢答器控制程序

在程序网络 1 中，当主持人按下复位按钮 I0.0 时，将“0”的显示码“16＃3F”传送输出继电器 QB0，驱动相应段发光，显示数码“0”，表示竞赛开始，同时 M0.0 复位。

在程序网络 2 中，若参赛选手 1 号抢先按下按钮，I0.1 接通，将“1”的显示码“16＃06”传送 QB0，显示数码“1”，同时使 M0.0 置位。M0.0 动断触点断开其他参赛选手传送数据到 QB0 的支路，因此，QB0 中的数据不再发生变化，起到了连锁作用。其他参赛选手的动作与此类似，只是传送的显示码不同。

将控制线路和程序稍做修改，便可将参赛选手扩大到 9 人。

三、7 段译码指令（SEG）

在如图 3-45 所示程序中，对要显示的数码需要人工计算出 7 段显示码，其实 PLC 有一条 7 段译码指令 SEG，可以自动译出待显示数码的 7 段显示码。指令格式见表 3-38。

表 3-38　SEG 指令

梯形图	SEG EN　ENO IN　OUT
指令表	SEG　IN，OUT

对 7 段译码指令 SEG 说明如下。

（1）IN 为要译码的源操作数，OUT 为存储 7 段译码的目标操作数。IN、OUT 数据类型均为字节（B）。

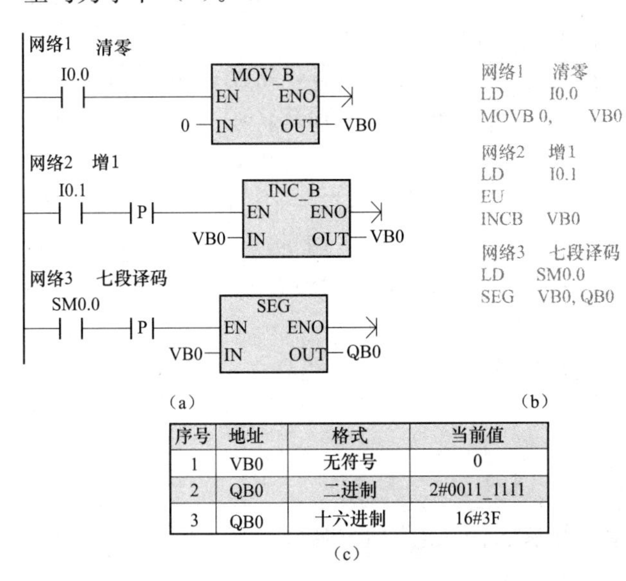

序号	地址	格式	当前值
1	VB0	无符号	0
2	QB0	二进制	2#0011_1111
3	QB0	十六进制	16#3F

（c）

图 3-46　7 段译码指令 SEG 应用举例
（a）程序梯形图；（b）程序指令表；（c）状态表监控值

（2）SEG 指令是对 4 位二进制数译码，如果源操作数大于 4 位，只对最低 4 位译码。

（3）SEG 指令的译码范围为十六进制数码 0～F。

SEG 指令的应用举例如图 3-46 所示，操作程序运行可观察十六进制数码与 7 段显示电平和显示代码之间的逻辑关系。

当 I0.0 接通时，VB0 清零；I0.1 每接通一次，VB0 数据增 1，SEG 指令对 VB0 数据译码并通过输出端 QB0 显示。监控程序状态表，可逐个显示十六进制数码 0～F 相应的 7 段显示电平（二进制）和十六进制显示代码。

应用 SEG 指令编写的 5 人智力竞赛抢答器控制程序如图 3-47 所示。

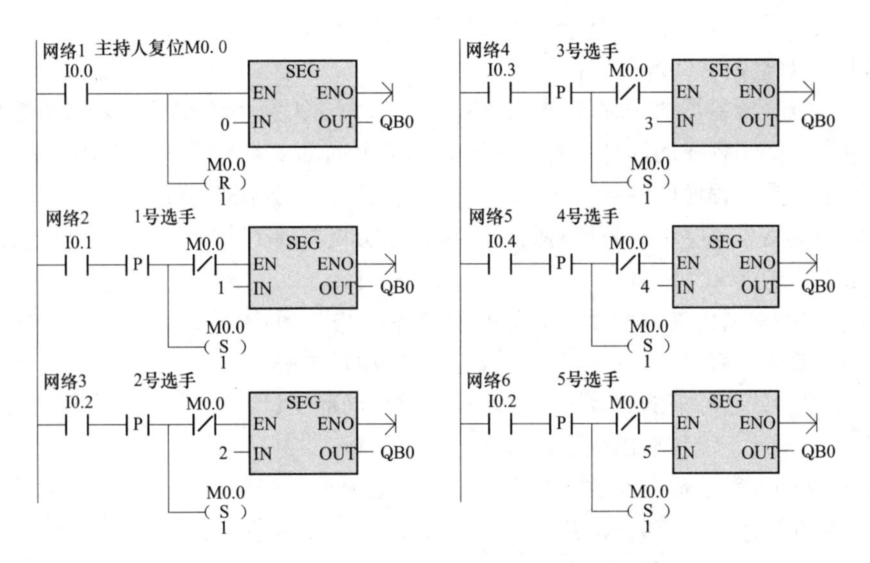

图 3-47　应用 SEG 指令编写的 5 人智力竞赛抢答器控制程序

四、带参数调用子程序

在如图 3-47 所示程序中，SEG 指令仅输入参数 IN 不同，因此，可将 SEG 指令语句编程为带参数的子程序以供调用。

（1）子程序局部变量表。全局变量是指同一个变量可以被任何程序（主程序、子程序或中断程序）访问，而局部变量只在它被创建的程序中有效。子程序的参数是用子程序的局部变量表定义的。用户程序中的主程序、子程序或中断程序都有自己的由 64 字节 L 存储器组成的局部变量表，局部变量表位于程序编辑窗口的上部位置，将水平分裂条拉至编辑窗口的顶部，则不再显示局部变量表，但是它仍然存在。将水平分裂条下拉，再次显示局部变量表，如图 3-48 所示。

	符号	变量类型	数据类型	注释
	EN	IN	BOOL	
		IN		
		IN_OUT		
		OUT		
		OUT		
		TEMP		

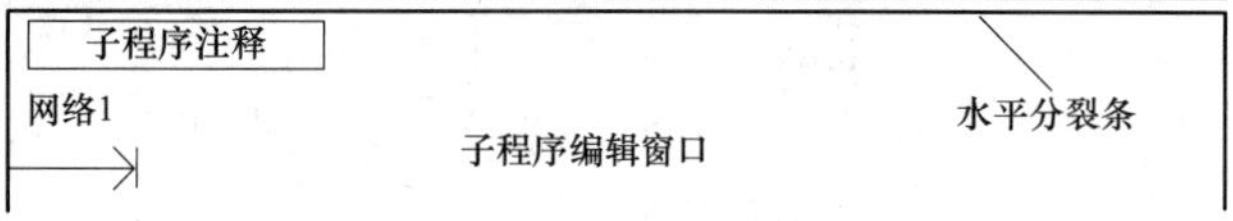

子程序注释

网络1

子程序编辑窗口

水平分裂条

图 3-48　子程序的局部变量表

子程序中的参数必须有一个符号名（最多为 23 个字符），同时设置相应的变量类型和数据类型。

在主程序或中断程序中，局部变量表只包含 TEMP 变量，而子程序的局部变量表中有 4 种变量类型。

1）IN（输入变量）。输入子程序的参数。

2）OUT（输出变量）。子程序返回的参数。

3）IN _ OUT（输入 _ 输出变量）。输入并从子程序返回的参数，输入值和返回值使用同一个地址。

4）TEMP（临时变量）。不能用来传递参数，仅用于子程序内部暂存数据。

变量顺序必须以 IN 开始，其次是 IN _ OUT，然后是 OUT，最后是 TEMP。点击鼠标右键可以选择插入或删除变量行。

变量的数据类型有：布尔（BOOL）、字节（BYTE）、字（WORD）、双字（DWORD）、整数（INT）、双整数（DINT）等。

（2）智力竞赛抢答器的子程序。如图 3-49 所示为 5 人智力竞赛抢答器带参数的子程序和局部变量表。在子程序的局部变量表中定义了两个局部变量“选手号”和“显示码”，这两个局部变量即是子程序的参数。“选手号”是输入变量，数据类型是字节；“显示码”是输出变量，数据类型也是字节。系统对每个变量自动分配局部存储器地址，起始地址为 LB0，如局部变量表中的 LB0 和 LB1。

1）在子程序中输出参数使用了局部变量“显示码”，而未使用绝对地址 QB0，这样做的优点是稍加修改，就可以将该子程序移植到别的项目中去。

2）子程序参数名称前的“#”号表示该参数是局部变量，“#”号可由程序自动加入。

3）常数和地址不能作输出变量或输入 _ 输出变量。

4）子程序的参数是形式参数，并不是具体的数值或者变量地址，而是以符号定义的参数，这些参数在调用子程序时被实际的数据代替。一个子程序最多可以传递 16 个参数。

5）系统保留局部变量存储器 L 内存的 4 个字节（LB60～LB63），用于调用参数。

	符号	变量类型	数据类型	注释
	EN	IN	BOOL	
LB0	选手号	IN	BYTE	
		IN		
		IN_OUT		
LB1	显示码	OUT	BYTE	
		OUT		
		TEMP		

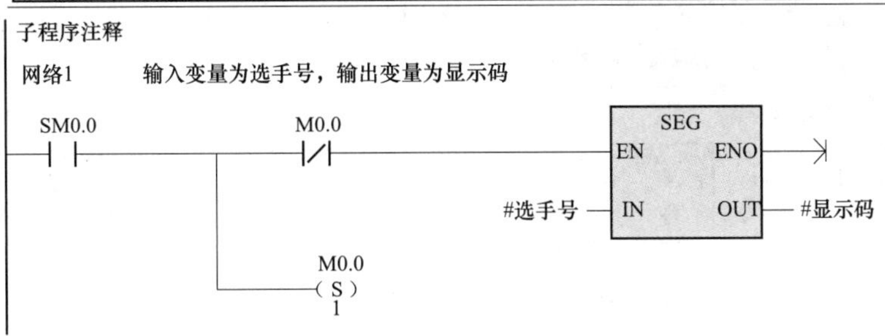

图 3-49　5 人智力竞赛抢答器带参数的子程序和局部变量表

6）带参数的子程序在每次调用时可以对不同的变量、数据进行相同的运算、处理，以提高程序编辑和执行的效率，节省程序存储空间。

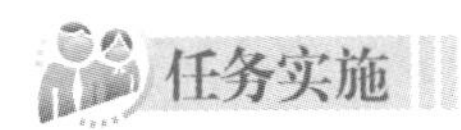

任务实施

一、任务准备

实施本任务所需要的设备见表 3-39。

表 3-39　　设　备　表

序　号	名　称	型号规格	数　量	单　位
1	计算机	安装 STEP 7-Micro/WIN V 4.0 软件	1	台
2	PLC	S7-200　AC/DC/RLY	1	台
3	编程电缆	PC/PPI 或 USB/PPI	1	根
4	熔断器	RT 系列	2	组
5	数码管	共阴极，SM120501K-10P	1	个
6	按钮	LA10-1H	6	个
7	控制板	长 750mm、宽 600mm	1	块

二、连接电路

按图 3-43 所示在控制板上连接 5 人智力竞赛抢答器控制电路，连接无误后接通 PLC 电源。

三、编写控制程序

（1）建立子程序 SBR _ 0。先在该子程序局部变量表中定义两个局部变量“选手号”和“显示码”，选择数据类型为“字节”，然后编写子程序，如图 3-49 所示。

（2）编写主程序。在主程序中每个选手网络段均调用子程序 SBR _ 0，如图 3-50 所示。子程序 SBR _ 0 带两个参数，一个参数是选手号，需要根据选手实际号码填入；另一个参数是显示码的输出地址，均为 QB0。编写完毕后，将如图 3-49、图 3-50 所示程序下载到 PLC。

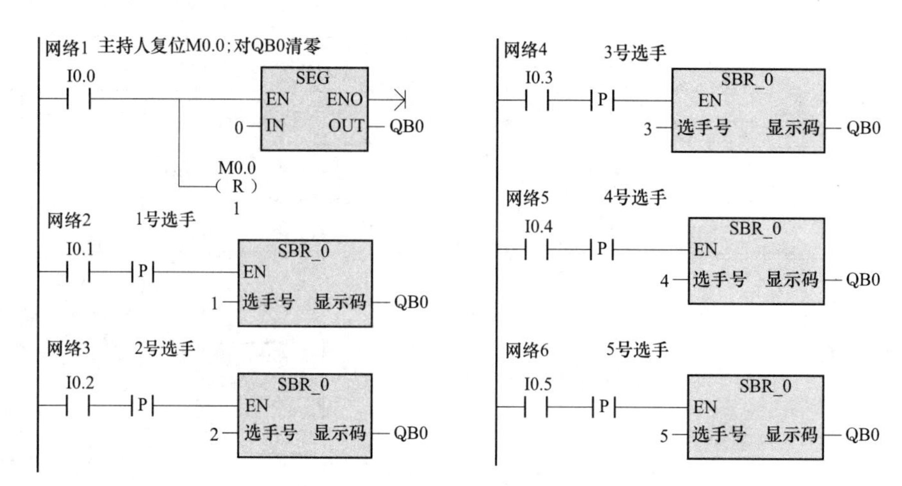

图 3-50　5 人智力竞赛抢答器主程序

四、操作

（1）主持人复位。当主持人按下复位按钮 SB1 时，数码管显示 0，开始抢答。

（2）选手抢答。当某参赛选手抢先按下按钮时，数码管显示该选手的代码，后按下按钮者无效。

思考与练习

1. 编写一个程序，并通过程序状态表显示十六进制数字 0～F 的 7 段显示电平和代码。
2. 全局变量与局部变量有什么不同？什么是局部变量存储器？
3. 子程序的局部变量有哪几种类型？局部变量的数据类型有哪几种？
4. 在子程序中只使用局部变量有什么优点？
5. 使用带参数的子程序设计一个 9 人智力竞赛抢答器，绘出程序梯形图。

任务 10　应用 IBCD 码指令实现停车场空车位数码显示

任务引入

某停车场最多可停 50 辆车，用两位数码管显示空车位的数量。用出/入传感器检测进出停车场的车辆数目，每进一辆车停车场空车位的数量减 1，每出一辆车空车位的数量增 1。空车位的数量大于 5 时，入口处绿灯亮，允许入场；等于和小于 5 时，绿灯闪烁，提醒待进场车辆注意将满场；等于 0 时，红灯亮，禁止车辆入场。用 PLC 控制的停车场空车位数码显示电路如图 3-51 所示，输入/输出端口分配见表 3-40。

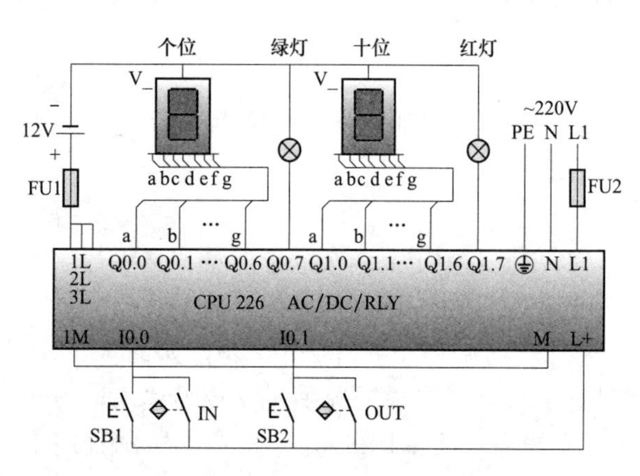

图 3-51　停车场空车位数码显示电路图

在图 3-51 中，两线式入口传感器 IN 连接 I0.0，出口传感器 OUT 连接 I0.1，

表 3-40　　PLC 输入/输出端口分配表

输入端口			输出端口	
输入继电器	输入元件	作用	输出继电器	控制对象
I0.0	入口传感器 IN	检测进场车辆	Q0.6～Q0.0	个位数码显示
	SB1	手动调整	Q0.7	绿灯，允许信号
I0.1	出口传感器 OUT	检测出场车辆	Q1.6～Q1.0	十位数码显示
	SB2	手动调整	Q1.7	红灯，禁止信号

按钮 SB1 和 SB2 用来调整空车位数量。

两位共阴极数码管的公共端 V-连接外部直流电源 12V 的负极，个位数码管 a～g 段连接输出端 Q0.0～Q0.6，十位数码管 a～g 段连接输出端 Q1.0～Q1.6，数码管各段限流电阻已内部连接。绿、红信号灯分别连接输出端 Q0.7 和 Q1.7。

相关知识

一、BCD 码

当显示的数码不止一位时，就要使用多个数码管。以两位数码显示为例，可以显示十进制数值范围为 0～99。

在 PLC 中，参加运算和存储的数据都是以二进制格式存在，但通常要求数码显示的是十进制数字，如果直接使用 7 段译码指令 SEG 对二进制数据进行译码，则会出现差错。例如，十进制数 21 的二进制格式是 0001 0101，对高 4 位应用 SEG 指令译码，则得到的是“1”的 7 段显示码；对低 4 位应用 SEG 指令译码，则得到的是“5”的 7 段显示码，显示的数码“15”是十六进制数，而不是十进制数 21。显然，要想显示“21”，就要先将二进制数 0001 0101 转换成反映十进制进位关系（即逢十进一）的 0010 0001 代码，然后对高 4 位“2”和低 4 位“1”分别用 SEG 指令译出 7 段显示码。

这种用二进制格式反映十进制进位关系的代码称为 BCD 码。BCD 码有几种形式，最常用的是 8421BCD 码，它用 4 位二进制数来表示 1 位十进制数，其位权从高位至低位分别是 8、4、2、1。十进制数、十六进制数、二进制数与 8421BCD 码的对应关系见表 3-41。

表 3-41　　十进制数、十六进制数、二进制数与 8421BCD 码对应关系

十进制数	十六进制数	二进制数	8421BCD 码
0	0	0000	0000
1	1	0001	0001
2	2	0010	0010
3	3	0011	0011
4	4	0100	0100
5	5	0101	0101
6	6	0110	0110
7	7	0111	0111
8	8	1000	1000
9	9	1001	1001
10	A	1010	0001 0000
11	B	1011	0001 0001

续表

十进制数	十六进制数	二进制数	8421BCD码
12	C	1100	0001 0010
13	D	1101	0001 0011
14	E	1110	0001 0100
15	F	1111	0001 0101
16	10	1 0000	0001 0110
20	14	1 0100	0010 0000
258	102	1 0000 0010	0010 0101 1000

从表3-41中可以看出，8421BCD码从低位起每4位为一组，高位不足4位补0，每组表示1位十进制数码。8421BCD码与二进制数的表面形式相同，但概念完全不同，虽然在一组8421BCD码中，每位的进位也是二进制，但组与组之间的进位则是十进制。

二、8421BCD码与十进制整数I相互转换指令

8421BCD码与十进制整数I相互转换指令的格式见表3-42。

表3-42　　8421BCD码与十进制整数I相互转换指令的格式

项　目	整数转换至8421BCD码	8421BCD码转换至整数
梯形图	I_BCD EN　ENO IN　OUT	BCD_I EN　ENO IN　OUT
指令表	IBCD　OUT	BCDI　OUT
参数说明	将输入整数值IN转换成8421BCD码输出到OUT，IN的有效范围是0～9999	将8421BCD码IN转换成整数值输出到OUT，IN的有效范围是0～9999BCD码

转换指令说明如下。

（1）IBCD指令是将源操作数的整数转换成8421BCD码并存入目标操作数中。在目标操作数中每4位二进制数表示1位十进制数，从低至高分别为个位、十位、百位、千位。

（2）BCDI指令是将源操作数的8421BCD码转换成整数并存入目标操作数中。在源操作数中每4位二进制数表示1位十进制数，从低至高分别为个位、十位、百位、千位。

IBCD指令的应用举例如图3-52所示。当程序运行时，将（VW0）＝5028转换为8421BCD码输出到QW0。

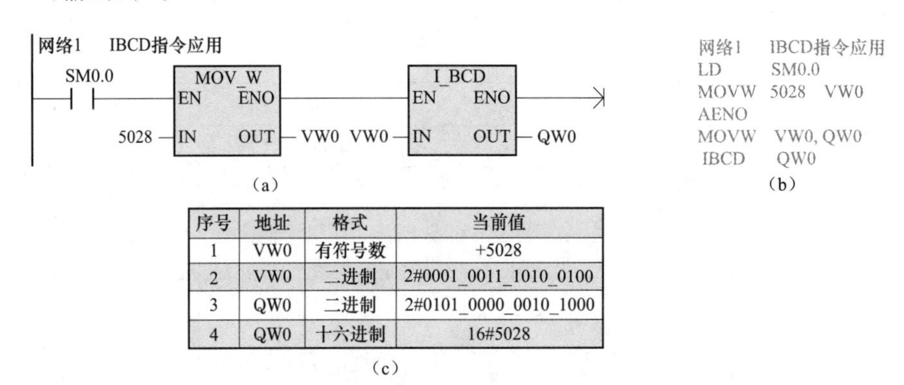

序号	地址	格式	当前值
1	VW0	有符号数	+5028
2	VW0	二进制	2#0001_0011_1010_0100
3	QW0	二进制	2#0101_0000_0010_1000
4	QW0	十六进制	16#5028

（c）

图3-52　IBCD指令应用举例

（a）程序梯形图；（b）程序指令表；（c）状态表监控值

从状态表监控值可以看出，VW0 中存储的二进制数据与 QW0 中存储的 BCD 码完全不同。QW0 以 4 位 BCD 码为 1 组，从高位至低位分别是十进数 5、0、2、8 的 BCD 码。BCD 码数据可以用十六进制格式显示，例如，(QW0) =16#5028。

BCDI 指令的应用举例见本模块任务 11。

三、多位十进制数码显示

当待显示的十进制数码不止 1 位时，就要使用多个数码管。以 2 位十进制数码显示为例，要先用 IBCD 转换指令将二进制数据转换为 8 位 BCD 码（分别为十位数和个位数），然后将 BCD 码的高 4 位和低 4 位用 7 段译码指令 SEG 分别译码，最后用高、低位 7 段译码分别控制十位数码管和个位数码管。

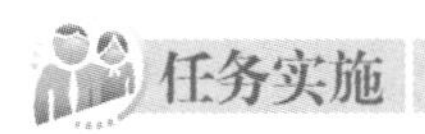

任务实施

一、任务准备

实施本任务所需要的设备见表 3-43。

表 3-43 设 备 表

序 号	名 称	型号规格	数 量	单 位
1	计算机	安装 STEP 7-Micro/WIN V 4.0 软件	1	台
2	PLC	S7-226 AC/DC/RLY	1	台
3	编程电缆	PC/PPI 或 USB/PPI	1	根
4	熔断器	RT 系列	2	组
5	数码管	共阴极，SM120501K-10P	2	个
6	信号灯	红、绿各 1 个	2	盏
7	按钮	LA10-3H	1	个
8	控制板	长 750mm、宽 600mm	1	块

二、连接电路

按图 3-51 所示在控制板上连接停车场空车位数码显示电路，不安装出/入传感器，连接无误后接通 PLC 电源。

三、编写控制程序

停车场控制程序如图 3-53 所示。

程序网络 1，初始化脉冲 SM0.1 使空车位数量初值为 50。

程序网络 2，每进 1 车，空车位数量减 1。

程序网络 3，通过比较和传送指令使空车位数量不出现负数。

程序网络 4，每出 1 车，空车位数量增 1。

程序网络 5，将空车位数量转换为 BCD 码存储于 VW10 的低位字节 VB11，其中个位码存储于低 4 位，十位码存储于高 4 位；将 VB11 的低 4 位 BCD 码转换为 7 段显示码送 QB0 显示；通过除 16 的运算，使 VB11 的高 4 位右移 4 位至低 4 位，然后转换为 7 段显示码送 QB1 显示。

程序网络 6，当十位 BCD 码为 0 时，Q1.0～Q1.6 复位，不显示十位“0”。

程序网络 7，当空车位数量大于 5 时，绿灯常亮；当空车位数量大于 0 且小于等于 5 时，绿灯闪烁。

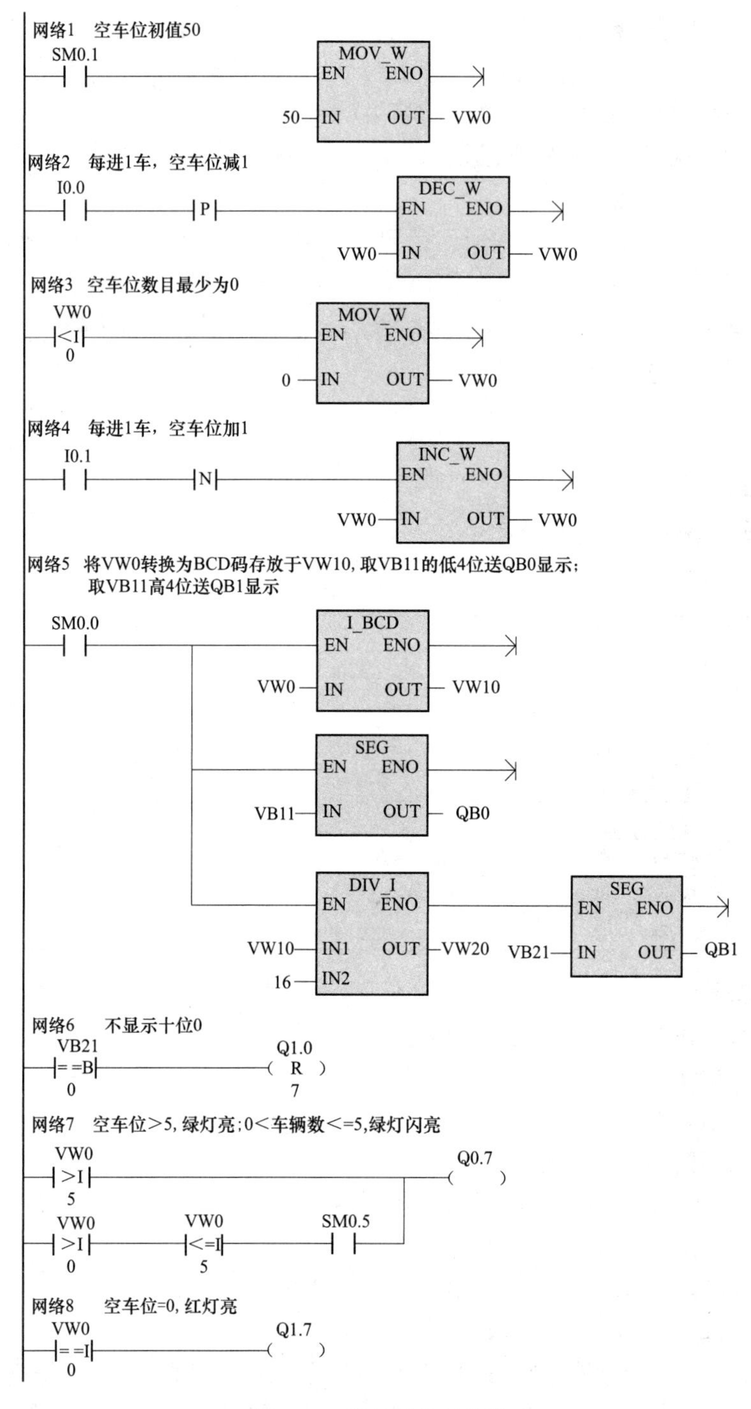

图 3-53　停车场控制程序

程序网络 8，当空车位数量等于 0 时，红灯亮。

四、操作

将如图 3-53 所示程序下载到 PLC。

（1）开机。当 PLC 程序运转（RUN）时，数码管显示空车位数量 50，绿灯常亮。

（2）按下按钮 SB1，模拟进车，空车位数量减 1。

（3）按下按钮 SB2，模拟出车，空车位数量增 1。

（4）当空车位数量等于或小于 5 时，绿灯由常亮变为闪烁。

（5）当空车位数量等于 0 时，红灯亮。

思考与练习

1. 写出下列各数的 8421BCD 码。

35　　　　987　　　　5679

2. 某生产线工件班产量为 80，用两位数码管显示工件数量。用接入 I0.0 端的传感器检测工件数量，工件数量小于 75 时，指示灯亮；等于和大于 75 时，指示灯闪烁；等于 80 时，指示灯灭，1min 后生产线自动停止。I0.1/I0.2 是起动/停止按钮，Q0.7 是生产线输出控制端，Q1.7 是指示灯输出端。试设计 PLC 控制电路和控制程序。

任务 11　应用时钟控制功能实现马路照明灯定时控制

任务引入

PLC 具有实时时钟控制功能，可以在设定的日期和时间完成预定任务，本任务以马路照明灯定时控制为例，说明实时时钟的设置与应用。设马路照明灯（若干个）由接在 PLC 输出端口 Q0.0 和 Q0.1 的接触器各控制一半，其控制线路如图 3-54 所示，不同季节开关灯时间见表 3-44。

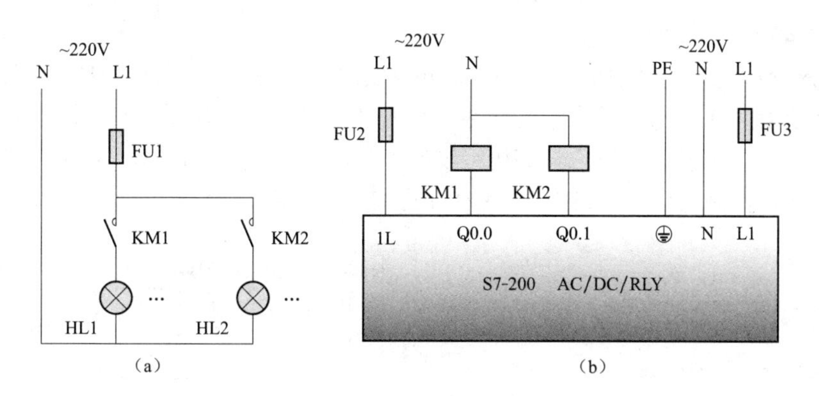

图 3-54　马路照明灯控制电路

（a）主电路；（b）控制电路

表 3-44　　马路照明灯开关灯时间

季节	全开灯时间	关一半灯时间	全关灯时间
夏季（6～8 月）	19：00	00：00	06：00
冬季（12～翌年 2 月）	17：10	00：00	07：10
春秋季（3～5 月）（9～11 月）	18：10	00：00	06：30

相关知识

一、实时时钟读写指令

实时时钟读写指令的格式见表 3-45。

表 3-45　　实时时钟读写指令的格式

项　目	读实时时钟指令	写实时时钟指令
梯形图	READ_RTC EN　ENO T	SET_RTC EN　ENO T
指令表	TODR　T	TODW　T
参数说明	T 为起始字节，包括 T0～T7 共 8 个字节，其中 T6 字节保留	

实时时钟读写指令的说明如下。

（1）TODR 指令从连线的 CPU 模块读取当前日期和时间，并把它们装入以 T 为起始地址的 8 字节缓冲区，各字节依次存放年、月、日、时、分、秒、0 和星期，数据格式为 8421BCD 码。

（2）TODW 指令通过起始地址为 T 的 8 字节缓冲区，将日期和时间写入连线的 CPU 模块。也可以单击编程软件主菜单“PLC”→“实时时钟…”，设置日期和时间。

（3）CPU 模块的实时时钟只使用年的最低两位有效数字，例如 16＃13 表示 2013 年。

（4）星期的取值范围为 0～7，1 表示周日，2～7 表示周一～周六，为 0 时禁止星期。

（5）CPU 221 和 CPU 222 没有内置时钟，需要外插实时时钟卡才能获得实时时钟功能。

二、实时时钟控制举例

【例 3-4】　设置 CPU 模块的实时时钟，并将实时时钟信息存储至 VB100～VB107。

解　（1）连线 CPU 226，单击编程软件主菜单“PLC”→“实时时钟…”，点击“读取 PC”按钮，点击“设置”按钮，则读取计算机系统的当前日期和时间至 PLC，如图 3-55 所示。

（2）将实时时钟信息装入 VB100～VB107 的程序如图 3-56（a）、（b）所示，程序运行

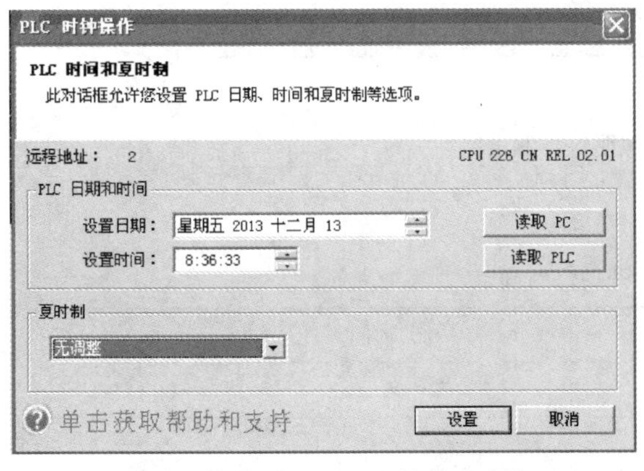

图 3-55　设置 CPU 226 的实时时钟

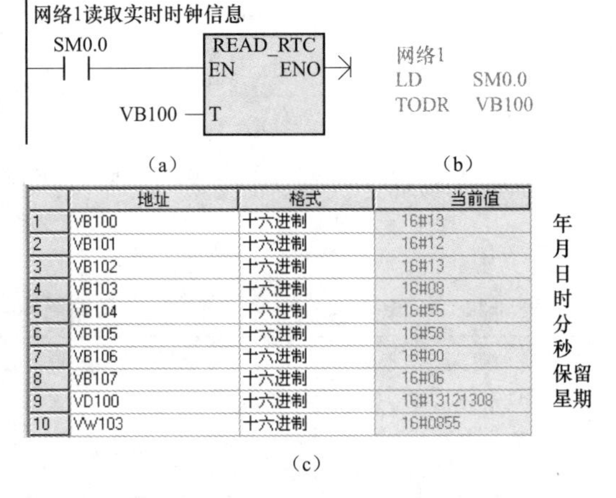

	地址	格式	当前值
1	VB100	十六进制	16#13
2	VB101	十六进制	16#12
3	VB102	十六进制	16#13
4	VB103	十六进制	16#08
5	VB104	十六进制	16#55
6	VB105	十六进制	16#58
7	VB106	十六进制	16#00
8	VB107	十六进制	16#06
9	VD100	十六进制	16#13121308
10	VW103	十六进制	16#0855

图 3-56　读取 CPU 226 实时时钟信息的程序

（a）程序梯形图；（b）程序指令表；（c）状态表监控值

后状态表监控值如图 3-56（c）所示，显示 VB100～VB107 分别存放当前年、月、日、时、分、秒、0 和星期信息。例如，（VD100）＝16＃13121308 表示当前时钟信息为 2013 年 12 月 13 日 8 时，（VW103）＝16＃0855 表示当前时间为 8 时 55 分。

【例 3-5】 试编写程序将实时时钟信息存储至 VB100～VB107，并将 BCD 格式转换为十进制整数格式，然后存入 VB200～VB207。

解 将 BCD 格式转换为十进制整数格式是为了便于计算，带参数的子程序及主程序梯形图如图 3-57（a）、（b）所示，对比转换结果的状态表监控值如图 3-57（c）所示。

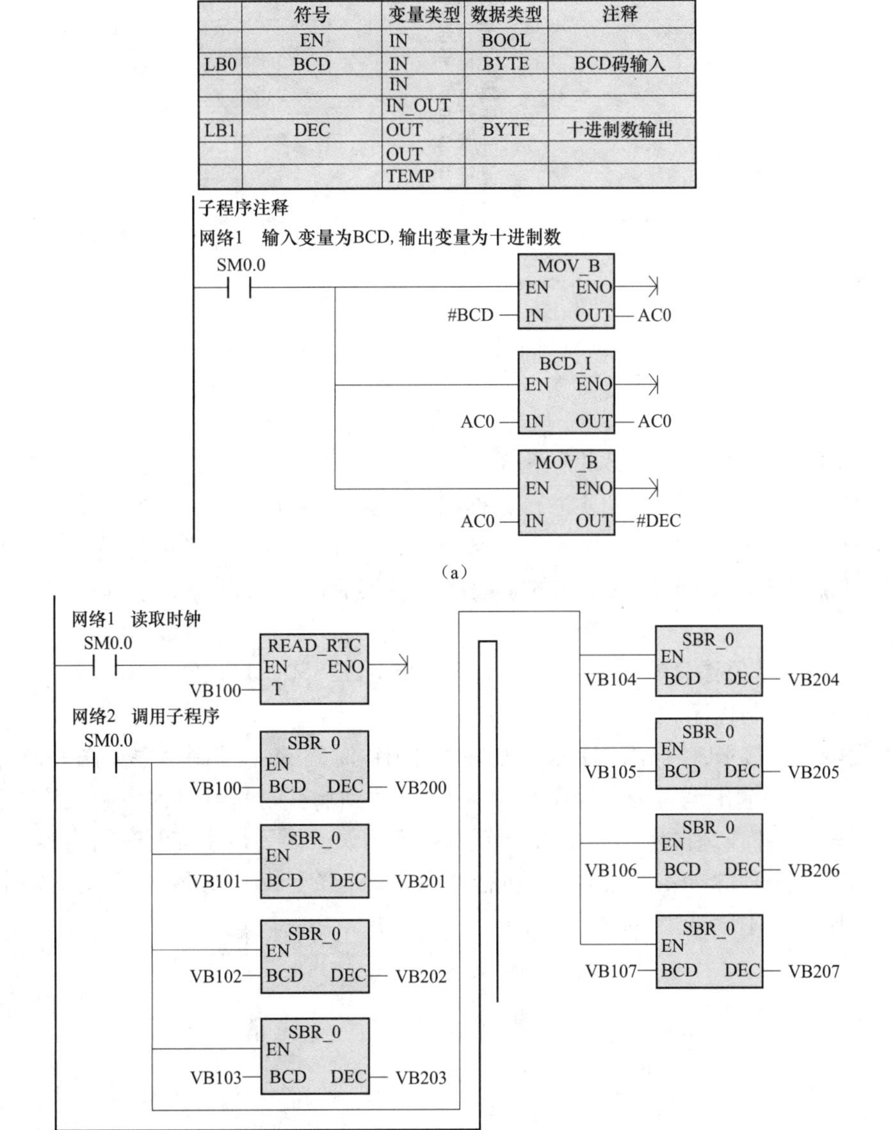

	符号	变量类型	数据类型	注释
	EN	IN	BOOL	
LB0	BCD	IN	BYTE	BCD码输入
		IN		
		IN_OUT		
LB1	DEC	OUT	BYTE	十进制数输出
		OUT		
		TEMP		

图 3-57 将实时时钟信息的 BCD 格式转换为整数格式（一）

（a）局部变量表与带参数的子程序；（b）主程序梯形图

	地址	格式	当前值
1	VB100	十六进制	16#13
2	VB101	十六进制	16#12
3	VB102	十六进制	16#13
4	VB103	十六进制	16#12
5	VB104	十六进制	16#01
6	VB105	十六进制	16#16
7	VB106	十六进制	16#00
8	VB107	十六进制	16#06
9	VD100	十六进制	16#13121312
10	VW103	十六进制	16#1201
11		有符号	
12	VB200	无符号	13
13	VB201	无符号	12
14	VB202	无符号	13
15	VB203	无符号	12
16	VB204	无符号	1
17	VB205	无符号	16
18	VB206	无符号	0
19	VB207	无符号	6

(c)

图 3-57　将实时时钟信息的 BCD 格式转换为整数格式（二）

(c) 状态表监控值

在子程序变量表中，设“BCD”为输入变量，“DEC”为输出变量，数据类型为字节。在子程序中，应用转换指令 BCDI 进行数据格式转换，由于变量的数据类型为单字节，而转换指令 BCDI 需要 2 字节的操作数，因此使用累加器 AC0 参与转换比较方便。在主程序中，共调用 8 次输入/输出参数不同的子程序，转换后的十进制格式数据存储于 VB200～VB207。

【例 3-6】 某单位作息响铃时间分别为 8：00，11：50，14：20，18：30，周六、周日不响铃。试编写控制程序。

解　设电铃连接 PLC 输出端口 Q0.0，每次响铃时间 6s，控制程序如图 3-58 所示。将 6s 延时控制和线圈输出编写为子程序 SBR_0，当达到响铃时间时主程序调用该子程序。如果不使用子程序结构，则会在主程序中出现双线圈错误。因为最小控制时间为秒，所以读取实时时钟信息使用秒脉冲信号 SM0.5 和脉冲上升沿指令 EU，每秒钟读取一次时钟信息，时钟信息存储在 VB100 起始的 8 个字节中。

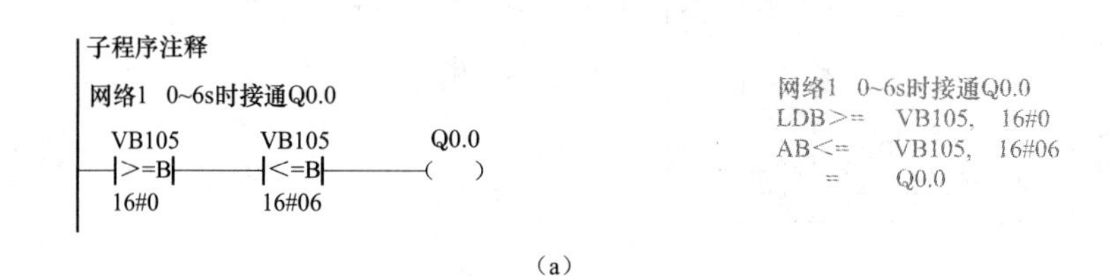

(a)

图 3-58　控制作息时间的程序（一）

(a) 子程序梯形图与指令表

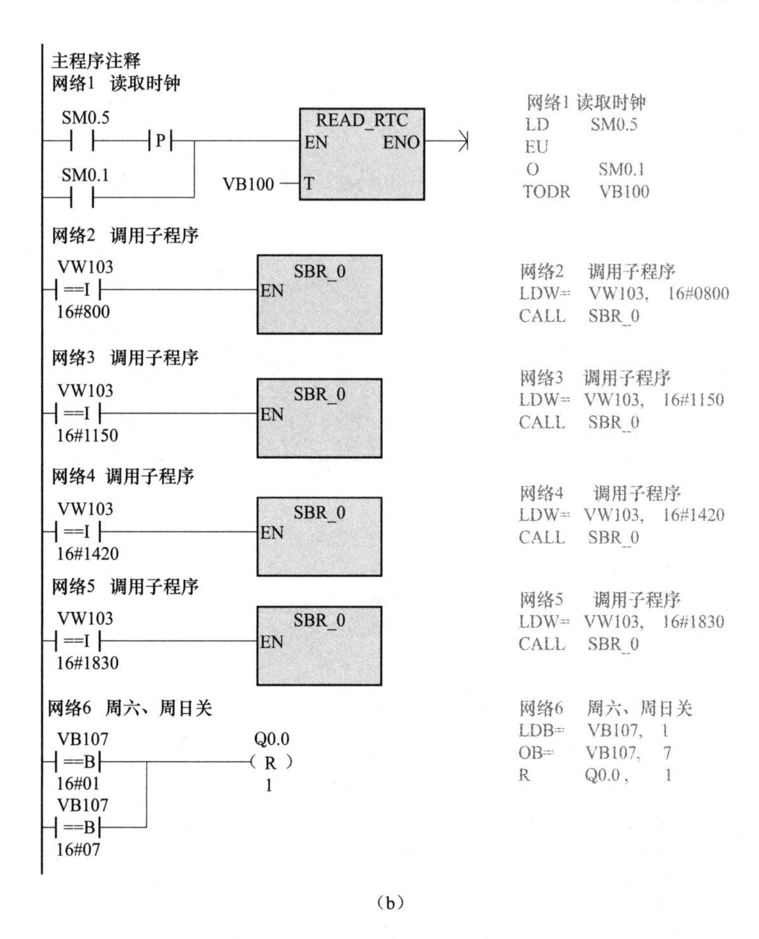

（b）

图 3-58 控制作息时间的程序（二）

（b）主程序梯形图与指令表

任务实施

一、任务准备

实施本任务所需要的设备见表 3-46。

表 3-46 设 备 表

序号	名 称	型号规格	数 量	单 位
1	计算机	安装 STEP 7-Micro/WIN V 4.0 软件	1	台
2	PLC	CPU226 AC/DC/RLY	1	台
3	编程电缆	PC/PPI 或 USB/PPI	1	根
4	熔断器	RT 系列	2	组
5	接触器	CJX1/N 系列（线圈电压 220V）	2	个
6	白炽灯	220V/15W	2	盏
7	控制板	长 750mm、宽 600mm	1	块

二、连接电路

按图 3-54 所示在控制板上连接马路照明灯控制电路，连接无误后接通 PLC 电源。

三、编写控制程序

（1）设置实时时钟。连线 CPU 226，单击编程软件主菜单“PLC”→“实时时钟…”，点击“读取 PC”按钮，设置当前日期和时间，点击“设置”按钮，设置完毕。

（2）设置子程序局部变量、编写子程序。马路照明灯子程序局部变量和子程序如图 3-59 所示。

	符号	变量类型	数据类型	注释
	EN	IN	BOOL	
LB0	开灯	IN	WORD	傍晚全开灯时间
LB1	关灯	IN	WORD	早上全关灯时间
		IN_OUT		
		OUT		
		OUT		
		TEMP		

（a）

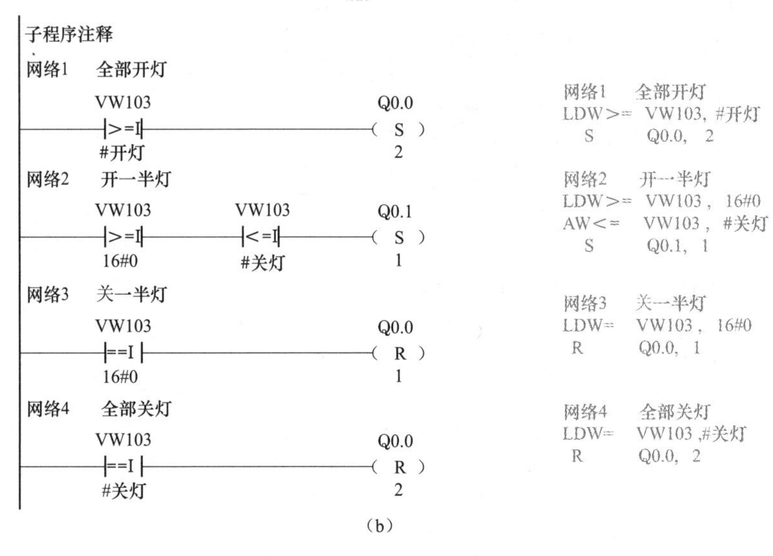

（b）

图 3-59　马路照明灯的子程序变量与子程序

（a）子程序局部变量表；（b）子程序梯形图与指令表

在子程序局部变量表中设置了两个输入变量“开灯”和“关灯”，数据类型为 WORD。

1）子程序网络 1。当到达开灯时刻时，Q0.0 和 Q0.1 置位，全部灯亮。

2）子程序网络 2。保证 PLC 断电后重新来电时在规定的亮灯时间段内一半灯亮。

3）子程序网络 3。当到达次日 0 时 0 分时，Q0.0 复位，只有一半灯亮。

4）子程序网络 4。当到达次日关灯时刻时，Q0.0 和 Q0.1 复位，全部灯灭。

（3）编写主程序。马路照明灯主程序如图 3-60 所示。因为最小控制时间为分，所以读取实时时钟信息使用分脉冲信号 SM0.4 和脉冲上升沿指令 EU，每分钟读取一次时钟信息，时钟信息存储在 VB100 起始的 8 个字节中。

1）主程序网络 1，读取实时时钟信息存储至 VB100 起始的 8 个字节。

2）主程序网络 2，夏季 6、7、8 月时钟控制段。主程序调用带参数的子程序 SBR _ 0，全部灯亮时间是 19 时 0 分，全部灯灭时间是 6 时 0 分。

3）主程序网络 3，冬季 12、1、2 月时钟控制段。全部灯亮时间是 17 时 10 分，全部灯灭时间是 7 时 10 分。

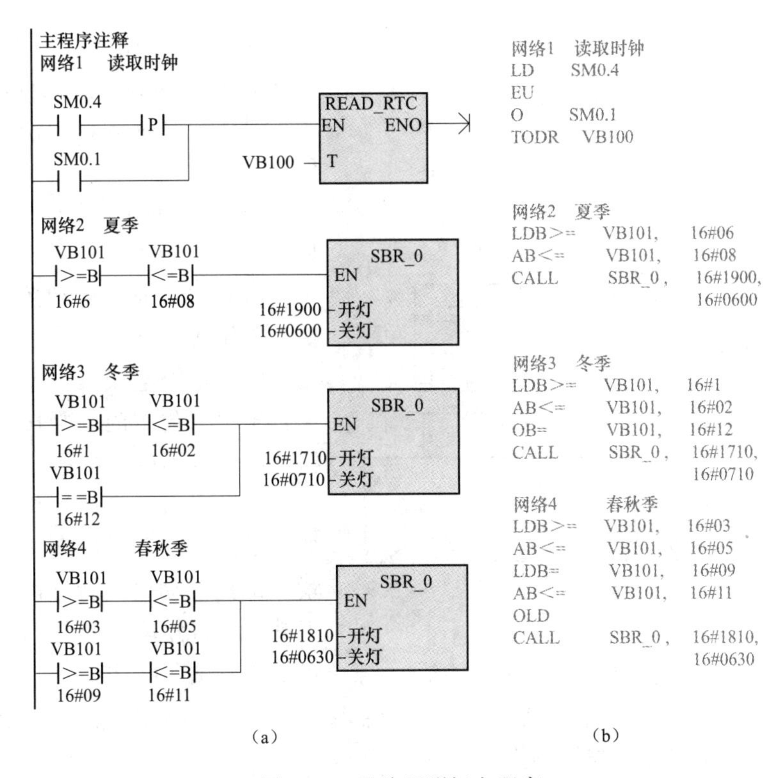

图 3-60 马路照明灯主程序

(a) 程序梯形图；(b) 程序指令表

4）主程序网络 4，春秋季 3～5 月、9～11 月时钟控制段。全部灯亮时间是 18 时 10 分，全部灯灭时间是 6 时 30 分。

四、操作

将如图 3-59、图 3-60 所示程序下载到 PLC，当 PLC 程序运行时，按指定的时间控制亮灯或灭灯。

思考与练习

1. 将当前的时钟信息写入连线的 PLC。
2. 设置本单位（学校）作息时间控制程序。

任务 12 应用移位寄存器指令设计液压滑台钻床控制系统

任务引入

移位寄存器指令与顺序控制继电器指令的作用有些类似，可应用于编写顺序控制程序。应用移位寄存器指令编写的程序结构简单，程序识读性好，应用较为广泛。本任务应用移位寄存器指令设计液压滑台钻床控制系统。

如图 3-61 所示为液压滑台钻床生产工艺过程示意图。滑台进给运动和工件夹紧运动由液压系统驱动，液压泵电动机为 M2，液压控制电磁阀为 YV1～YV4；工件夹紧压力传感器

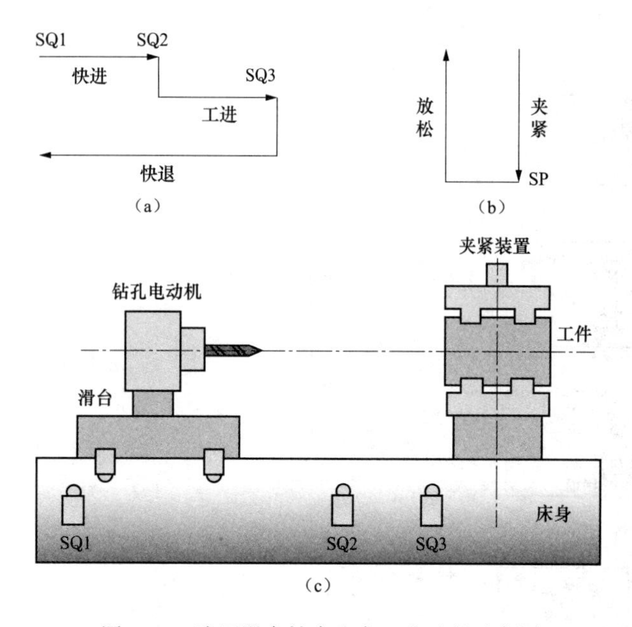

图 3-61 液压滑台钻床生产工艺过程示意图

(a) 滑台进给运动；(b) 工件夹紧运动；(c) 滑台钻床

为 SP；钻孔电动机为 M1；行程开关 SQ1 设定滑台原点位置，SQ2 设定滑台工进位置，SQ3 设定滑台停留和快退位置。

液压滑台钻床的生产工艺要求如下。

(1) 按下液压启动按钮，液压电动机 M2 起动。

(2) 若停电或其他意外原因使滑台未置于原点位置时，则按下滑台复位按钮使滑台返回原点位置。

(3) 当滑台在原点位置时，装入待加工工件，按下工件夹紧按钮→工件夹紧→钻孔电动机运转→滑台快进→滑台工进→滑台停留 2s→滑台快退→返回原点位置→钻孔电动机停止→工件放松。

(4) 手工卸下加工好的工件，装入待加工工件，按下工件夹紧按钮进入下一个单循环周期。

(5) 有必要的电气保护与控制措施。

液压系统中各电磁阀的功能与动作顺序见表 3-47。

表 3-47　液压电磁阀功能与动作顺序表

部件 / 功能	滑台进给电磁阀			夹紧电磁阀
	YV1（快进）	YV2（工进）	YV3（快退）	YV4（夹紧）
夹紧工件	−	−	−	+
滑台快进	+	−	−	+
滑台工进	+	+	−	+
滑台停留	−	−	−	+
滑台快退	−	−	+	+
松开工件	−	−	−	−

相关知识

一、移位寄存器指令

移位寄存器指令 SHRB 属于移位控制类指令，其指令格式见表 3-48。

表 3-48　移位寄存器指令 SHRB

梯形图	指令表	端子说明
SHRB 方框：EN、ENO、DATA、S_BIT、N	SHRB　DATA，S_BIT，±N	EN：使能端 ENO：使能输出端 DATA：输入数据位 S_BIT：最低数据位 N：移位方向和长度

续表

梯形图	指令表	端子说明
操作数类型及范围	DATA 和 S _ BIT 为布尔型	
	N 为字节（－128～＋127），操作数可为常数及各类变量存储器	

移位寄存器指令说明如下。

（1）当使能端有效时，在一个扫描周期内，移位寄存器指令将 DATA 数值移入 S _ BIT，移位寄存器内各位数据移动一位。

（2）N 指定移位寄存器的长度和移位方向。移位加（＋N），数据从低位移向高位；移位减（－N），数据从高位移向低位。

（3）进行顺序控制时通常使用移位加形式，即数据从低位移向高位。移位前最低数据位 S _ BIT 设定为 1，输入数据位 DATA 恒为 0，因此，在整个移位过程中，移位寄存器的数据位从低位到高位始终只有一位为 1，相当于只有一个活动状态。

二、定义符号表

当用户程序中使用的输入/输出变量地址较多时，为了方便识读，可在用户程序中将变量地址定义为容易理解的变量符号。运行编程软件后，单击指令树中“符号表”→“用户定义 1”图标，在出现的符号表中逐行输入变量符号和地址，如图 3-62 所示。符号表中各变量符号与地址相对应，例如，变量符号“过载保护”与地址“I0.0”对应。在编写用户程序时，既可以输入变量地址，也可以输入变量符号。也可以选择变量地址后点击鼠标右键定义变量符号。符号表中图形表示符号重复，图形表示符号未使用，通常应避免这两种情况出现。符号表定义后，单击指令树中“符号表”→“将符号应用于项目”图标，在用户程序中变量将以符号形式出现。

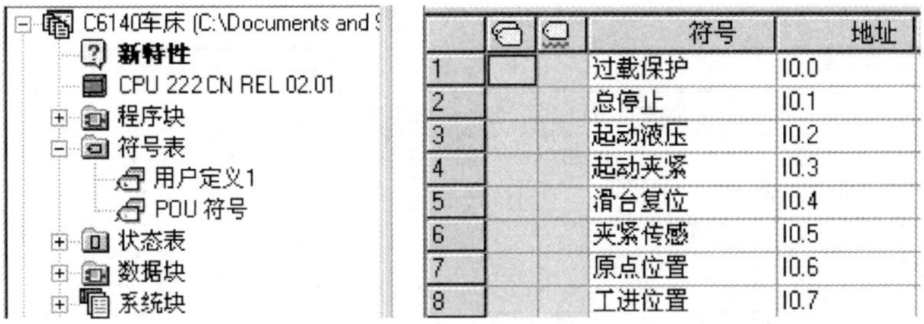

C6140车床 (C:\Documents and S
新特性
CPU 222 CN REL 02.01
程序块
符号表
用户定义1
POU 符号
状态表
数据块
系统块

（a）

			符号	地址
1			过载保护	I0.0
2			总停止	I0.1
3			起动液压	I0.2
4			起动夹紧	I0.3
5			滑台复位	I0.4
6			夹紧传感	I0.5
7			原点位置	I0.6
8			工进位置	I0.7

（b）

图 3-62　指令树与符号表

（a）指令树；（b）符号表

三、PLC 控制系统的设计步骤

为了保证控制系统的可靠运行，设计时需要遵循一定的步骤，具体步骤有。

（1）熟悉控制对象的生产工艺。设计 PLC 控制系统之前，必须了解该设备需要完成什么样的生产任务，具体生产工艺过程是什么，主要电气部件的动作顺序，各电气部件之间的逻辑关系和连锁关系等。

（2）了解控制系统的输入、输出信号。需要汇总控制系统输入、输出信号的数量，加上 20%左右的余量，确定所需要的 I/O 点数。并且了解这些信号的类型，例如，是模拟信号还是开关信号，是直流信号还是交流信号，是低速信号还是高速信号等，综合考虑上述信息后，就可以确定 PLC 的类型了。

（3）分配 PLC 的 I/O 地址。PLC 类型确定后，就可以进行 I/O 地址分配，绘制 PLC 控制系统电气原理图和接线图，以便于硬件安装与接线。

（4）PLC 程序设计。PLC 程序设计就是根据工艺要求和 I/O 分配地址，依据各个变量的逻辑关系，编写用户程序。在编写中，建议对用户程序加入符号表和网络注释，以方便识读和修改程序。要兼顾硬件和软件的关系，为了节省资金，能用软件实现的控制功能，就不用硬件来完成。但在安全保障方面要注意不能仅依靠软件。例如，对控制电动机正反转的接触器，不但要有软件连锁，还必须有硬件（接触器）连锁。

（5）调试。一般先进行逻辑测试，模拟出现的各种情况，依据 PLC 输入/输出指示灯的显示进行调试，发现问题及时修改，直到认为符合设计要求。此后就可以接上接触器、电磁阀等负载进行调试，调试合格后再接上电动机空载调试，并调整电动机的转向。各个输出端空载调试正常后，最后接上机械负载进行试生产调试，直到完全符合设计要求为止。控制系统的功能是否满足生产要求，只有最终经过工业现场的检验才能得出结论。

（6）整理技术文件。如果控制系统已能正常工作，接下来的工作就是整理技术文件，将工艺要求、I/O 分配表、电气原理图和安装接线图、器件明细表、PLC 程序等作为资料保存，以便于今后维修、保养和升级控制系统。

任务实施

一、任务准备

本任务为模拟操作和输出端逻辑测试（输出端不连接负载），用拨动开关代替压力传感器 SP，实施本任务所需要的设备见表 3-49。

表 3-49　设　备　表

序　号	名　称	型号规格	数　量	单　位
1	计算机	安装 STEP 7-Micro/WIN V 4.0 软件	1	台
2	PLC	S7-200　AC/DC/RLY	1	台
3	编程电缆	PC/PPI 或 USB/PPI	1	根
4	熔断器	RT 系列	1	组
5	按钮	LA10-3H	2	个
6	热继电器	JR36-20	2	个
7	行程开关	LX19-001	3	个
8	钮子开关	YB 系列	1	个
9	控制板	长 750mm、宽 600mm	1	块

二、设置 PLC 输入/输出端口分配表

液压滑台钻床控制系统 PLC 输入/输出端口分配见表 3-50。

表 3-50　PLC 输入/输出端口分配表

输入端口			输出端口		
输入继电器	输入器件	作用	输出继电器	输出器件	控制对象
I0.0	KH1、KH2	过载保护	Q0.0	YV1	滑台快进
I0.1	SB1（动断触点）	总停止	Q0.1	YV2	滑台工进

续表

输入端口			输出端口		
输入继电器	输入器件	作用	输出继电器	输出器件	控制对象
I0.2	SB2（动合触点）	起动液压	Q0.2	YV3	滑台快退
I0.3	SB3（动合触点）	起动夹紧	Q0.3	YV4	夹紧工件
I0.4	SB4（动合触点）	滑台复位	Q0.4	KM1	钻孔电动机 M1
I0.5	SP（动合触点）	夹紧传感器	Q0.5	KM2	液压电动机 M2
I0.6	SQ1（动合触点）	原点位置	—	—	—
I0.7	SQ2（动合触点）	工进位置	—	—	—
I1.0	SQ3（动合触点）	快退位置	—	—	—

三、绘制液压滑台钻床控制线路

液压滑台钻床控制线路如图 3-63 所示。

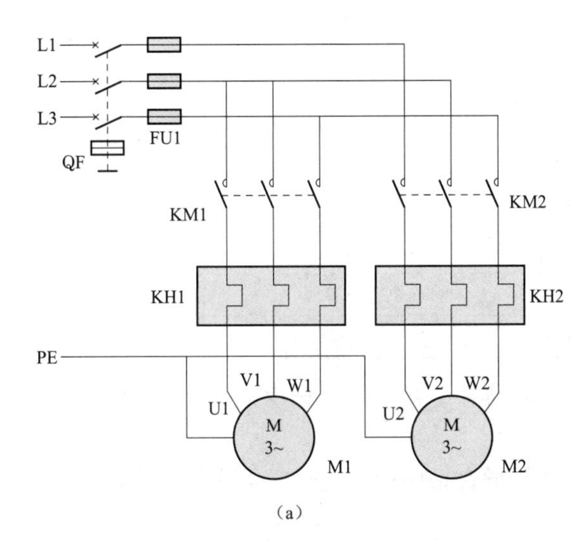

(a)

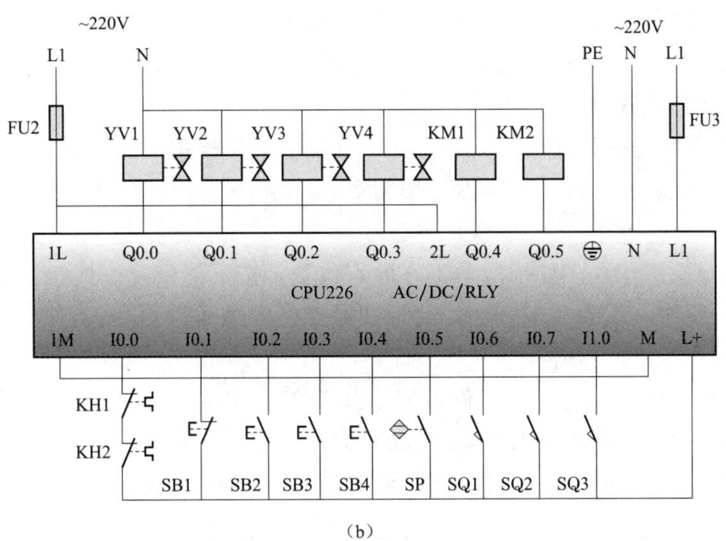

(b)

图 3-63 液压滑台钻床控制线路

(a) 主电路；(b) 控制电路

四、编写控制程序

（1）定义符号表。液压滑台钻床控制程序符号见表3-51。

表3-51　　程序符号表

序号	符号	地址	注释
1	过载保护	I0.0	热继电器（动断触点）
2	总停止	I0.1	按钮（动断触点）
3	起动液压	I0.2	按钮（动合触点）
4	起动夹紧	I0.3	按钮（动合触点）
5	滑台复位	I0.4	按钮（动合触点）
6	夹紧传感	I0.5	压力传感器（动合触点）
7	原点位置	I0.6	行程开关（动合触点）
8	工进位置	I0.7	行程开关（动合触点）
9	快退位置	I1.0	行程开关（动合触点）
10	滑台快进	Q0.0	电磁阀（AC 220V）
11	滑台工进	Q0.1	电磁阀（AC 220V）
12	滑台快退	Q0.2	电磁阀（AC 220V）
13	夹紧工件	Q0.3	电磁阀（AC 220V）
14	钻孔电动机	Q0.4	接触器（AC 220V）
15	液压电动机	Q0.5	接触器（AC 220V）

（2）液压滑台钻床PLC程序。液压滑台钻床PLC程序和注释如图3-64所示。

五、连接电路

按图3-63所示连接液压滑台钻床控制电路，不连接主电路和PLC输出端负载，连接无误后接通PLC电源。

（1）PLC输入指示灯I0.0应亮，表示热继电器动断触点与连线正常。

（2）PLC输入指示灯I0.1应亮，表示停止按钮与连线正常。

六、模拟操作与逻辑测试

将如图3-64所示程序下载PLC，用手操作行程开关来模拟滑台运动。

（1）起动液压电动机。按下起动液压按钮SB2，Q0.5置位，KM2得电，液压泵电动机运转。

（2）滑台返回原点位置。如果滑台不在原点位置，按下滑台复位按钮SB4，Q0.2置位，快退电磁阀YV3得电，滑台后退。当滑台返回原点位置触动行程开关SQ1时，Q0.2复位，快退电磁阀YV3失电，滑台停止。

（3）夹紧工件。按下起动夹紧工件按钮SB3，Q0.3置位，工件夹紧电磁阀YV4通电，用手拨动开关，模拟压力传感器SP状态ON。定时器T37得电延时。

（4）滑台快进、钻孔电动机运转。当工件夹紧并延时2s确认后，Q0.0置位，快进电磁阀YV1得电，滑台快进。Q0.4置位，钻孔电动机得电运转。

（5）滑台工进。当滑台快进触动行程开关SQ2时，Q0.1置位，快进电磁阀YV1和工进电磁阀YV2同时得电，滑台低速工进，开始在工件上钻孔。

梯形图	注释

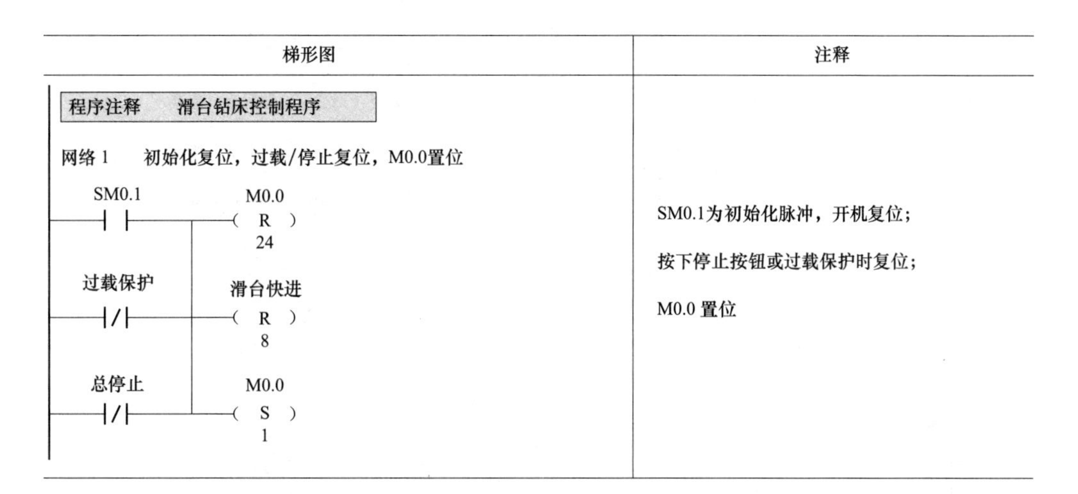

SM0.1为初始化脉冲，开机复位；

按下停止按钮或过载保护时复位；

M0.0 置位

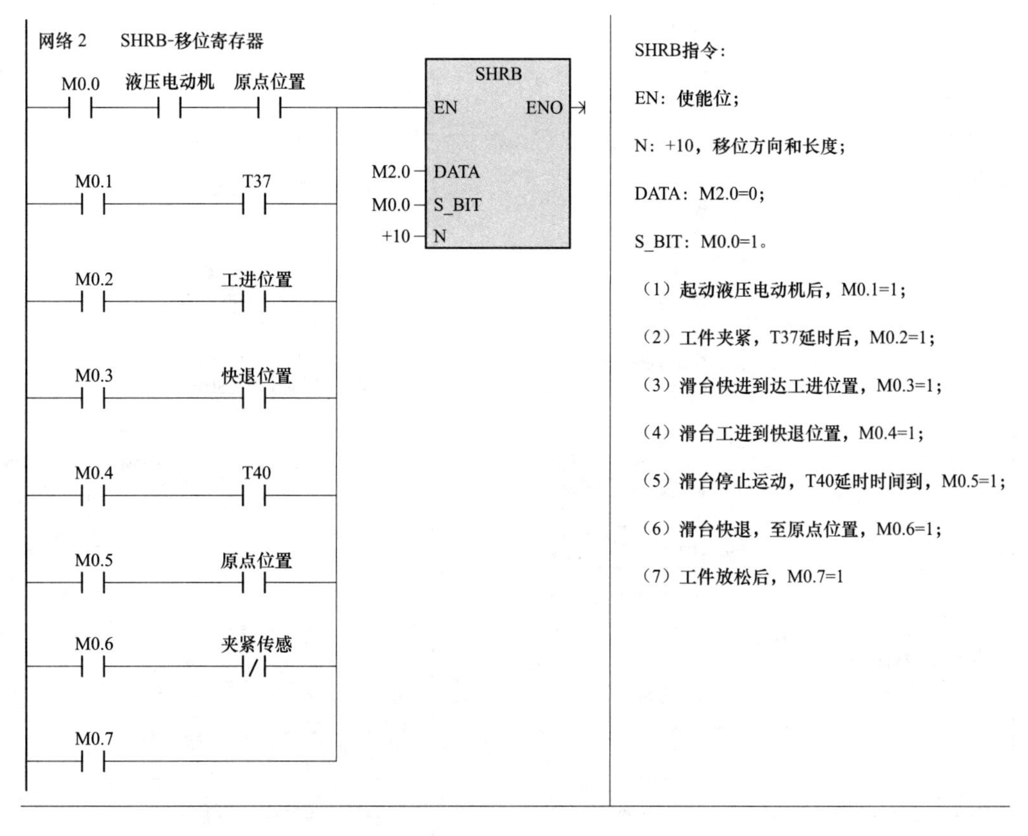

SHRB指令：

EN：使能位；

N：+10，移位方向和长度；

DATA：M2.0=0；

S_BIT：M0.0=1。

（1）起动液压电动机后，M0.1=1；

（2）工件夹紧，T37延时后，M0.2=1；

（3）滑台快进到达工进位置，M0.3=1；

（4）滑台工进到快退位置，M0.4=1；

（5）滑台停止运动，T40延时时间到，M0.5=1；

（6）滑台快退，至原点位置，M0.6=1；

（7）工件放松后，M0.7=1

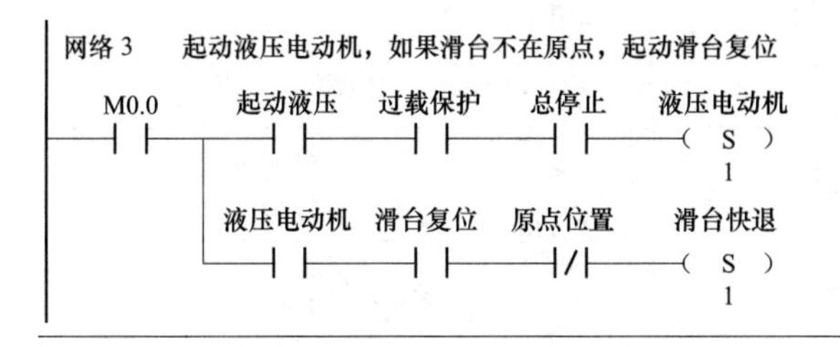

（1）按下起动按钮，起动液压电动机；

（2）如果滑台在原点位置，M0.1=1；

如果滑台不在原点位置，按下滑台复位按钮，滑台后退复位

图 3-64 液压滑台钻床 PLC 程序和注释（一）

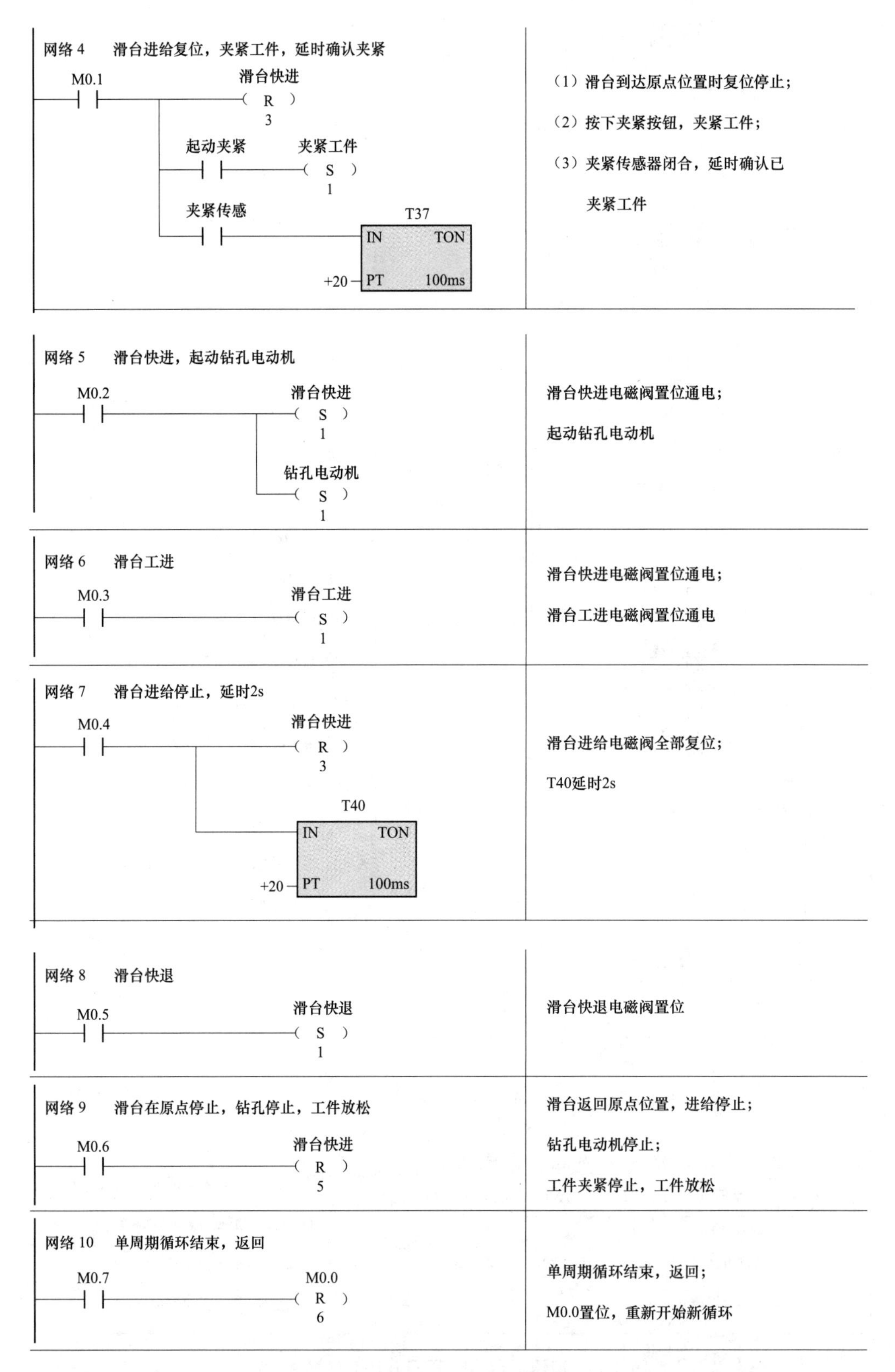

图3-64　液压滑台钻床PLC程序和注释（二）

（6）滑台停留。当滑台工进触动行程开关 SQ3 时，Q0.0～Q0.2 复位，滑台进给电磁阀 YV1～YV3 失电，滑台停留，定时器 T40 延时 2s。

（7）滑台后退。滑台停留 2s 后，Q0.2 置位，快退电磁阀 YV3 得电，滑台快退。

（8）滑台返回原点位置。滑台后退至原点位置时，Q0.0～Q0.4 全部复位，钻孔电动机停止，液压电磁阀 YV1～YV4 失电，工件放松。M0.0=1，程序返回起始位置。液压泵电动机保持得电状态。

（9）停止。在生产过程中，当按下总停止按钮时，负载电动机和电磁阀全部失电停止。

（10）过载保护。当电动机发生过载故障时，负载电动机和电磁阀全部失电停止。

思考与练习

1. 在移位寄存器指令 SHRB 中，参数移位加和移位减有什么不同？
2. 怎样应用移位寄存器指令进行顺序控制？
3. 在用户程序中将变量地址定义为变量符号有什么好处？
4. 设计 PLC 程序时应注意哪些问题？
5. 完成 PLC 控制系统的设计后，需要整理哪些技术资料？

中断与高速指令的应用

有很多PLC内部或外部的事件是随机发生的，例如，PLC输入信号的上升沿/下降沿时刻，或者高速计数器的当前计数值等于预置值时刻，事先并不知道这些事件何时发生，但是当它们出现时又必须尽快地处理，PLC用中断工作方式来解决这个问题。

通常PLC的输入/输出信号频率很低（例如，继电器输出型信号频率1Hz），其原因主要有两点：一是与PLC输入端连接的硬件触点簧片，在接通瞬间会产生连续的抖动脉冲，为了消除抖动信号的影响，PLC系统在输入端设置了一定的延迟时间（在编程软件系统块中设置，称为输入滤波时间，范围为0.2～12.8ms，默认值6.4ms），待抖动脉冲消失后再读取输入端的稳定状态。二是由于PLC周期性扫描工作方式的影响，CPU只在每一个扫描周期的读输入阶段读取输入信号，因此，当输入信号的频率较高时，会丢失脉冲数；同时，由于CPU只在每一个扫描周期的写输出阶段输出信号到物理输出点，因此，输出信号有几十至几百毫秒的延迟。

但在实际生产中，PLC可能要处理高达上千赫兹的高频脉冲信号。例如，常见机械设备的主轴转速可高达每分钟几千转以上，PLC需要对主轴转速进行测量、计数和控制。为此，PLC设置了高速指令，采用中断工作方式，不受输入端延迟时间和扫描周期的限制。高速指令包括立即指令（输出/置位/复位/字节读写）、中断指令、高速计数器指令以及高速脉冲串输出等指令。

任务1　应用中断指令和立即指令控制输出端口

任务引入

本任务应用中断指令和立即指令控制PLC的输出端口，控制要求如下。

（1）当按下按钮1时，产生下降沿中断，输出端QW0立即复位。

（2）当按下按钮2时，产生上升沿中断，Q0.0立即置位。

（3）当按下按钮3时，Q0.2线圈立即输出，Q0.3线圈输出。

（4）当按下按钮4时，将操作数立即写入字节QB1。

PLC输入端口分配见表4-1，控制电路如图4-1所示。输出端不连接负载，通过输出端LED指示灯显示控制结果。

表4-1　　PLC输入端口分配表

输入继电器	输入元件	作　用	输入继电器	输入元件	作　用
I0.0	SB1（动断触点）	按钮1	I0.2	SB3（动合触点）	按钮3
I0.1	SB2（动合触点）	按钮2	I0.3	SB4（动合触点）	按钮4

相关知识

一、中断与中断指令

所谓中断就是当CPU执行正常程序时，系统中出现了某些急需处理的特殊请求，这时CPU暂时中断正在执行的程序，转而去对随机发生的更紧急事件进行处理（称为执行中断服务程序），当该事件处理完毕后，CPU自动返回原来被中断的程序处继续执行。执行中断服务程序前后，系统会自动保护被中断程序的运行环境，不会造成混乱。

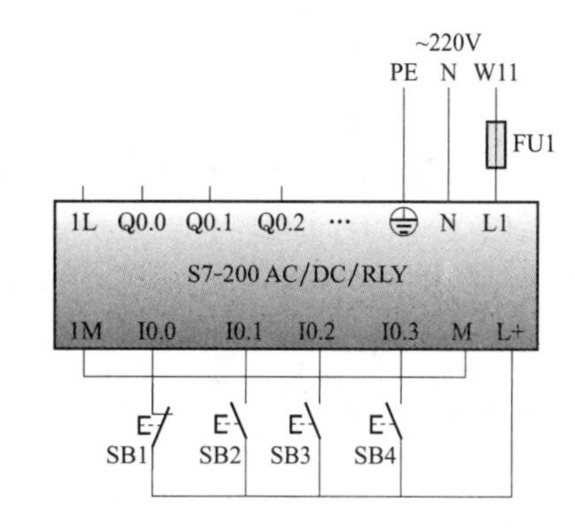

图4-1 应用中断和立即指令的控制电路

中断处理提供对特殊内部事件或外部事件的快速响应。中断程序越短越好，以减少中断程序的执行时间，避免引起主程序控制的设备操作异常。

中断指令的格式见表4-2。

表4-2 中断指令的格式

项　目	中断连接指令	中断允许指令	中断分离指令	中断禁止指令
梯形图	ATCH: EN ENO, INT, EVNT	—(ENI)	DTCH: EN ENO, EVNT	—(DISI)
指令表	ATCH　INT，EVNT	ENI	DTCH　EVNT	DISI
描　述	把一个中断事件EVNT和一个中断程序INT连接起来	全局允许中断	切断一个中断事件EVNT与中断程序的联系，并禁止该中断事件	全局禁止中断
操作数	中断程序INT：0～127		中断事件EVNT：0～33	

对中断指令说明如下。

（1）中断事件编号为0～33，即有34个可以引发中断的中断源；中断程序编号为0～127，即允许有128个与中断事件对应的中断程序。中断源与中断程序通过中断连接指令ATCH相连接。

（2）程序开始运行时，CPU默认禁止所有中断。如果执行了中断允许指令ENI，则允许所有中断，即全局允许中断。

（3）多个中断事件可以调用同一个中断程序，但一个中断事件不能同时调用多个中断程序。

（4）执行中断分离指令DTCH时，只禁止某个事件与中断程序的连接，而执行中断禁止指令DISI时，则禁止所有中断。

（5）编程软件自动地为各中断程序添加无条件返回指令。

在编程软件的程序块中默认有一个中断程序INT _ 0，还可以创建更多的中断程序。在程序编辑界面单击鼠标右键，点击“插入”→“中断程序”图标，创建成功后将显示新的中断程序标签，并且系统自动为新的中断程序编号。

二、中断事件

S7-200CPU支持三类中断事件：通信端口中断、I/O中断和定时中断。不同的中断事件具有不同的级别，中断程序执行过程中发生的其他中断事件不会影响它的执行，即任何时刻只能执行一个中断程序。一旦一个中断程序开始执行，它就要一直执行到完成，即使另一中断程序的优先级较高，也不能中断正在执行的中断程序，而是按照优先级和发生的时序排队。队列中优先级高的中断事件首先得到处理，优先级相同的中断事件先到先处理。中断事件的描述见表4-3。

表4-3　中断事件描述

中断号	中断描述	优先级分组	组中优先级
8	通信端口0：接收字符	通信中断（优先级最高）	0
9	通信端口0：发送完成		0
23	通信端口0：接收信息完成		0
24	通信端口1：接收信息完成		1
25	通信端口1：接收字符		1
26	通信端口1：发送完成		1
19	PTO0完成中断	I/O中断（优先级中等）	0
20	PTO1完成中断		1
0	上升沿，I0.0		2
2	上升沿，I0.1		3
4	上升沿，I0.2		4
6	上升沿，I0.3		5
1	下降沿，I0.0		6
3	下降沿，I0.1		7
5	下降沿，I0.2		8
7	下降沿，I0.3		9
12	HSC0　CV=PV（当前值=预置值）		10
27	HSC0输入方向改变		11
28	HSC0外部复位		12
13	HSC1　CV=PV（当前值=预置值）		13
14	HSC1输入方向改变		14
15	HSC1外部复位		15
16	HSC2　CV=PV（当前值=预置值）		16
17	HSC2输入方向改变		17
18	HSC2外部复位		18
32	HSC3　CV=PV（当前值=预置值）		19
29	HSC4　CV=PV（当前值=预置值）		20
30	HSC4输入方向改变		21
31	HSC4外部复位		22
33	HSC5　CV=PV（当前值=预置值）		23
10	定时中断0，SMB34定义时间间隔	定时中断（优先级最低）	0
11	定时中断1，SMB35定义时间间隔		1
21	定时器T32　CT=PT中断		2
22	定时器T96　CT=PT中断		3

定时中断以 1ms 为增量，时间间隔可以取 1～255ms。定时中断 0 和定时中断 1 的时间间隔分别写入特殊存储器字节 SMB34 和 SMB35。每当时间达到时，就立即执行相应的定时中断程序。

【例 4-1】 用定时中断 0 实现周期为 1s 的高精度定时，并在 QB0 端口以增 1 形式输出。

解 查表 4-3 可知，定时中断 0 引起中断事件 10，时间间隔存储器是 SMB34。

程序如图 4-2 所示。在主程序网络 1 中，初始化脉冲 SM0.1 将中断次数计数器 VB0 清零，时间间隔 250ms 写入 SMB34，将中断事件 10 与中断程序 INT _ 0 连接起来，全局允许中断。

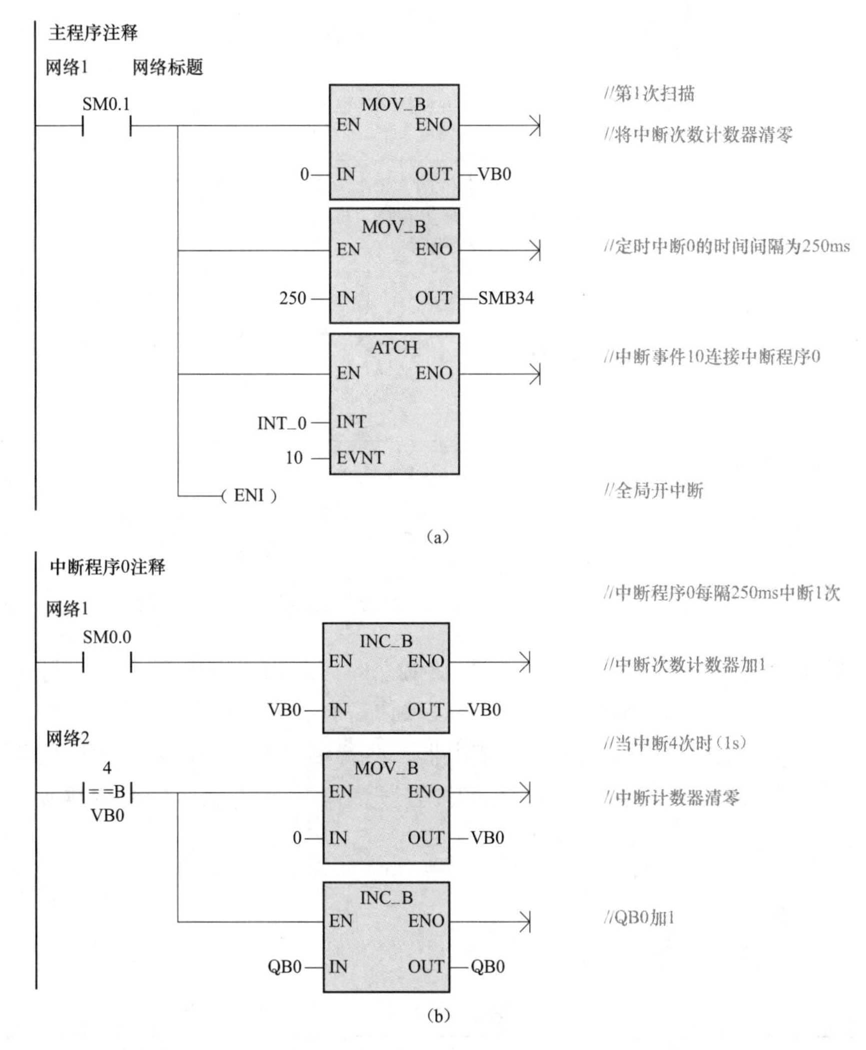

图 4-2 应用定时中断 0 的程序

(a) 主程序与注释；(b) 中断程序 INT _ 0 与注释

在中断程序 0 网络 1 中，每产生 1 次中断时，VB0 加 1。

在中断程序 0 网络 2 中，当中断 4 次（250ms×4=1s）时，VB0 清零，QB0 加 1，实现在输出端口 QB0 每秒增 1 控制。

三、立即指令

立即指令的格式见表4-4。

表4-4　立即指令的格式

指　令	梯形图	指令表	逻　辑　功　能	操作数
立即输入	bit ─┤I├─ bit ─┤/I├─	LDI、AI、OI、LDNI、ANI、ONI	立即读入物理输入点的值，根据该值决定触点的状态，但不更新输入过程映像寄存器	操作数I
立即输出	bit —(I)	=I　bit	=I指令将新值写入物理输出位和对应的过程映像寄存器	操作数Q
立即置位	bit —(SI) N	SI　bit，N	SI指令将从bit开始的N个元件立即置1并保持。新值同时写入物理输出和过程映像区	操作数Q，N为1～255
立即复位	bit —(RI) N	RI　bit，N	RI指令将从bit开始的N个元件立即清零并保持。新值同时写入物理输出和过程映像区	
字节立即读	MOV_BIR EN ENO IN OUT	BIR　IN，OUT	BIR指令读物理输入IN，并将结果写入内存地址OUT，但过程映像区未更新	IN操作数限IB，OUT操作数为各类存储器
字节立即写	MOV_BIW EN ENO IN OUT	BIW　IN，OUT	BIW指令从内存地址IN中读取数据，写入物理输出OUT，同时写入过程映像区	IN操作数为各类存储器，OUT操作数限QB

在立即输出指令“=I”中，“I”表示将新值立即写入输出继电器Q。这与非立即指令“=”不同，非立即指令仅将新值写入输出过程映像寄存器，在扫描周期的写输出阶段，才将输出过程映像寄存器中的值复制到输出继电器。两者不同点在于，立即输出指令没有时间延迟，而非立即输出指令有近似扫描周期的时间延迟。其他立即指令的原理类似。

任务实施

一、任务准备

实施本任务所需要的设备见表4-5。

表4-5　设　备　表

序　号	名　称	型　号　规　格	数　量	单　位
1	计算机	安装STEP7-Micro/WINV4.0软件	1	台
2	PLC	S7-200　AC/DC/RLY	1	台
3	编程电缆	PC/PPI或USB/PPI	1	根
4	熔断器	RT18-32	1	组
5	按钮	LA10-3H	2	个
6	控制板	长750mm、宽600mm	1	块

二、连接线路

(1) 按图 4-1 所示在控制板上连接应用中断指令和立即指令的控制电路，连接无误后接通 PLC 电源。

(2) PLC 输入指示灯 I0.0 应亮，表示按钮 SB1 与连线正常。

三、编写控制程序

查表 4-3 可知，当按下按钮 SB1 时，在 I0.0 的下降沿产生中断事件 1；当按下按钮 SB2 时，在 I0.1 的上升沿产生中断事件 2。应用中断指令和立即指令控制输出端口的程序如图 4-3所示。

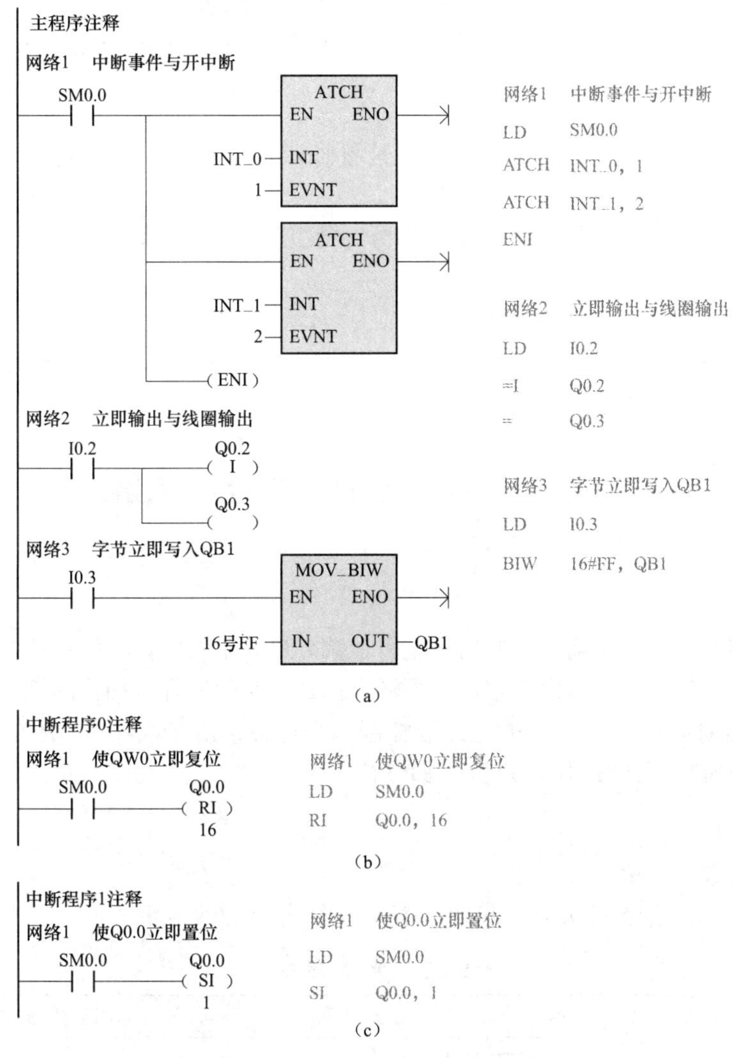

图 4-3 应用中断指令和立即指令控制输出端口的程序

(a) 主程序；(b) 中断程序 0；(c) 中断程序 1

程序工作原理如下。

(1) 主程序网络 1，中断事件 1 与中断程序 0 连接，中断事件 2 与中断程序 1 连接，全局允许中断。

(2) 主程序网络 2，当 I0.2 接通时，Q0.2 立即通电，不受扫描周期影响；Q0.3 线圈输出得电，受扫描周期影响。

(3) 主程序网络3，当I0.3接通时，数据16#FF立即写入QB1，不受扫描周期影响。

(4) 中断程序0网络1，当发生中断事件1时，QW0立即复位，不受扫描周期影响。

(5) 中断程序1网络1，当发生中断事件2时，Q0.0立即置位，不受扫描周期影响。

四、操作

(1) 中断置位。当按下按钮SB2时，Q0.0立即置位得电。

(2) 立即输出与线圈输出。当按下按钮SB3时，Q0.2立即输出得电，Q0.3线圈输出得电；当松开按钮SB3时，Q0.2、Q0.3线圈失电。

(3) 字节立即写。当按下按钮SB4时，16#FF立即写入QB1，Q1.0～Q1.7立即得电。

(4) 中断复位。当按下按钮SB1时，QW0立即复位清0，输出字节QB0、QB1均失电。

思考与练习

1. 为什么说不应用高速指令时，PLC只能接收和处理低频脉冲信号？

2. 简述中断概念。

3. S7-200CPU有多少个中断源？中断源分为哪几类？S7-200CPU最多可以创建多少个中断程序？

4. 立即指令与非立即指令有什么区别？

5. 试编写程序完成以下控制功能。在输入端I0.0的上升沿通过中断使Q0.0立即置位；在输入端I0.1的下降沿通过中断使Q0.0立即复位。

任务2　使用高速计数器实现计数控制

任务引入

高速计数器专门用于对高频脉冲信号进行计数，最高单相计数频率可达30kHz。高速计数器的输入脉冲信号独立于用户程序，不受输入端延迟时间和程序扫描周期的影响。本任务使用高速计数器对高频脉冲信号进行计数控制，当计数值等于大于50时Q0.0立即置位，当按下复位按钮时高速计数器和Q0.0立即复位。

相关知识

一、高速计数器指令

高速计数器定义指令HDEF和起动指令HSC的格式见表4-6。

表4-6　高速计数器指令

项目	高速计数器定义指令	高速计数器启动指令
梯形图	HDEF: EN, ENO, HSC, MODE	HSC: EN, ENO, N
指令表	HDEF　HSC，MODE	HSC　N
操作数的范围	HSC：0～5；　MODE：0～11；	N：0～5

对高速计数器指令说明如下。

（1）高速计数器定义指令 HDEF 用于高速计数器指定编号和工作模式。

（2）高速计数器起动指令 HSC 用于起动编号为 N 的高速计数器进入计数状态。

（3）高速计数器有 6 个，编号为 HSC0～HSC5（CPU221、CPU222 没有 HSC1 和 HSC2）。

（4）高速计数器工作模式有 12 种，分别为模式 0～模式 11，工作模式决定了高速计数器信号输入端功能、计数增/减方向、高速计数器起动或复位功能。

二、高速计数器工作模式及对应的输入端

S7-200 高速计数器 HSC0～HSC5 可以分别定义为四种类型：带有内部增/减方向控制的单相计数器，带有外部增/减方向控制的单相计数器，带有增/减脉冲信号输入的双相计数器，A/B 相正交计数器。

为了适应不同的控制要求，除脉冲信号输入端外，高速计数器还配有外部起动输入端和外部复位输入端，其有效电平可设置为高电平有效或低电平有效。当激活外部复位输入端时，计数器清除当前值，并一直保持到复位端失效；当激活外部起动输入端时，高速计数器开始计数；当起动端失效时，高速计数器当前值保持为常数，并忽略计数脉冲。

根据有无外部复位输入和外部起动输入，每种类型的高速计数器又可以细分为无复位且无起动输入、有复位但无起动输入、有复位且有起动输入三种类型。

高速计数器的工作模式及对应的输入端见表 4-7。

表 4-7　　高速计数器的工作模式及对应的输入端

HSC 类型	HSC 编号或模式	输入端			
HSC 端子分类	HSC0	I0.0	I0.1	I0.2	—
	HSC1	I0.6	I0.7	I1.0	I1.1
	HSC2	I1.2	I1.3	I1.4	I1.5
	HSC3	I0.1	—	—	—
	HSC4	I0.3	I0.4	I0.5	—
	HSC5	I0.4	—	—	—
带有内部方向控制的单相计数器	模式 0	脉冲	—	—	—
	模式 1	脉冲	—	复位	—
	模式 2	脉冲	—	复位	起动
带有外部方向控制的单相计数器	模式 3	脉冲	方向	—	—
	模式 4	脉冲	方向	复位	—
	模式 5	脉冲	方向	复位	起动
带有增/减脉冲信号的双相计数器	模式 6	增脉冲	减脉冲	—	—
	模式 7	增脉冲	减脉冲	复位	—
	模式 8	增脉冲	减脉冲	复位	起动
A/B 相正交计数器	模式 9	A 脉冲	B 脉冲	—	—
	模式 10	A 脉冲	B 脉冲	复位	—
	模式 11	A 脉冲	B 脉冲	复位	起动

在使用高速计数器时，除了要定义它的工作模式外，还必须正确地使用它的输入端。同一个输入端不能同时用于两个高速计数器，但是任何一个没有被高速计数器的当前模式使用的输入端，都可以用作其他用途。例如，如果 HSC0 正被用于模式 1，它占用 I0.0（计数脉

冲输入）和 I0.2（外部复位输入），则 I0.1 可以被其他高速计数器使用。

三、高速计数器控制字节

6 个高速计数器在特殊存储区 SM 中拥有各自的控制字节，例如，高速计数器 HSC0 的控制字节为 SMB37，SMB37 中各控制位的功能见表 4-8。控制字节用来设置高速计数器的工作方式，例如，控制字节的最高位为 0 表示禁止使用高速计数器，为 1 表示允许使用高速计数器。

表 4-8　高速计数器控制字节的功能

HSC0	HSC1	HSC2	HSC3	HSC4	HSC5	描　述
SMB37	SMB47	SMB57	SMB137	SMB147	SMB157	
SM37.0	SM47.0	SM57.0	—	SM147.0	—	复位有效电平控制位： 0=复位高电平有效； 1=复位低电平有效
—	SM47.1	SM57.1	—	—	—	启动有效电平控制位： 0=起动高电平有效； 1=起动低电平有效
SM37.2	SM47.2	SM57.2	—	SM147.2	—	正交计数器计数速率： 0=4×计数率；1=1×计数率
SM37.3	SM47.3	SM57.3	SM137.3	SM147.3	SM157.3	计数方向控制位： 0=减计数；1=增计数
SM37.4	SM47.4	SM57.4	SM137.4	SM147.4	SM157.4	向 HSC 写入计数方向： 0=不更新；1=更新计数方向
SM37.5	SM47.5	SM57.5	SM137.5	SM147.5	SM157.5	向 HSC 写入预置值： 0=不更新；1=更新预置值
SM37.6	SM47.6	SM57.6	SM137.6	SM147.6	SM157.6	向 HSC 写入新的初始值： 0=不更新；1=更新初始值
SM37.7	SM47.7	SM57.7	SM137.7	SM147.7	SM157.7	高速计数器 HSC 允许： 0=禁止 HSC；1=允许 HSC

四、高速计数器初始值、预置值和当前值存储单元地址

每个高速计数器都有一个 32 位初始值特殊存储器和一个 32 位预置值特殊存储器，数值均为有符号整数。初始值是高速计数器计数的起始值，预置值是高速计数器计数的目标值。每个高速计数器还有一个以存储器类型 HC 加上高速计数器编号 0～5 构成的 32 位存储单元，用于存储高速计数器的当前值。高速计数器的初始值、预置值和当前值存储单元地址见表 4-9，例如，HSC0 的初始值、预置值和当前值存储单元分别是 SMD38、SMD42 和 HC0。

表 4-9　高速计数器初始值、预置值及当前值存储单元地址

高速计数器	HSC0	HSC1	HSC2	HSC3	HSC4	HSC5
初始值地址	SMD38	SMD48	SMD58	SMD138	SMD148	SMD158
预置值地址	SMD42	SMD52	SMD62	SMD142	SMD152	SMD162
当前值地址	HC0	HC1	HC2	HC3	HC4	HC5

初次使用高速计数器前必须先设置控制字节（通常利用初始化脉冲 SM0.1），允许装入初始值和预置值，并且把初始值和预置值存入对应的特殊存储器，选定增/减计数方向，选

定启动/复位有效电平，然后执行高速计数器起动指令 HSC 使初始值和预置值有效。当初始值和预置值生效后，如果计数过程中不再改变初始值和预置值，则不需要反复装入初始值和预置值，因此，控制字节不再允许装入新的初始值和预置值。

任务实施

一、任务准备

实施本任务所需要的设备见表 4-10。

表 4-10　　设　备　表

序　号	名　称	型　号　规　格	数　量	单　位
1	计算机	安装 STEP7-Micro/WINV4.0 软件	1	台
2	PLC	S7-200　AC/DC/RLY	1	台
3	编程电缆	PC/PPI 或 USB/PPI	1	根
4	熔断器	RT18-32	1	组
5	按钮	LA10-3H	1	个
6	控制板	长 750mm、宽 600mm	1	块

二、选择高速计数器及工作模式

因为本任务只要求对脉冲信号计数与复位，所以可以选择高速计数器 HSC0、工作模式 1，即带有内部方向控制和输入复位功能的单相增/减计数器，I0.0 作为脉冲信号输入端，I0.2 作为输入复位端。查表 4-3 可知，当 HSC0 的当前值等于预置值时会发生一个内部中断事件 12，当 HSC0 外部复位时会发生一个外部中断事件 28。

高速计数器计数与复位控制电路如图 4-4 所示。输出端不连接负载，通过状态表监控值或 Q0.0 输出端 LED 指示灯显示控制结果。

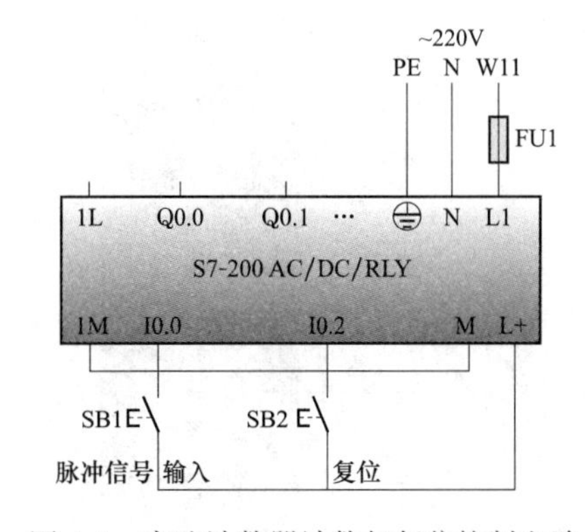

图 4-4　高速计数器计数与复位控制电路

三、编写控制程序

(1) 使用高速计数器指令向导。西门子 PLC 编程软件提供了高速计数器指令向导，使用指令向导来完成高速计数器的编程既简单方便，又不容易出错。单击编程软件主菜单“工具”→“指令向导”，在出现的“指令向导”界面选择“HSC”，单击“下一步”按钮，如图 4-5 所示。

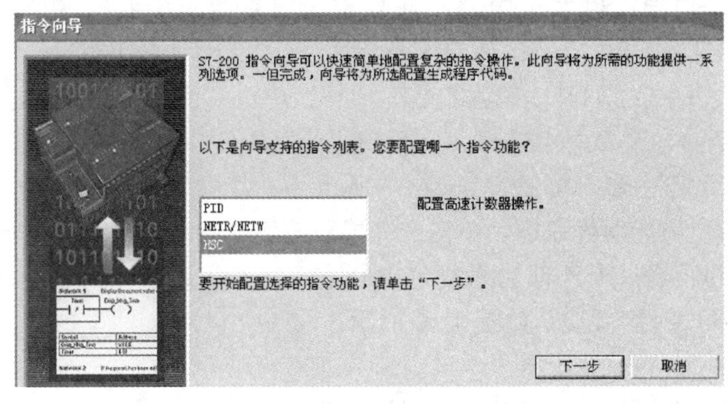

图 4-5　选择高速计数器指令向导

在“HSC 指令向导”界面选择“HC0”和“模式 1”，单击“下一步”按钮，如图 4-6 所示。

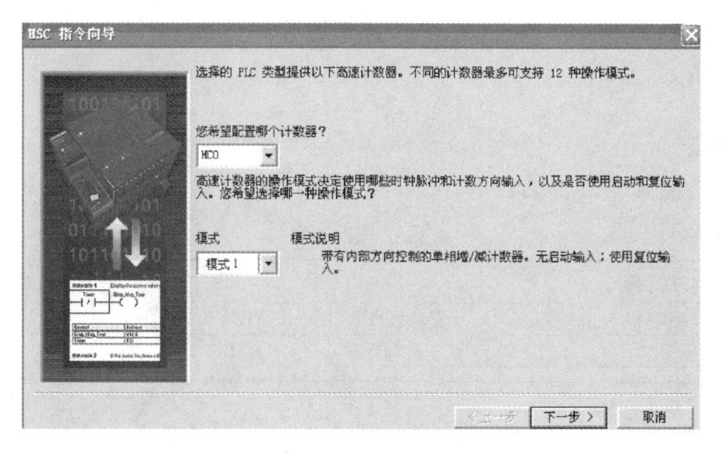

图 4-6　选择 HC0 和模式 1

在“HSC 指令向导”界面默认高速计数器 HSC0 的初始化子程序名为“HSC_INIT”，在预置值栏输入“+50”，默认当前值为“0”，默认计数方向为“增”，复位输入高电平有效，单击“下一步”按钮，如图 4-7 所示。

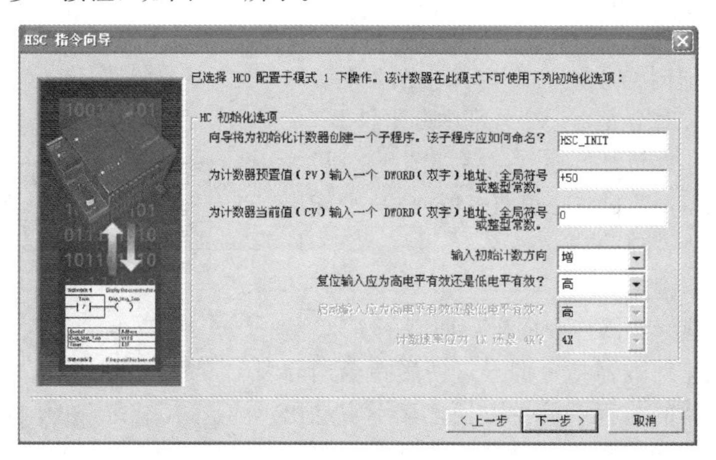

图 4-7　配置高速计数器相关参数

在“HSC 指令向导”界面选中“外部复位输入有效时中断”，默认该中断程序名为“EXTERN_RESET”；选中“当前值等于预置值（CV=PV）时中断”，默认该中断程序名为“COUNT_EQ”；选择 HSC0 编程步数为“1”。单击“下一步”按钮，如图 4-8 所示。

在“HSC 指令向导”界面不选择“更新预置值（PV）、更新当前值（CV）和更新计数方向”三项，单击“下一步”按钮，如图 4-9 所示。

高速计数器指令向导编程完毕，单击“完成”按钮，指令向导自动生成一个 HSC0 初始化子程序 HSC_INIT，一个外部输入复位中断程序 EXTERN_RESET，一个当前值等于预置值中断程序 COUNT_EQ，如图 4-10 所示。

（2）PLC 程序

1）主程序。HSC 指令向导生成的子程序和中断程序只是 PLC 控制程序的一部分，在主程序中要使用初始化脉冲 SM0.1 来调用由指令向导生成的子程序，以完成高速计数器设置，主程序如图 4-11 所示。

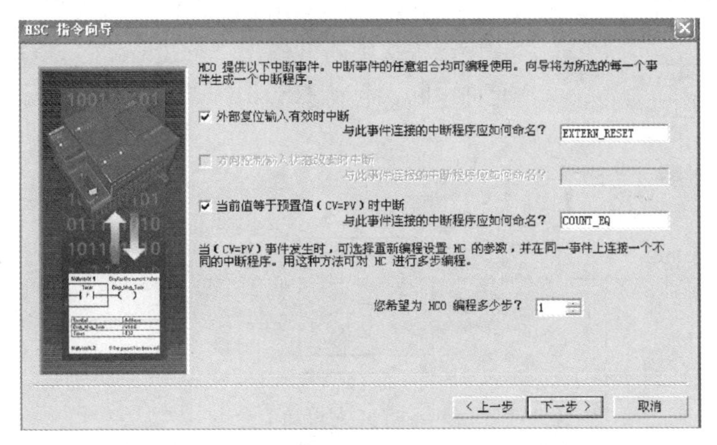

图 4-8　选择外部输入中断和内部计数中断

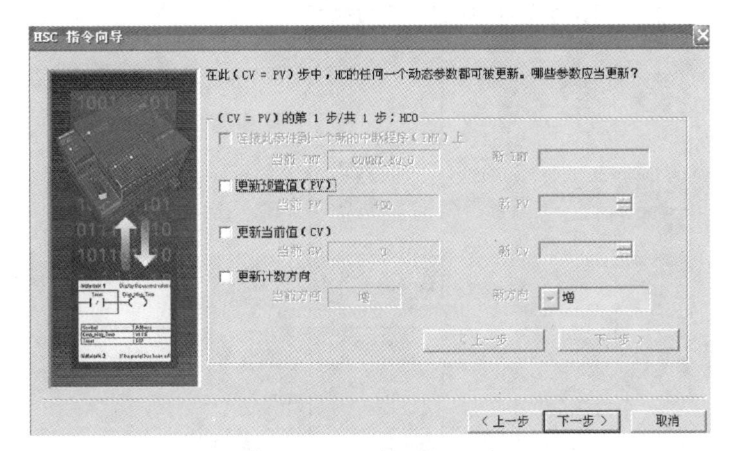

图 4-9　不选择更新三项

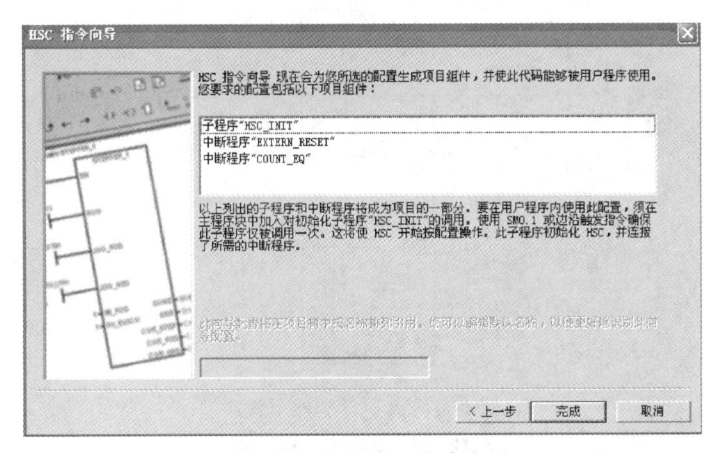

图 4-10　完成 HSC 指令向导

2）HSC0 子程序。由指令向导生成的 HSC0 子程序如图 4-12 所示。首先将控制数据 16＃F8 传送到 SMB37，此字节设置为允许 HSC、更新初始值、更新预置值、更新计数方向，

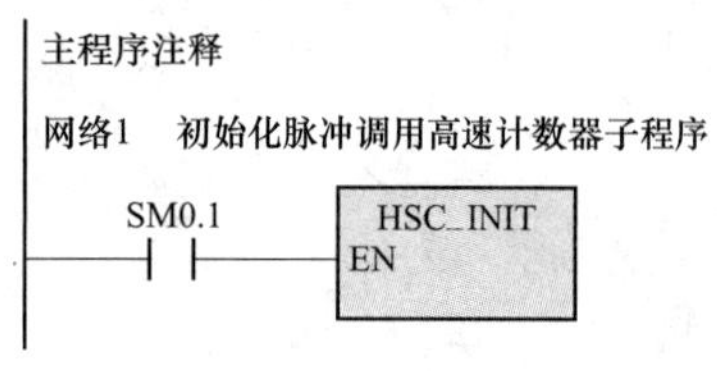

图 4-11 主程序

增计数器和复位信号高电平有效，见表 4-11。然后写入初始值 0 到 SMD38，写入预置值+50 到 SMD42，设置 HSC0 模式 1。最后连接中断事件 28 与 EXTERN _ RESET 中断程序，连接中断事件 12 与 COUNT _ EQ 中断程序，全局允许中断，起动 HSC0。

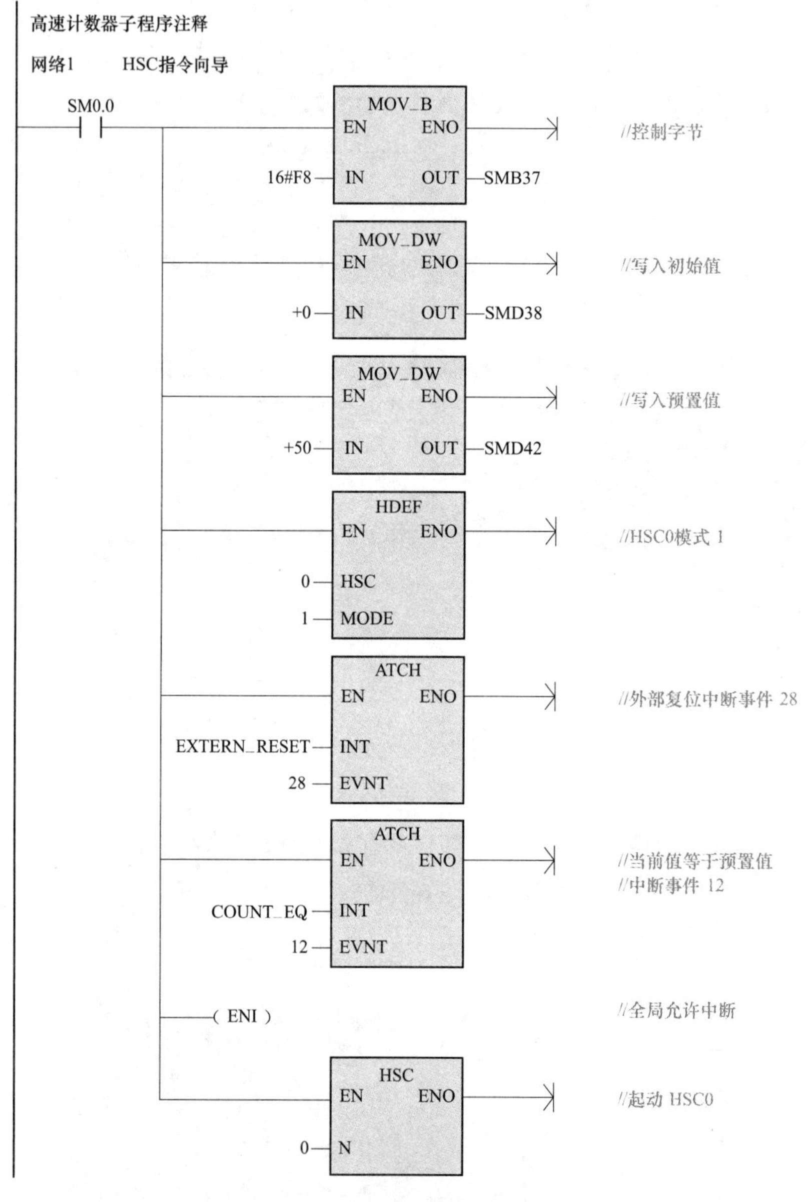

图 4-12 高速计数器子程序

表 4-11 **SMB37 控制字节＝16＃F8**

控制位	1	1	1	1	1	0	0	0
位功能	允许 HSC	更新初始值	更新预置值	更新计数方向	增计数器	—	—	复位高电平有效

3）外部输入复位中断程序。外部输入复位中断程序如图 4-13 所示，当按下复位按钮 I0.2 时，高速计数器 HSC0 复位，产生中断事件 28，执行外部输入复位中断程序 EXTERN _ RESET，输出端 Q0.0 立即复位。

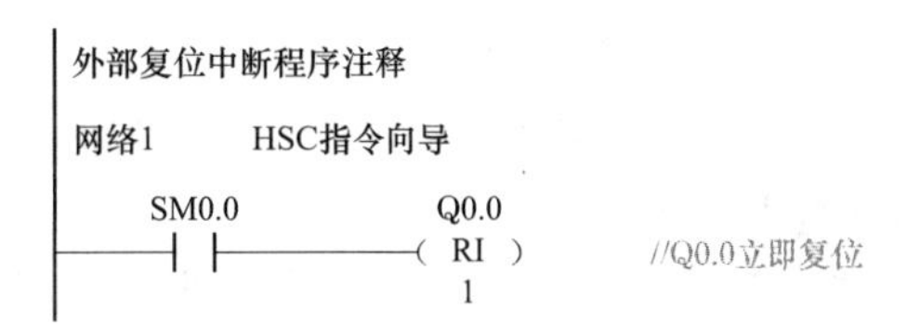

图 4-13 外部输入复位中断程序 EXTERN _ RESET

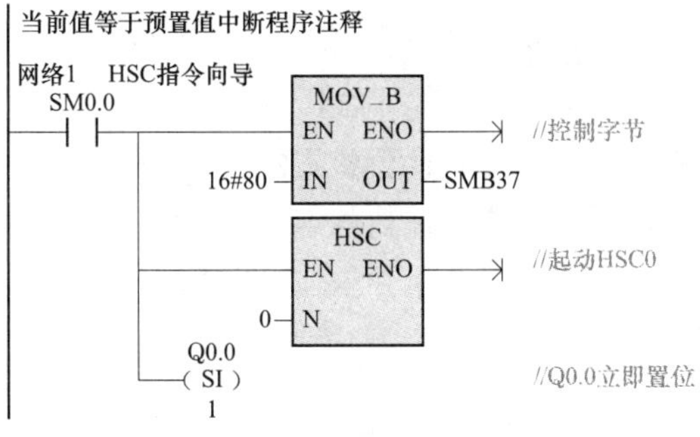

图 4-14 当前值等于预置值中断程序 COUNT _ EQ

4）当前值等于预置值中断程序。当前值等于预置值中断程序如图 4-14 所示，当当前值等于预置值时产生中断事件 12，执行中断程序 COUNT _ EQ。首先将控制数据 16＃80 传送到 SMB37，此字节设置为允许 HSC、不更新初始值、不更新预置值、不更新计数方向，保持为增计数方向，复位信号高电平有效，见表 4-12，然后起动 HSC0，立即置位 Q0.0。

表 4-12　　SMB37 控制字节＝16＃80

控制位	1	0	0	0	0	0	0	0
位功能	允许 HSC	不更新初始值	不更新预置值	不更新计数方向	保持增计数方向	—	—	复位高电平有效

四、操作

（1）按图 4-4 所示连接控制电路，并将如图 4-11～图 4-14 所示程序下载到 PLC。

（2）在状态表“地址”栏输入 HC0、SMB37 和 Q0.0，选择数据格式，开始状态表监控。

（3）程序初始运行时状态表监控值如图 4-15（a）所示，（SMB37）＝16＃F8，Q0.0 状态 0。

序号	地址	格式	当前值
1	HC0	有符号	+0
2	SMB37	十六进制	16#F8
3	Q0.0	位	2#0

（a）

序号	地址	格式	当前值
1	HC0	有符号	+68
2	SMB37	十六进制	16#80
3	Q0.0	位	2#1

（b）

序号	地址	格式	当前值
1	HC0	有符号	+0
2	SMB37	十六进制	16#80
3	Q0.0	位	2#0

（c）

序号	地址	格式	当前值
1	HC0	有符号	+79
2	SMB37	十六进制	16#80
3	Q0.0	位	2#1

（d）

图 4-15 状态表监控值

（a）初始值；（b）当前值大于预置值；（c）复位；（d）当前值大于预置值

（4）按下/松开 SB1 按钮，反复接通 I0.0，当 HC0 大于 50 时，（SMB37）＝16＃80，Q0.0 置 1，如图 4-15（b）所示。

（5）按下复位按钮 SB2，HC0 清零，Q0.0 清零，如图 4-15（c）所示。

（6）按下/松开 SB1 按钮，反复接通 I0.0，当 HC0 大于 50 时，（SMB37）＝16＃80，Q0.0 置 1，如图 4-15（d）所示。

如果没有使用电子开关产生脉冲信号，则在按钮 SB1 每次按下时，HSC0 的当前值可能增加多个脉冲数值，这是高速计数器对按钮簧片接通瞬间产生连续抖动脉冲做出的反应。

思考与练习

1. 写出 HSC0 的初始值、预置值及当前值存储单元地址。
2. 写出 HSC0 控制字节中各位的控制功能。
3. 对于带有内部方向控制的高速计数器，怎样设置其增或减计数状态？
4. 对于带有外部方向控制的高速计数器，怎样控制其增或减计数状态？
5. 使用 HSC0（工作模式 1）对脉冲信号计数，当计数值大于等于 100 时输出端 Q0.1 立即得电，当外部复位时 Q0.1 立即失电，用指令向导生成程序。

任务3 使用高速计数器测量主轴转速

任务引入

在工业生产过程中，常常会通过测量生产设备主轴转速的方法对生产工艺进行控制，或通过测量主轴的旋转圈数对产品进行计量。例如，在棉纱加工过程中，前主轴的转速要大于后主轴的转速，通过牵伸作用纺成棉纱，其前主轴的转速比上后主轴的转速称为牵伸倍数，是棉纺生产过程中需要控制的参数。而前主轴的外圆周长乘以前主轴的旋转圈数则是棉纱的长度。

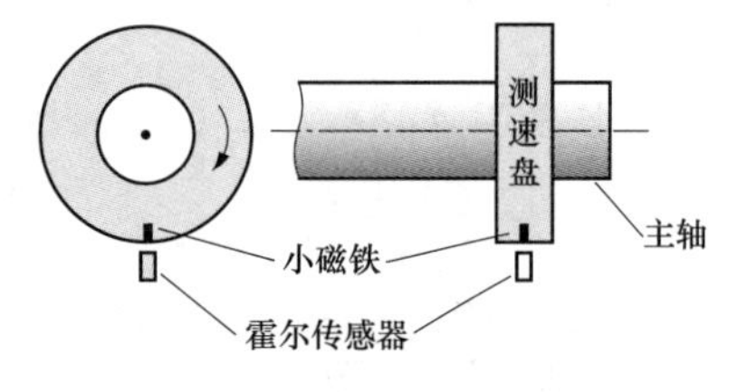

图 4-16　主轴测速机构示意图

常见的主轴测速机构如图 4-16 所示。在主轴上固定一个测速圆盘，在圆盘外周嵌入一个小磁铁，将霍尔传感器靠近圆盘外周固定，间距 1～3mm。主轴每旋转一圈，霍尔传感器便接收一个磁场信号，霍尔传感器将磁场信号变换为电信号放大处理，输出脉冲信号送往 PLC 高速计数器的输入端进行计数。霍尔传感器是一种非接触型磁感应电子传感器，测量范围为 0～几十千赫，其使用寿命远大于机械传感器。

本任务使用高速计数器测量主轴转速，测量值存储于主轴转速寄存器 VW2000 内，单位为 r/min。当主轴转速低于 500r/min 时低速指示灯 Q0.0 亮，等于或高于 500r/min 时高速指示灯 Q0.1 亮，控制电路如图 4-17 所示。在操作时用按钮 SB 代替霍尔传感器产生脉冲信号，输出端不连接负载，通过状态表监控 VW2000 的数据和通过输出端 LED 指示灯显示控制结果。

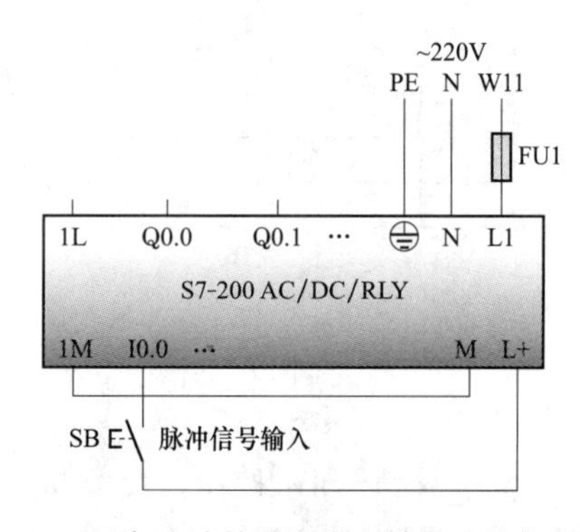

图 4-17　用高速计数器测量主轴转速的控制电路

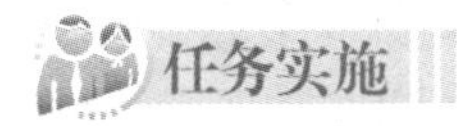

一、任务准备

实施本任务所需要的设备见表 4-13。

表 4-13　　设　备　表

序　号	名　称	型　号　规　格	数　量	单　位
1	计算机	安装 STEP7-Micro/WINV4.0 软件	1	台
2	PLC	S7-200　AC/DC/RLY	1	台
3	编程电缆	PC/PPI 或 USB/PPI	1	根
4	熔断器	RT18-32	1	组
5	按钮	LA10-3H	1	个
6	控制板	长 750mm、宽 600mm	1	块

二、选择高速计数器及工作模式

因为本任务只要求对脉冲信号计数，所以选择高速计数器 HSC0、工作模式 0，即带有内部方向控制的单相增/减计数器，I0.0 作为脉冲信号输入端。

三、编写控制程序

(1) HSC0 子程序。利用指令向导生成的 HSC0 子程序如图 4-18 所示。首先将控制数据 16＃F8 传送到 SMB37，此字节设置为允许 HSC、更新初始值、更新预置值、更新计数

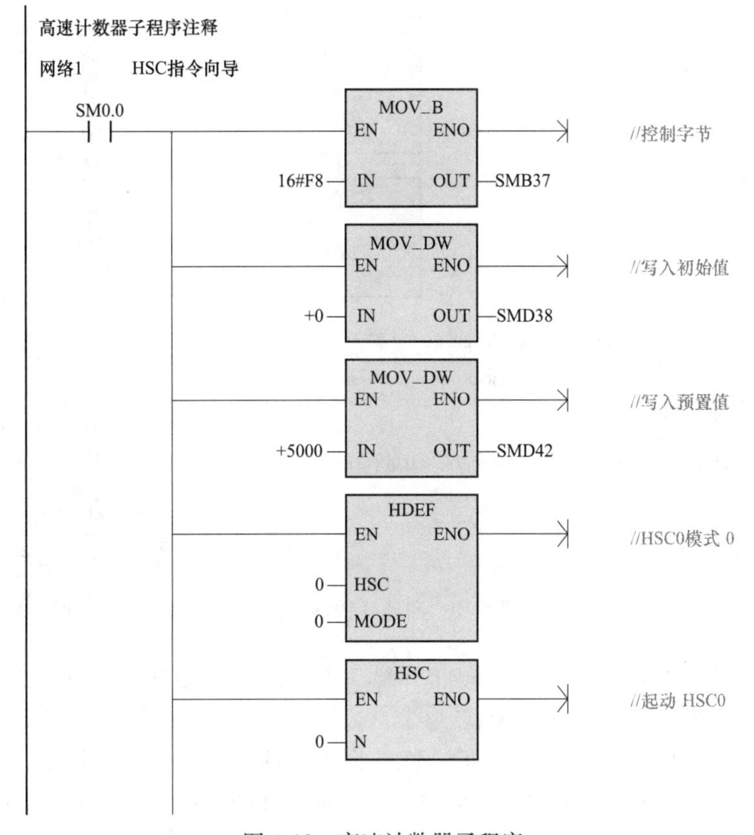

图 4-18　高速计数器子程序

方向，增计数器和复位信号高电平有效。然后写入初始值 0 到 SMD38，写入预置值＋5000 到 SMD42（设主轴转速最高不超过 5000r/min），设置 HSC0 模式 0，起动 HSC0。由于没有使用中断，所以修改指令向导产生的子程序，全局禁止中断。

（2）主程序。主程序如图 4-19 所示。

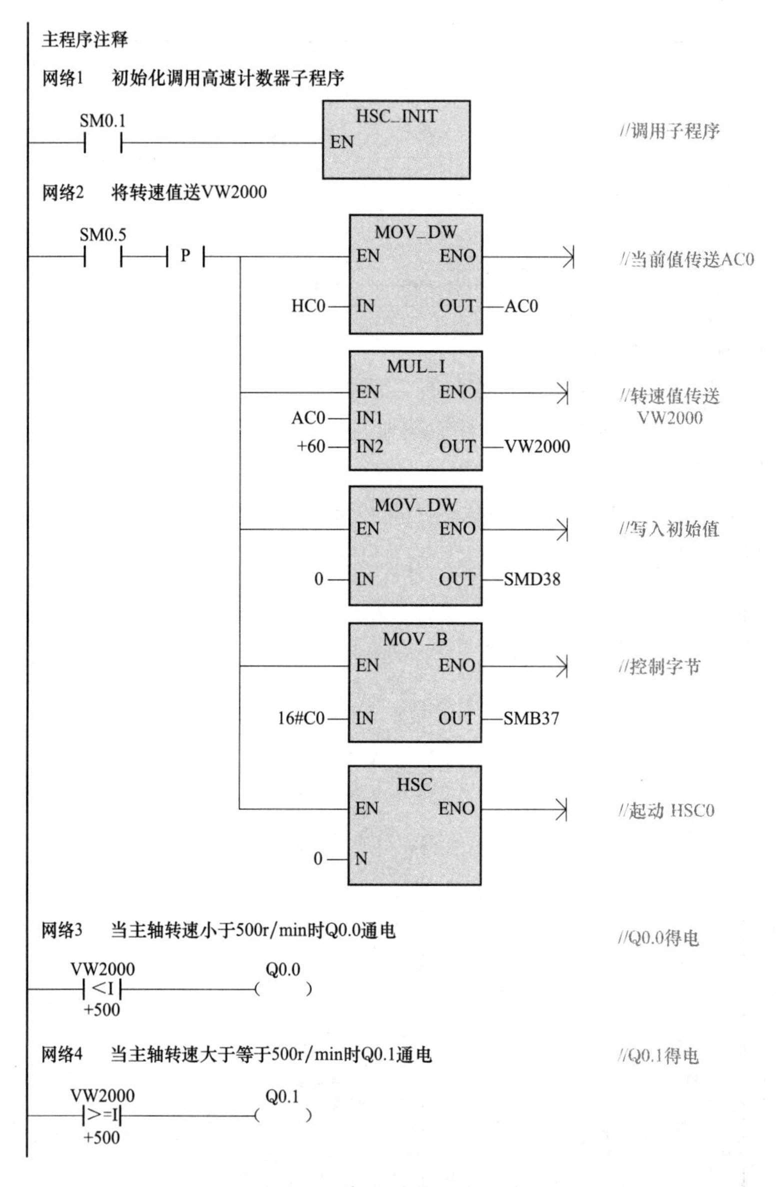

图 4-19 高速计数器主程序

在主程序网络 1 中，使用初始化脉冲 SM0.1 对指令向导生成的子程序进行调用，以完成对高速计数器 HSC0 的初始化设置。

在主程序网络 2 中，先利用秒脉冲 SM0.5 将 1 秒钟时间内的当前值 HC0 传送给 AC0，再将 AC0 乘以 60，即将每秒钟转速值换算为每分钟转速值存储在转速寄存器 VW2000 中。

下一秒开始时，HSC0 要从 0 开始计数，所以将数据 0 重新写入初始值存储器 SMD38，其他控制参数不变。因为每次重新计数时都要更新初始值，所以将 16#C0 写入控制字节 SMB37，即允许 HSC，更新初始值，见表 4-14。最后起动 HSC0。

表 4-14　　SMB37 控制字节＝16#C0

控制位	1	1	0	0	0	0	0	0
位描述	允许 HSC	更新初始值	不更新预置值	不更新计数方向	保持增计数方向	—	—	复位高电平有效

在主程序网络 3 中，当主轴转速寄存器 VW2000 的数据小于 500 时，Q0.0 得电。

在主程序网络 4 中，当主轴转速寄存器 VW2000 的数据等于或大于 500 时，Q0.1 得电。

四、操作

（1）将图 4-18、图 4-19 所示程序下载到 PLC。

（2）在状态表“地址”栏输入 VW2000，数据格式选择“有符号”，开始状态表监控。

（3）程序初始运行时状态表监控值（VW2000）＝0，Q0.0 得电，低速指示灯亮。

（4）反复快速地按下、松开按钮 SB，模拟主轴运转时霍尔传感器信号，使 VW2000 数值开始增加。当 VW2000 小于 500 时，表示当前速度为低速，Q0.0 低速指示灯亮；当 VW2000 等于或大于 500 时，表示当前速度为高速，Q0.1 高速指示灯亮（模拟操作显示，当快速按动按钮时，VW2000 的数值可高达 1K）。

思考与练习

1. 为什么不可以使用计数器 C0～C255 测量生产设备主轴的转速？

2. 在本任务程序中，为什么 SMB37 的初始化控制字节为 16#F8，运行后控制字节改为 16#C0？

3. 使用高速计数器测量主轴转速，测量值存储于主轴转速寄存器 VW1000，主轴转速最高不超过 5000r/min。当主轴转速低于 2000r/min 时低速指示灯亮，等于或高于 2000r/min 但小于 3500r/min 时中速指示灯亮，等于或高于 3500r/min 时高速指示灯亮。试编写控制程序。

*任务 4　使用高速脉冲串输出功能控制步进电动机

任务引入

步进电动机是一种在脉冲信号作用下产生角位移的控制类电动机，在工业自动化控制方面应用十分广泛。由 PLC 构成的步进电动机控制系统框图如图 4-20 所示，PLC（输出类型必须为晶体管）输出高速脉冲串（PTO）信号到步进驱动器，信号电流 10mA 左右。步进驱动器在 PTO 信号作用下输出脉冲大电流驱动步进电动机旋转。步进电动机对机械装置（例如机械手）实施精确的位置控制或速度控制。

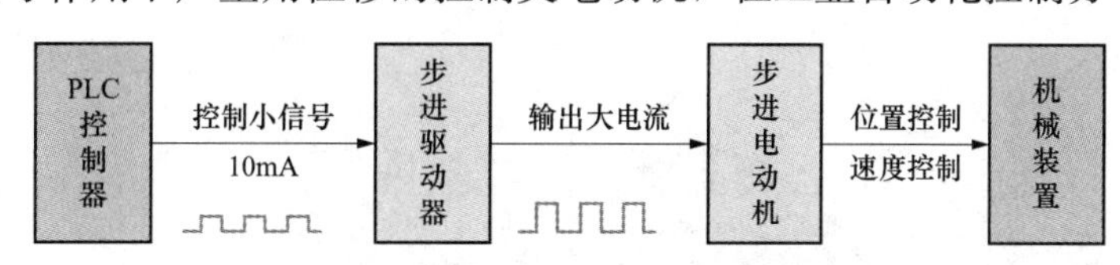

图 4-20　步进电动机控制系统框图

本任务为 PLC 控制步进电动机驱动机械手作定位往返运动，控制要求是：按下前进按钮，机械手从原点位置前进500mm后自动停止；按下停止按钮，机械手立即停止；按下后退按钮，机械手可从任意位置退回原点位置处停止。PLC输入/输出端口分配见表4-15，其控制系统接线如图4-21所示。使用S7-200DC/DC/DC类型的PLC，供电电源和输出端电源均为直流24V。步进驱动器型号为3MD560，供电电源为直流24V。

表4-15　PLC输入/输出端口分配表

输入端口			输出端口	
输入端	输入元件	作　用	输出端	作　用
I0.0	SQ	原点位置	Q0.0	输出脉冲信号到PUL+，控制步进电动机角位移
I0.1	SB1	停止按钮	Q0.1	输出电平信号到DIR+，控制步进电动机旋转方向
I0.2	SB2	前进按钮	—	—
I0.3	SB3	后退按钮	—	—

在图4-21中，PLC输出端Q0.0输出脉冲串信号，通过2kΩ限流电阻连接步进驱动器的PUL+端，脉冲信号的数量、频率与步进电动机的角位移和转速成正比。PLC输出端Q0.1输出电平信号，连接步进驱动器的DIR+端，控制步进电动机的旋转方向。行程开关SQ设定机械手的原点位置。行程开关SQ1、SQ2作机械手运动终端限位保护，当机械手运动超限时断开步进驱动器信号电路，使步进电动机立即停止运动。

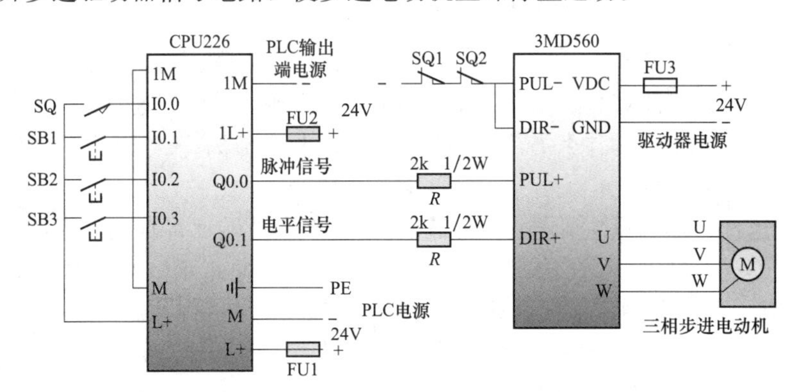

图4-21　步进电动机控制系统接线图

步进电动机控制系统是典型的机电一体化产品，从机械安装角度讲，要掌握导轨、机械手、同步轮和同步带的安装方法。从电气连接角度讲，要正确连接直流电源、步进驱动器、步进电动机和PLC。从控制角度讲，要掌握步进驱动器参数的设置方法、计算包络参数和编写控制程序。

相关知识

一、步进电动机

步进电动机主要由转子和定子构成，如图4-22所示。一般定子绕组相数为两相～五相，每相两个绕组套在一对磁极上。例如，三相绕组在定子上有3对磁极，每相空间间隔120°。在转子铁心外圆上有多个均匀分布的齿。

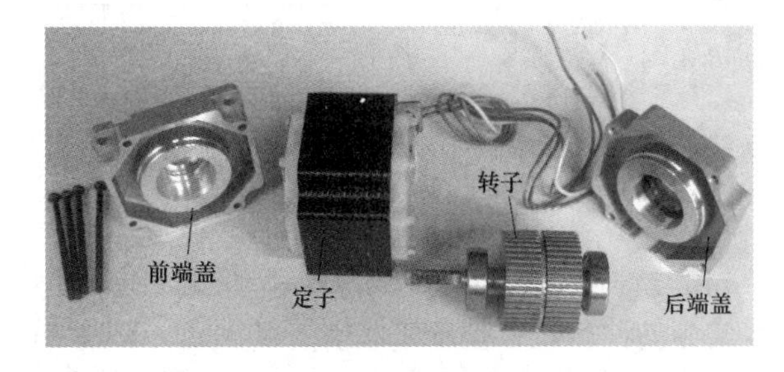

图4-22　步进电动机实物分解图

(1) 工作原理。如图 4-23 所示是三相步进电动机原理示意图，在转子铁心外圆上均匀分布 4 个齿，齿距角为 90°。当 A 相绕组通电时，由于磁力线力图通过磁阻最小的路径，故转子受到磁场转矩的作用，必然转到其磁极轴线与定子磁极轴线对齐的位置，即转子 1、3 磁极与定子 A 相磁极对齐，此时磁场转矩为零，转子停止转动，位置如图 4-23 (a) 所示。

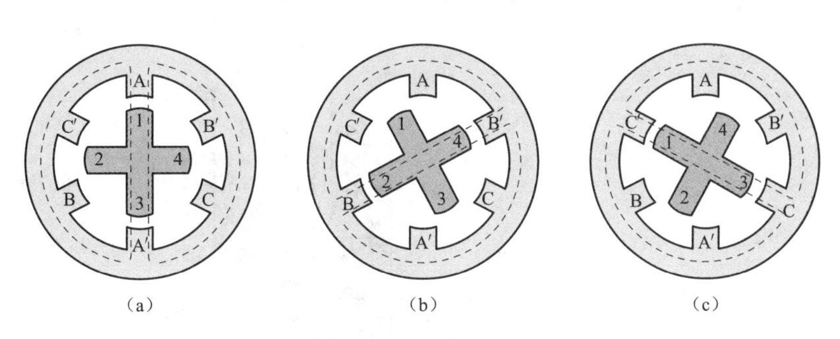

图 4-23 三相步进电动机原理示意图
(a) A 相绕组通电；(b) B 相绕组通电；(c) C 相绕组通电

当 A 相断电，B 相绕组通电时，磁场转矩吸引转子逆时针方向转动 30°，即转子 2、4 磁极与 B 相磁极对齐，位置如图 4-23 (b) 所示。同样，当 B 相断电，C 相绕组通电时，磁场转矩吸引转子再逆时针方向转动 30°，使转子 1、3 磁极与 C 相磁极对齐，位置如图 4-23 (c) 所示。通常把一个脉冲电流引起转子转过的角度称为步距角，因此，步距角为 30°。

若按 A—B—C 顺序轮流给三相定子绕组通电，则转子以 30°的步距角一步一步地逆时针转动；若按 A—C—B 顺序轮流给三相定子绕组通电，则转子以 30°的步距角一步一步地顺时针转动。由此可知，步进电动机的旋转方向取决于通入定子绕组中的电源相序，而转速取决于脉冲电流的频率。

(2) 步进电动机铭牌。实际步进电动机的转子齿数很多，步距角较小。例如，某三相步进电动机 57BYG350CL 的步距角只有 1.2°，其铭牌数据见表 4-16。

表 4-16 步进电动机的铭牌

型 号	57BYG350CL	相电流	6A
相数	3	相电压	24V～70VDC
步距角	1.2°	相电阻	0.36Ω
保持转矩	0.9N·m	使用环境温度	−25～40℃

(3) 步进电动机的传动方式。步进电动机可采用同步带传动方式。与步进电动机机轴嵌套的同步轮的外圆表面有多个等间距齿，同步带是由一根内圆表面有与同步轮相同间距齿槽的封闭环形胶带，运动时轮齿与带槽相啮合传递运动和动力，因而具有齿轮传动和平带传动的优点。同步带传动具有准确的传动比，无滑差，允许线速度可达 50m/s。

二、步进驱动器

(1) 步进驱动器的工作参数。型号 3MD560 的三相步进电动机驱动器，其主要工作参数如下。

1) 供电电压。直流 18～50V，典型值 36V。

2) 输出相电流。1.5～6.0A (可选择 16 挡输出)。

3) 控制信号输入电流。7～16mA，典型值 10mA。

4) 信号输入/输出方式。光电耦合器隔离 (见图 4-24)。

5）步进脉冲响应频率。0～200kHz。

6）8 挡细分。

7）静止时自动半流功能。

（2）步进驱动器的外部接线端。步进驱动器 3MD560 的工作方式设置开关与外部接线端如图 4-25 所示，将 SW1～SW8 向左拨为状态 ON，向右拨为状态 OFF。外部接线端的功能说明见表 4-17。

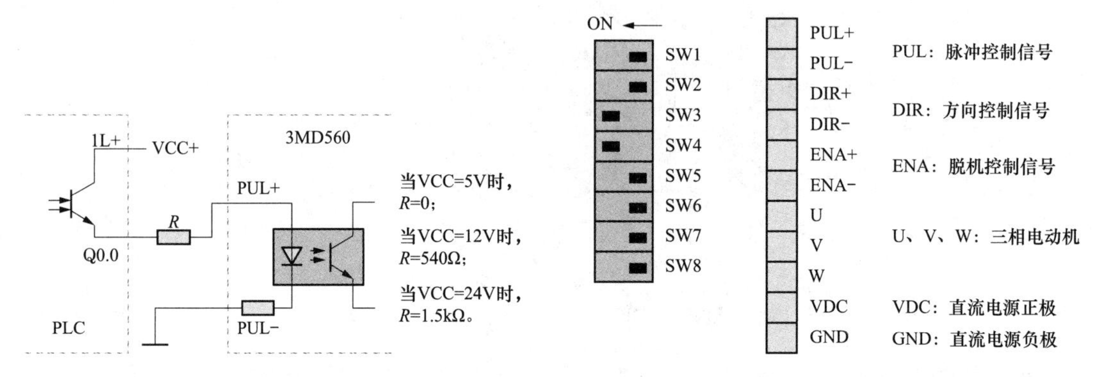

图 4-24　步进驱动器信号光耦合输入方式　　图 4-25　3MD560 的工作方式设置开关与外部接线端

表 4-17　　步进驱动器外部接线端功能说明

接线端	功 能 说 明
PUL＋	脉冲信号电流流入/流出端（见图 4-24），脉冲的数量、频率与步进电动机的角位移、转速成比例
PUL－	
DIR＋	方向电平信号电流流入/流出端，电平的高低决定步进电动机的旋转方向
DIR－	
ENA＋	脱机信号电流流入/流出端。当这一信号为 ON 时，驱动器断开输入到步进电动机的三相电源，即步进电动机断电
ENA－	
U、V、W	步进驱动器三相电源输出端，接步进电动机的三相绕组
VDC、GND	驱动器直流电源输入端正极、负极

（3）步进驱动器细分的设置。步进驱动器除了给步进电动机提供驱动电流外，更重要的功能是“细分”，只需设置细分数，就可以实现不同精度等级的控制，而与步进电动机铭牌上的步距角无关系。步进驱动器 3MD560 的细分设置见表 4-18，由拨动开关 SW6～SW8 决定细分数。例如，要求细分为 10 000 步/圈，则 SW6～SW8 的状态均为 OFF，此时步距角只有 360°/10 000＝0.036°。

表 4-18　　3MD560 细分设置表

序 号	细分（步/圈）	SW6	SW7	SW8
1	200	ON	ON	ON
2	400	OFF	ON	ON
3	500	ON	OFF	ON
4	1000	OFF	OFF	ON
5	2000	ON	ON	OFF

续表

序 号	细分（步/圈）	SW6	SW7	SW8
6	4000	OFF	ON	OFF
7	5000	ON	OFF	OFF
8	10 000	OFF	OFF	OFF

（4）步进驱动器输出电流的设置。步进驱动器 3MD560 输出电流设置见表 4-19，由 SW1～SW4 决定输出电流。例如，要求步进驱动器输出电流为 4.9A，则 SW1～SW4 的状态设置为 OFF、OFF、ON、ON。

表 4-19　　3MD560 输出电流设置表

序 号	相电流（A）	SW1	SW2	SW3	SW4
1	1.5	OFF	OFF	OFF	OFF
2	1.8	ON	OFF	OFF	OFF
3	2.1	OFF	ON	OFF	OFF
4	2.3	ON	ON	OFF	OFF
5	2.6	OFF	OFF	ON	OFF
6	2.9	ON	OFF	ON	OFF
7	3.2	OFF	ON	ON	OFF
8	3.5	ON	ON	ON	OFF
9	3.8	OFF	OFF	OFF	ON
10	4.1	ON	OFF	OFF	ON
11	4.4	OFF	ON	OFF	ON
12	4.6	ON	ON	OFF	ON
13	4.9	OFF	OFF	ON	ON
14	5.2	ON	OFF	ON	ON
15	5.5	OFF	ON	ON	ON
16	6.0	ON	ON	ON	ON

（5）步进驱动器静态电流的设置。通常 SW5 设置为 OFF 状态（静态电流半流），当步进电动机通电后，即使静止时也保持自动半流的锁紧状态，可锁定机械手的停止位置。半流可显著减少步进电动机的发热量。

（6）脱机。如果在步进电动机静止时需要移动机械手的位置，可使脱机信号 ON，此时步进电动机断电处于非锁紧状态。

三、步进电动机的运动参数和包络

（1）最大速度和起动/停止速度。如图4-26所示，最大速度是步进电动机运行速度的最大值，它应在电动机力矩能力的范围内。起动/停止速度应满足电动机的低速控制能力。如果起动/停止速度过低，电动机和负载在运行的开始和结束时可能会摇摆或抖动。如果起动/停止速度过高，电动机会在起动/停止时丢失脉冲，并且在停止时可能超程。通常，起动/

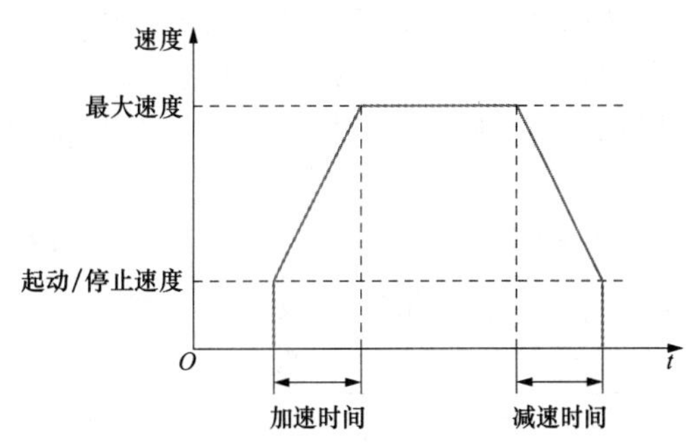

图 4-26　速度-距离示意图

停止速度值是最大速度值的 5%到 15%。

（2）加速和减速时间。如图 4-26 所示，加速时间是电动机从起动速度加速到最大速度所需的时间，减速时间是电动机从最大速度减速到停止速度所需的时间。

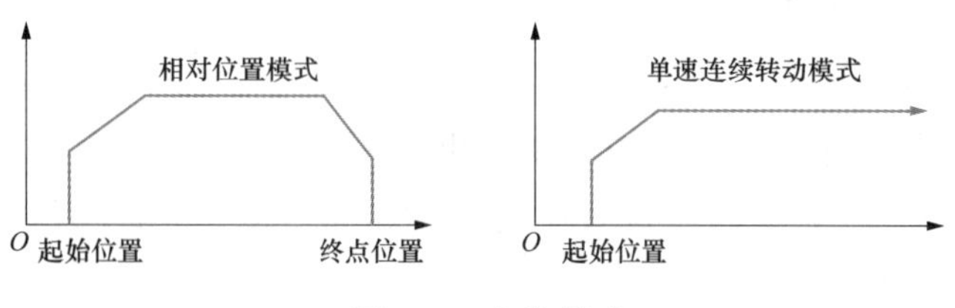

图 4-27 包络模式

（3）包络模式。包络是步进电动机的运动曲线，步进电动机系统的控制程序正是依据包络参数编写的。一个包络由多段组成，包含加速段、减速段和匀速段。包络有相对位置模式和单一速度的连续转动模式，如图 4-27 所示。相对位置模式指的是运动的终点位置是从起点开始计算的脉冲数量。单速连续转动则不需要提供终点位置，持续输出脉冲，直至有其他命令发出，例如到达原点位置时要求停发脉冲。

（4）包络的步数。如图 4-28 所示为一步、两步和三步包络。一步包络只有一个匀速段，两步包络有两个匀速段，依次类推。每个包络可以包含 1～4 个独立的步。

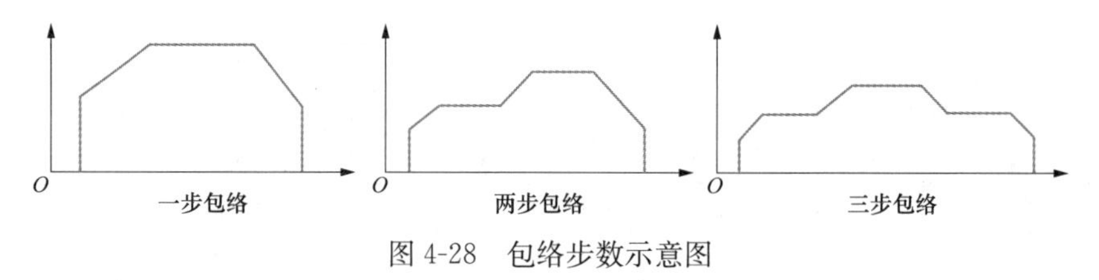

图 4-28 包络步数示意图

四、PTO 功能与指令

（1）高速脉冲串输出功能。晶体管输出型 CPU 模块（DC/DC/DC）内置两个 PTO 发生器，用以输出高速脉冲串，两个发生器分别指定输出端口为 Q0.0 和 Q0.1。当执行 PTO 操作时，生成一个占空比为 50%，最高频率可达 20kHz 的高速脉冲串（CPU224XP 可达 100kHz），如图 4-29 所示。

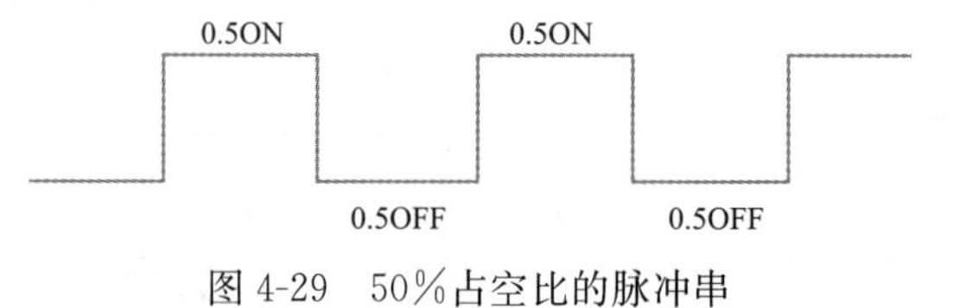

图 4-29 50%占空比的脉冲串

脉冲周期范围从 10μs 至 65 535μs 或从 2ms 至 65 535ms（如果周期值指定为一个奇数的微秒数或毫秒数，例如 75ms，将会引起占空比失真）。脉冲计数范围为 1～4 294 967 295。

（2）PTO 控制寄存器。PTO 控制寄存器见表 4-20，SMB67、SMB77 分别设置 Q0.0 和 Q0.1 的 PTO 功能。例如，控制字节 0A0H=10100000B 表示允许 PTO、多段操作、1μs 时基。也可以在任意时刻停止执行 PTO，即将控制字节的 PTO 允许位（SM67.7 或 SM77.7）清零，然后执行 PLS 指令。

表 4-20　　PTO 控制寄存器的参数选择

Q0.0.	Q0.1	控制字节（位）
SM67.0	SM77.0	PTO 更新周期值位，0=无更新；1=更新周期
SM67.1	SM77.1	—
SM67.2	SM77.2	PTO 更新脉冲数位，0=无更新；1=更新脉冲数

续表

Q0.0.	Q0.1	控制字节（位）
SM67.3	SM77.3	PTO时间基准选择位，0=1μs/时基；1=1ms/时基
SM67.4	SM77.4	—
SM67.5	SM77.5	PTO段选择位，0=单段操作；1=多段操作
SM67.6	SM77.6	PTO/PWM模式选择位，0=选择PTO；1=选择PWM（脉宽调制）
SM67.7	SM77.7	PTO允许位，0=禁止；1=允许

（3）PTO相关存储器。PTO相关存储器见表4-21。

表4-21　　PTO相关存储器

Q0.0	Q0.1	相关存储器
SM66.7	SM76.7	PTO空闲位，0=PTO执行中；1=PTO空闲
SMW68	SMW78	PTO周期值，范围：2～65 535
SMD72	SMD82	PTO脉冲计数值，范围：1～4 294 967 295
SMB166	SMB176	运行中的段数（仅用在多段PTO操作中）
SMW168	SMW178	包络表的起始地址，用从VB×××开始的字节偏移表示（仅用在多段PTO操作中）

（4）PLS指令。脉冲串输出指令PLS的格式见表4-22。

表4-22　　脉冲串输出指令PLS

梯形图	指　令　表	逻　辑　功　能
PLS EN　ENO Q0.X	PLS　X	PTO脉冲串输出指令（Q0.0或Q0.1）参数X=0或1

对脉冲串输出指令PLS说明如下。

（1）PTO和输出过程映像寄存器共用Q0.0和Q0.1。在起用PTO操作之前，将Q0.0和Q0.1的过程映像寄存器清零；PTO功能激活后，普通输出点功能被禁止。

（2）PTO所有的控制寄存器、周期和脉冲计数值存储器的默认值均为0。

一、任务准备

实施本任务所需要的设备见表4-23。如果无机械装置，可观察步进电动机的角位移量。

表4-23　　设　备　表

序　号	名　称	型　号　规　格	数　量	单　位
1	计算机	安装STEP7-Micro/WINV4.0软件	1	台
2	PLC	S7-200　DC/DC/DC	1	台
3	编程电缆	PC/PPI或USB/PPI	1	根
4	直流电源	DC24V/10A	1	台

续表

序 号	名 称	型号规格	数 量	单 位
5	熔断器	RT18-32	1	组
6	行程开关	LX19-001	3	个
7	限流电阻	2kΩ、1/2W	2	个
8	按钮	LA10-3H	1	个
9	步进电动机	57BYG350CL	1	台
10	步进驱动器	3MD560	1	台
11	机械装置	包括机械手、导轨、同步轮、同步带等	1	套
12	控制板	长 750mm、宽 600mm	1	块

二、设计步进电动机运动包络

（1）计算脉冲数。假设在本任务中使用的同步轮有 24 个齿，齿距为 3mm，则步进电动机每转一圈，机械手移动 72mm，步进驱动器细分设置为 10 000 步/圈，即每步机械手位移 0.0072mm。要让机械手移动 500mm，需要的脉冲数为 500/0.0072＝69 444 个。

（2）设计机械手前进包络。机械手前进时使用相对位置模式，运动包络如图 4-30 所示，其中加速段 700 个脉冲，匀速段 68 464 个脉冲，减速段 280 个脉冲。起动/停止时脉冲周期为 1500μs（频率 667Hz），匀速段脉冲周期为 100μs（频率 10kHz）。加速段周期增量为－2μs（即每个脉冲信号周期减少 2μs），减速段周期增量为＋5μs（即每个脉冲信号周期增加 5μs）。前进时方向信号 DIR 为 OFF 状态（如果运动方向有误可对调三相步进电动机任意两根电源线）。

（3）设计机械手后退包络。当机械手后退返回原点时，使用相对位置控制和单一速度的连续转动混合模式，其运动包络如图 4-31 所示。为了保证机械手触碰到原点位置行程开关，所需的脉冲个数要大于 69 444。在相对位置控制模式中的脉冲个数为 700＋67 000＋280＝67 980，在单一速度的连续转动模式中的脉冲个数为 40 000。后退时方向信号 DIR 为 ON 状态。

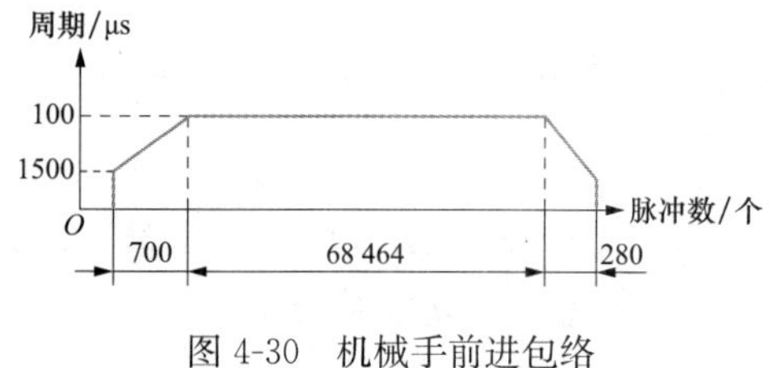

图 4-30　机械手前进包络

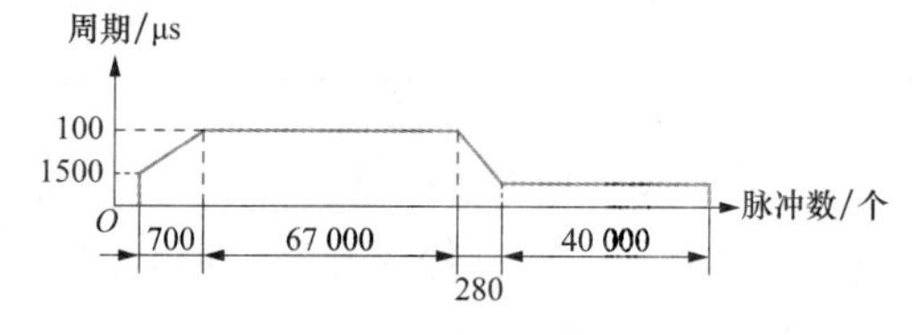

图 4-31　机械手后退包络

三、编写控制程序

PLC 控制程序由主程序和 2 个子程序构成，其中子程序 0 对应机械手前进包络，子程序 1 对应机械手后退包络。

（1）主程序。PLC 主程序如图 4-32 所示。当按下前进按钮时，调用子程序 0，机械手前进 500mm 后自动停止。当按下后退按钮时，调用子程序 1，并且方向控制继电器 Q0.1 得电，步进电动机换向，机械手后退。当机械手返回至原点位置处或按下停止按钮时，步进电动机停止。

（2）子程序 0。PLC 子程序 0 如图 4-33 所示，逻辑功能为控制机械手前进。

在多段作业中，S7-200 从指定的 V 内存中自动读取包络中每个脉冲串段的特征。存储包络参数的起始字节地址 VB×××由 SMW168 决定，起始字节存储包络段数。每个包络段依次占用 8 个字节，由一个 16 位周期值、一个 16 位周期增量值和一个 32 位脉冲计数值组成。

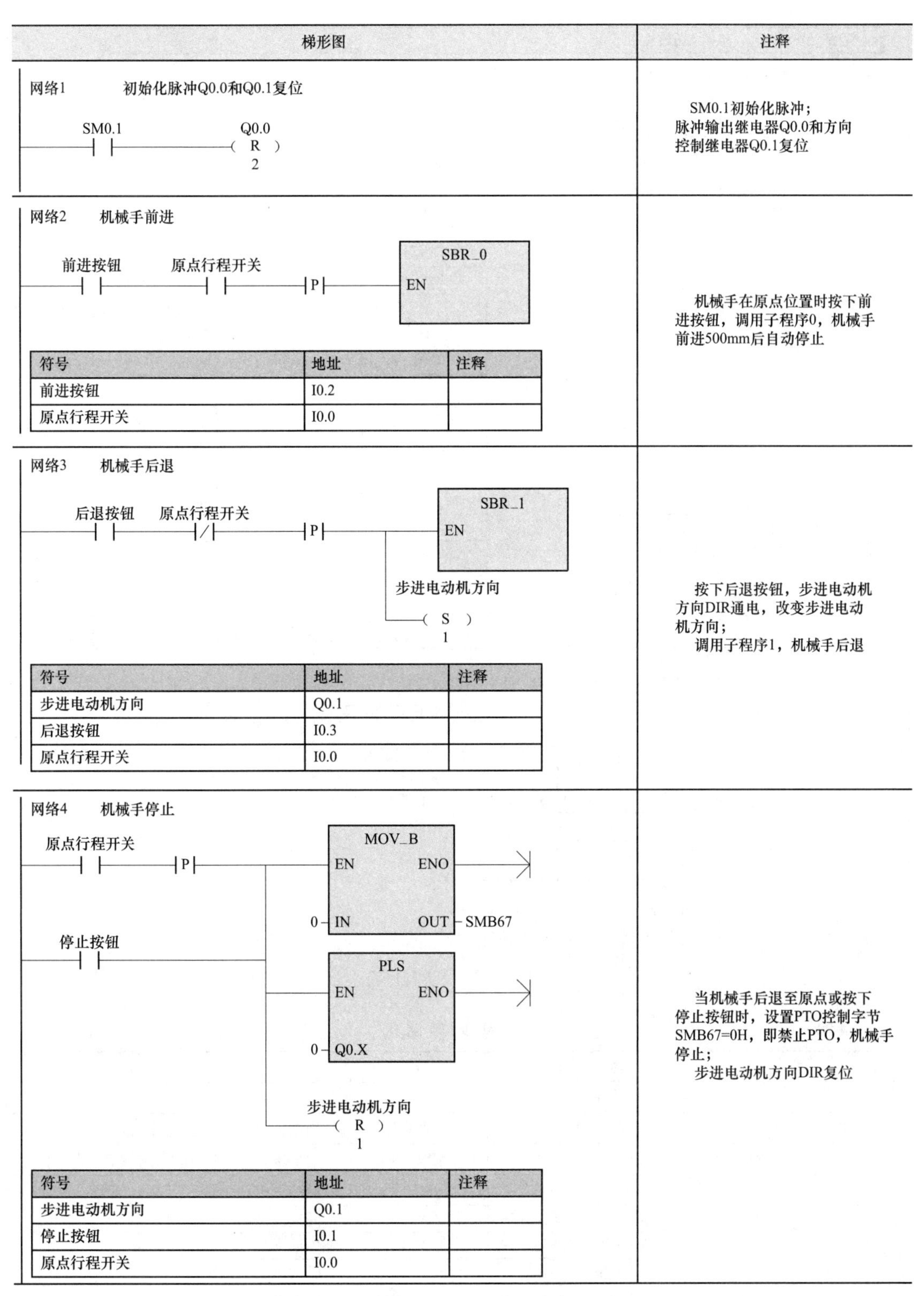

图 4-32 PLC 主程序

设存储包络参数的起始字节地址为 VB500，则相应的包络参数存储区见表 4-24。

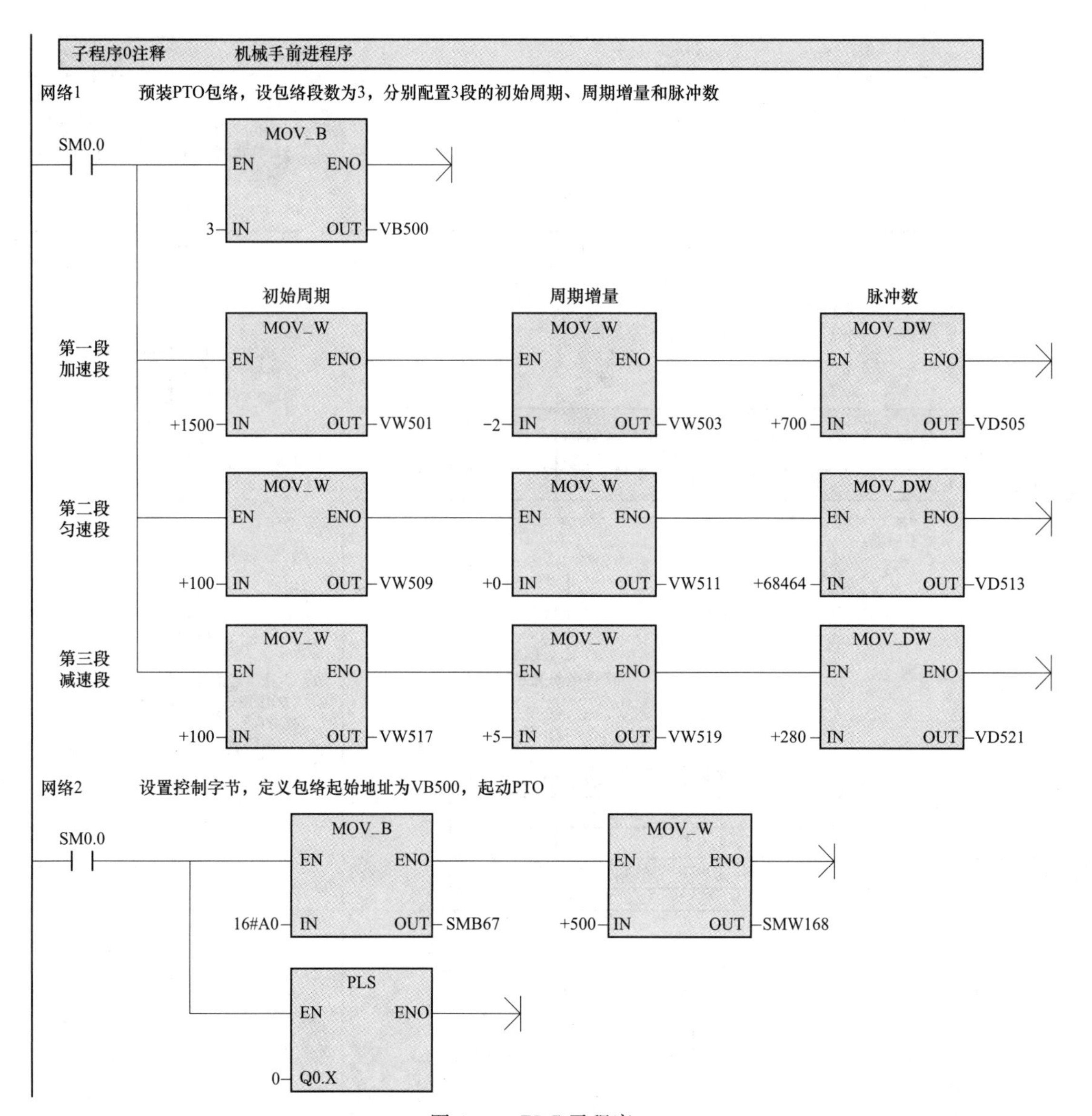

图 4-33 PLC子程序0

表 4-24 包络参数存储区

段	字节偏移量	占用字节	字	说 明
—	0	VB500	—	段数（1～255）
1	1	VB501、VB502	VW501	周期值（2～65 535个单位）
	3	VB503、VB504	VW503	周期增量（－32 768～＋32 767个单位）
	5	VB505～VB508	VD505	脉冲计数值（1～4 294 967 295）
2	9	VB509、VB510	VW509	周期值（2～65 535个单位）
	11	VB511、VB512	VW511	周期增量（－32 768～＋32 767个单位）
	13	VB513～VB516	VD513	脉冲计数值（1～4 294 967 295）
3	17	VB517、VB518	VW517	周期值（2～65 535个单位）
	19	VB519、VB520	VW519	周期增量（－32 768～＋32 767个单位）
	21	VB521～VB524	VD521	脉冲计数值（1～4 294 967 295）

在网络 1 中预装 PTO 包络，该包络由加速、匀速和减速三段构成。在加速段，起始周期为 1500μs，周期增量为－2μs，脉冲个数为 700；在匀速段，起始周期为 100μs，周期增量为 0，脉冲个数为 68 464；在减速段，起始周期为 100μs，周期增量为＋5μs，脉冲个数为 280。

在网络 2 中，设置 PTO 控制字节 SMB67＝0A0H，即允许 PTO 多段操作，1μs 时基。定义包络参数存储的起始地址为变量寄存器 VB500 字节。起动 PTO，Q0.0 为脉冲信号输出端。

（3）子程序 1。PLC 子程序 1 如图 4-34 所示，逻辑功能为控制机械手后退。

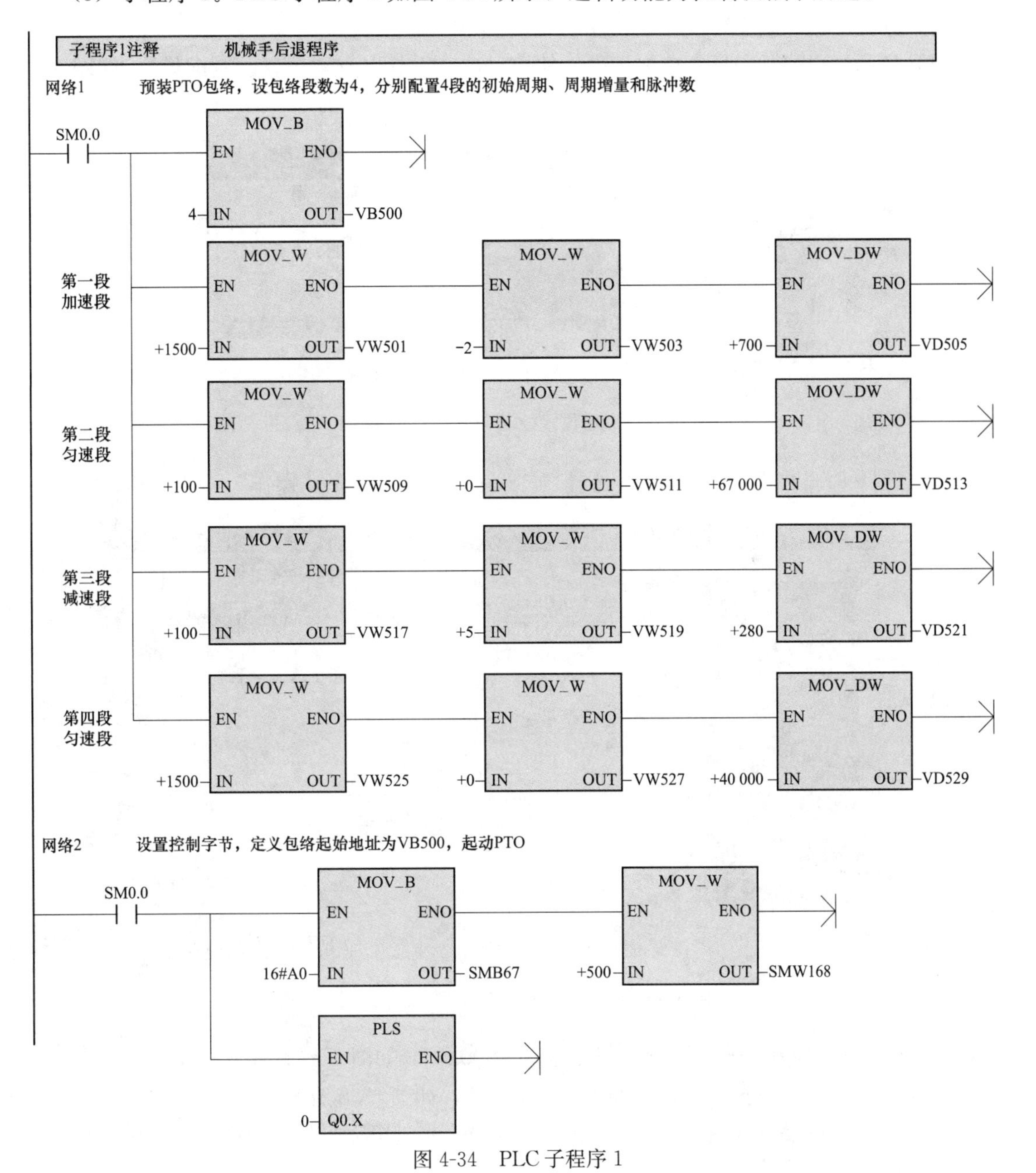

图 4-34 PLC 子程序 1

在网络1中预装PTO包络，该包络由加速、匀速1、减速和匀速2四段构成。在加速段，起始周期为1500μs，周期增量为－2μs，脉冲个数为700；在匀速1段，起始周期为100μs，周期增量为0，脉冲个数为67 000；在减速段，起始周期为100μs，周期增量为＋5μs，脉冲个数为280；在匀速2段，起始周期为1500μs，周期增量为0，脉冲个数为40 000。

在网络2中，设置SMB67控制字节为0A0H，即允许PTO多段操作，1μs时基。定义包络参数存储起始地址为变量寄存器VB500字节，起动PTO，Q0.0为脉冲信号输出端。

四、由位置控制向导生成控制子程序

应用位置控制向导可以自动生成带参数的运动包络子程序，根据需要在主程序里进行调用即可，方便了用户编程。

（1）打开位置控制向导。单击编程软件主菜单“工具”→“位置控制向导”，如图4-35所示。

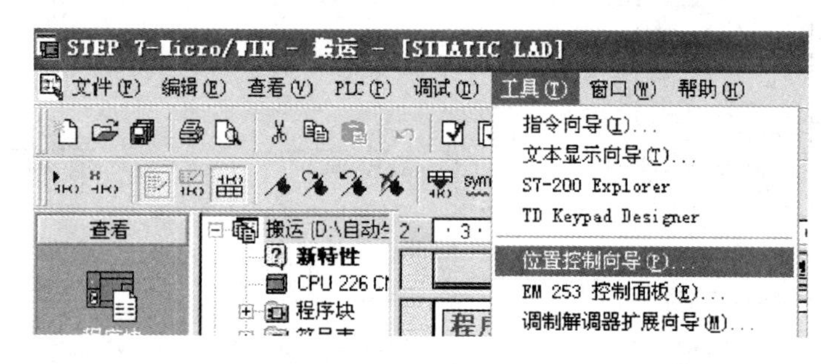

图4-35 应用位置控制向导建立包络（一）

（2）选择PLC内置PTO操作。选择“PLC内置PTO/PWM操作”，如图4-36所示。

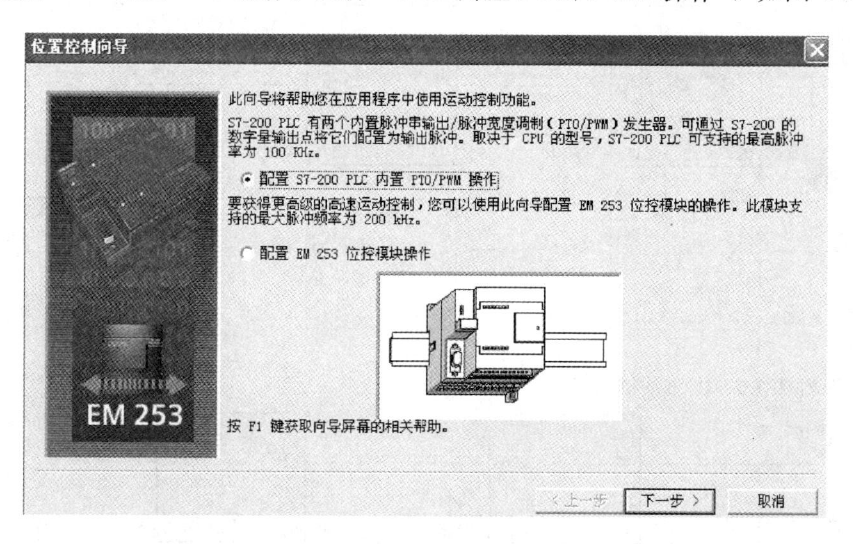

图4-36 应用位置控制向导建立包络（二）

（3）指定脉冲发生器。指定脉冲发生器为“Q0.0”，如图4-37所示。

（4）选择PTO。选择“线性脉冲串输出PTO”，如图4-38所示。

（5）设定电动机最高速度和起动/停止速度。设定步进电动机最高速度“90 000”脉冲/s，起动/停止速度“600”脉冲/s，如图4-39所示。

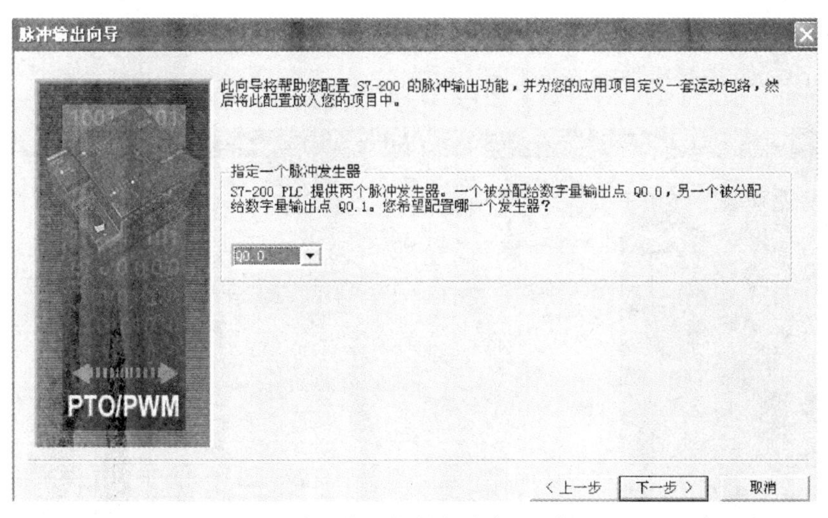

图 4-37 应用位置控制向导建立包络（三）

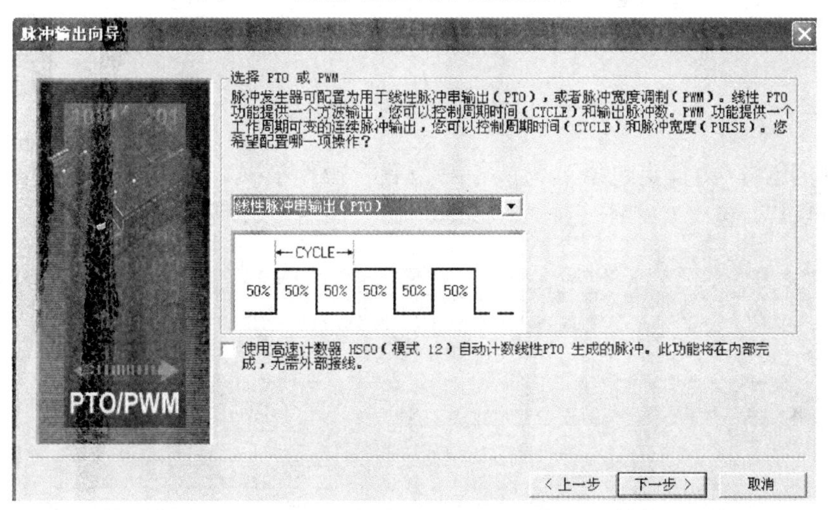

图 4-38 应用位置控制向导建立包络（四）

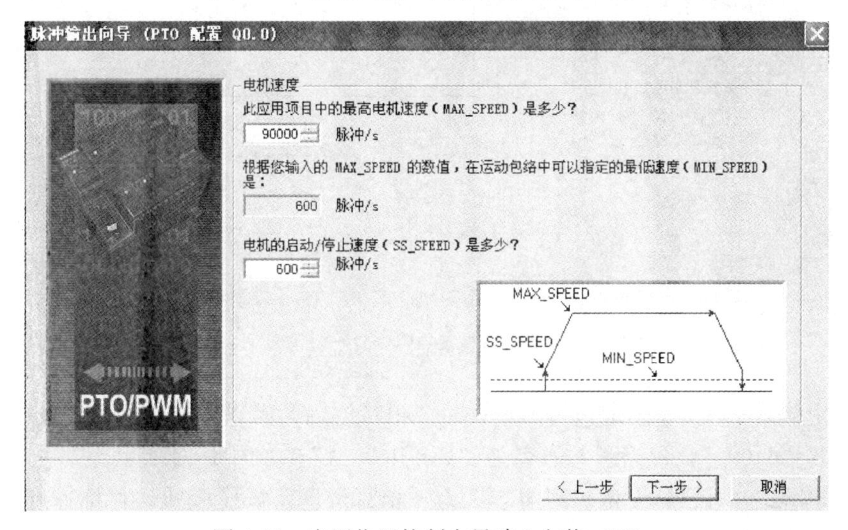

图 4-39 应用位置控制向导建立包络（五）

（6）设定电动机加速时间和减速时间。设定步进电动机加速时间“1500”ms和减速时间“1500”ms，如图4-40所示。

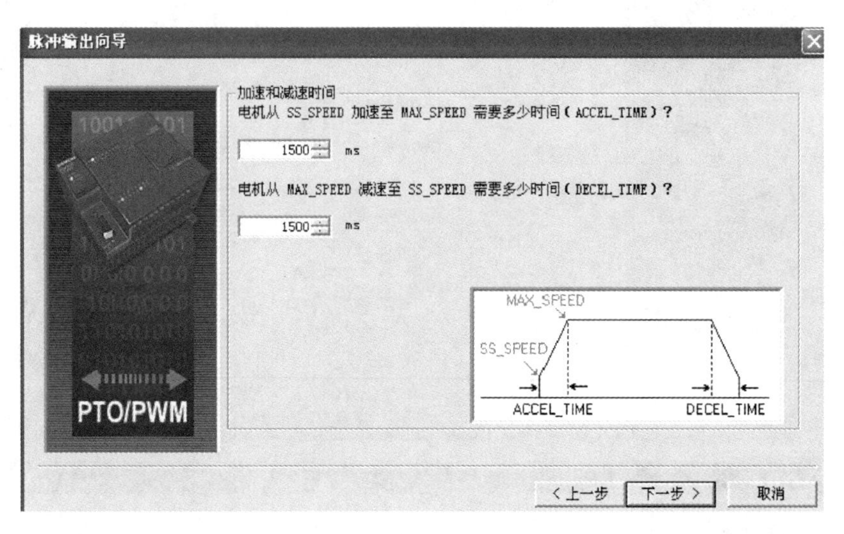

图4-40　应用位置控制向导建立包络（六）

（7）设定包络0。设定包络0为“相对位置”操作模式，目标速度“10000”脉冲/s，脉冲数“69444”，包络0符号名为“Profile0 _ 0”，如图4-41所示。

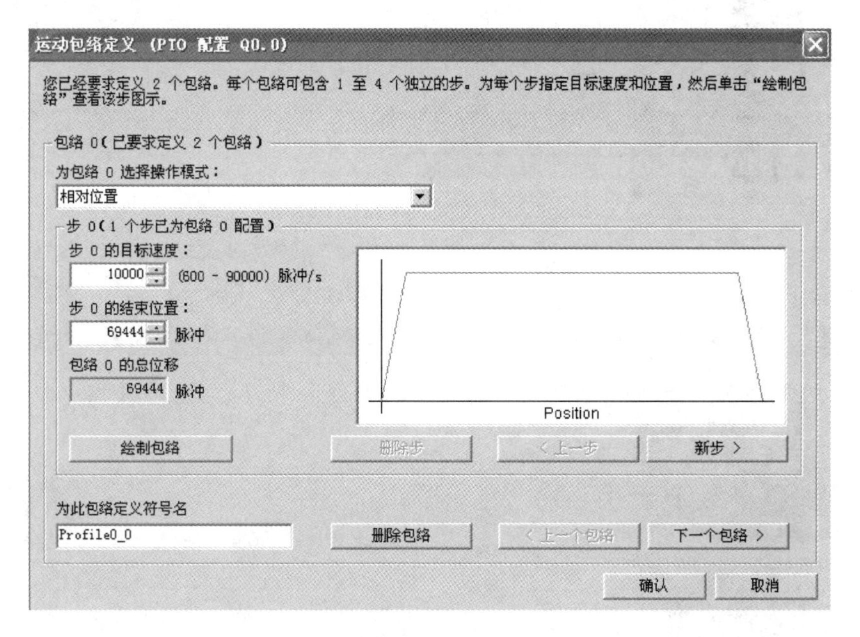

图4-41　应用位置控制向导建立包络（七）

（8）设定包络1步0。设定包络1步0为“相对位置”操作模式，目标速度“10000”脉冲/s，脉冲数“64000”，包络1符号名为“Profile0 _ 1”，如图4-42所示。

（9）设定包络1步1。设定包络1步1为“相对位置”操作模式，目标速度“3000”脉冲/s，脉冲数“10000”，如图4-43所示。

（10）为包络配置分配存储器。默认程序建议的存储器地址范围 VB1102～VB1235，点击“下一步”按钮。

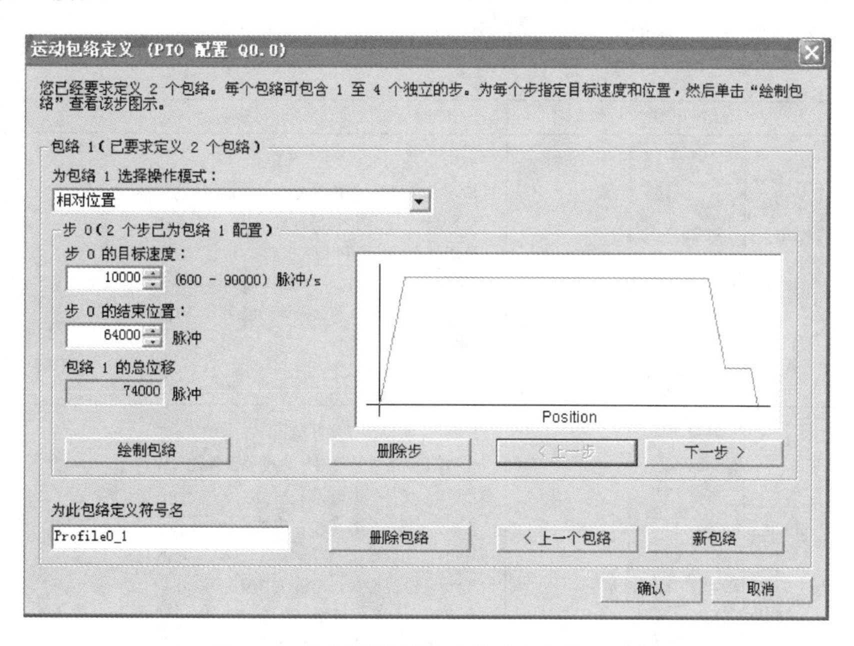

图 4-42 应用位置控制向导建立包络（八）

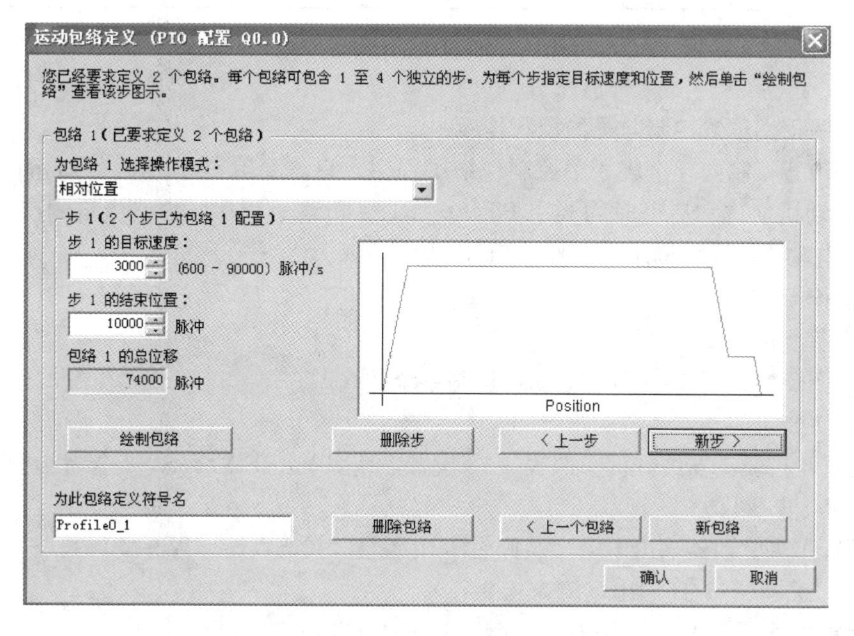

图 4-43 应用位置控制向导建立包络（九）

（11）位置控制向导配置结束。位置控制向导配置完毕，自动生成 3 个控制包络子程序，分别是“PTO0_CTRL”、“PTO0_MAN”、“PTO0_RUN”。点击“完成”按钮，结束向导。

1）PTO0_CTRL：控制使能 PTO 的输出，立即停止或减速停止 PTO 的输出。

2）PTO0 _ MAN：手动控制不同速度 PTO 的输出。

3）PTO0 _ RUN：控制向导中配置好的一个包络。

（12）包络子程序及注释。包络子程序及注释见图 4-44。

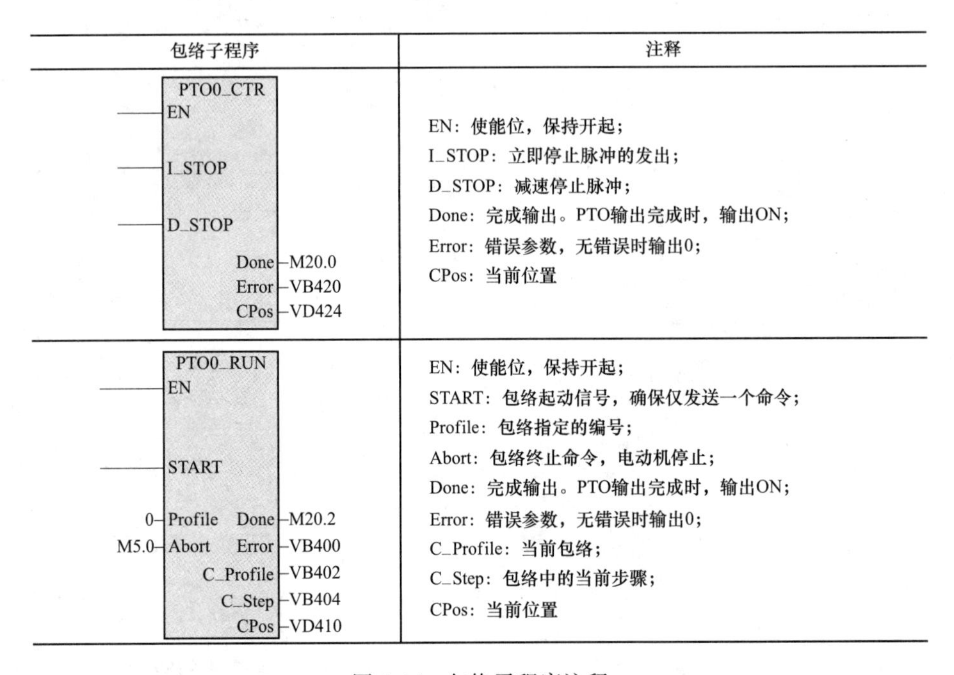

图 4-44　包络子程序注释

五、编写使用位置控制向导的控制程序

已使用位置控制向导生成 3 个控制包络子程序，只需要编写如图 4-45 所示的主程序即可，步进电动机前进和后退时均调用 PTO0 _ RUN 包络子程序，包络指定的编号分别是 0 或 1；步进电动机停止时调用 PTO0 _ CTRL 包络子程序。

六、操作

（1）安装步进电动机机械装置。

（2）按图 4-21 所示连接步进电动机控制系统接线图。

（3）设置步进驱动器参数。

1）设置步进驱动器细分。参照表 4-18 设置，使 SW6、SW7、SW8 全为 OFF 状态，即细分为 10 000 步/圈。

2）设置步进驱动器输出电流。参照表 4-19 设置，使 SW1、SW2、SW3、SW4 为 OFF、OFF、ON、ON 状态，即输出电流为 4.9A。

3）设置步进驱动器静态输出电流。将 SW5 设置为 OFF 状态，即步进电动机静止时的电流为半流。

（4）经检查连接无误后，将步进电动机控制系统与直流 24V 电源接通，下载控制程序并将 PLC 处于运行状态。

（5）调整步进电动机旋转方向。在步进电动机断电状态下，将机械手移至导轨中间位置。系统通电后按下后退按钮，若机械手后退，说明步进电动机相序正确，当机械手触及原

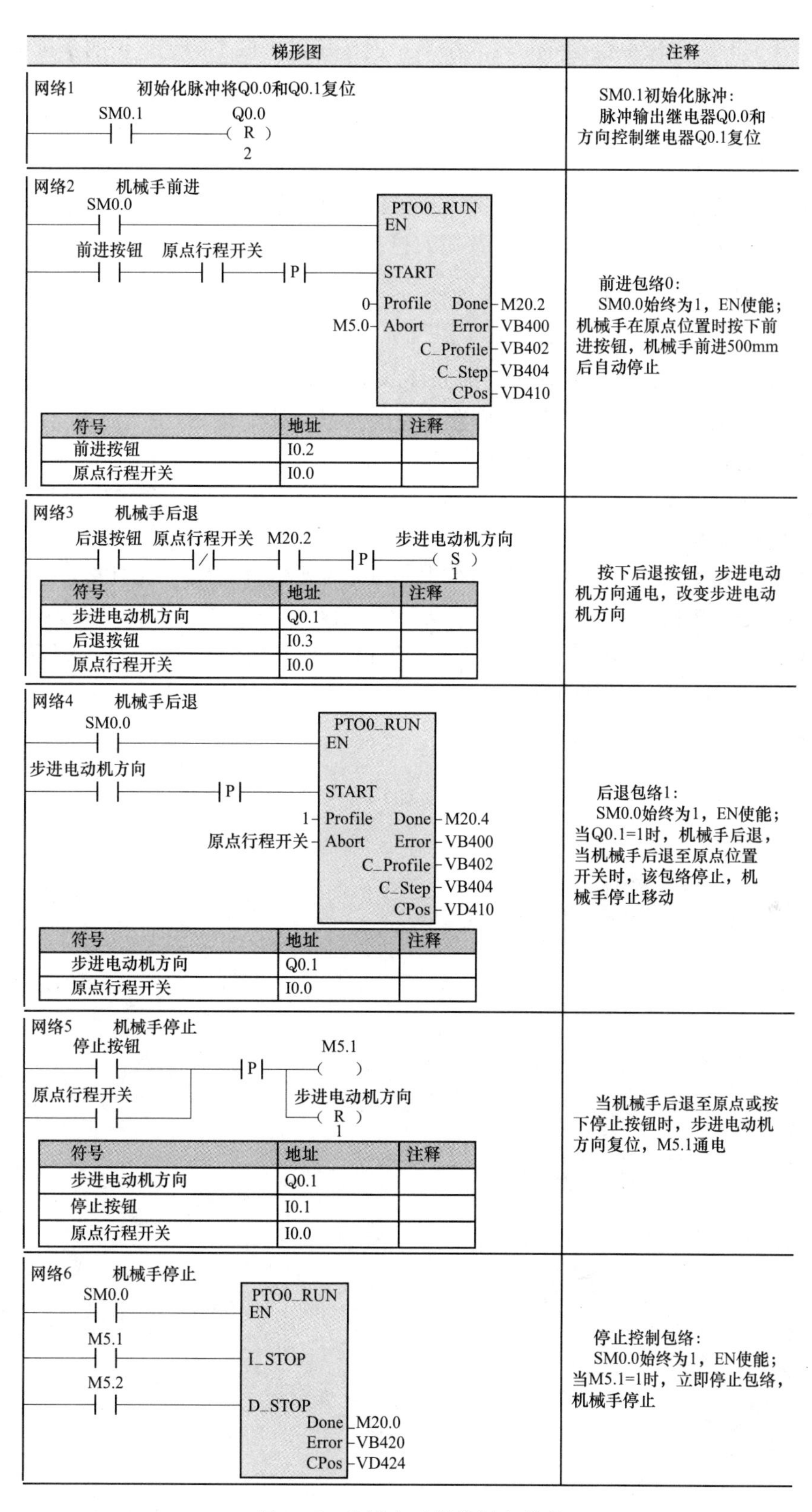

图 4-45 步进电动机控制主程序

点位置行程开关时，机械手自动停止；若按下后退按钮时机械手前进，说明步进电动机相序有误，在断电状态下将步进电动机的三根电源线任意对调两根即可改变相序。

（6）机械手返回至原点位置。按下后退按钮，机械手后退，当机械手返回至原点行程开关位置时，机械手自动停止。

（7）机械手前进500mm。按下前进按钮，机械手前进500mm后自动停止。

（8）机械手停止。运行中按下停止按钮，机械手立即停止。

思考与练习

1. 什么是步进电动机的步距角？

2. 步进驱动器细分的作用是什么？细分可以改变步距角吗？

3. 步进电动机的最大速度和起动/停止速度的含义是什么？

4. 什么是包络？包络有哪几种模式？

5. 晶体管输出型CPU模块有几个PTO发生器？分别使用哪几个输出端口？可以使用继电器输出型CPU模块控制步进电动机吗？

6. 特殊存储器SM66.7、SM76.7和SMW168、SMW178的作用是什么？

7. 设步进电动机同步轮齿距为3mm，共24个齿，步进驱动器细分设置为5000步/圈。要想使机械手前进200mm，需要多少个脉冲？试设计其运动包络（要求起动/停止频率667Hz，运行频率10kHz，周期增量－2μs或＋4μs）。

网　络　控　制

任务　组建两台 PLC 主从站网络控制系统

任务引入

现代工业生产线往往由多个加工单元构成，每个加工单元由一台 PLC 控制，由于各加工单元之间需要按生产工艺协调动作，所以各加工单元的 PLC 并非独立使用，而是利用网络实现集中控制。在网络中起指挥作用的 PLC 称为主站，处于服从地位的 PLC 则称为从站，从而形成“主站集中指挥、从站分散控制”的模式。

本任务组建由两台 PLC 构成的主从站网络控制系统，其输入/输出端口分配见表 5-1，控制电路如图 5-1 所示。

表 5-1　　主站、从站输入/输出端口分配表

主站 PLC			从站 PLC		
I/O 端口	元件	作用	I/O 端口	元件	作用
I0.0	KH（动断触点）	过载保护	I0.0	KH（动断触点）	过载保护
I0.1	SB1（动断触点）	停止按钮	I0.1	SB1（动断触点）	停止按钮
I0.2	SB2（动合触点）	起动按钮	I0.2	SB2（动合触点）	起动按钮
Q0.0	KM	控制电动机	I0.3	SB3（动断触点）	紧急停止按钮
—	—	—	Q0.0	HL	起动信号灯
—	—	—	Q0.1	KM	控制电动机

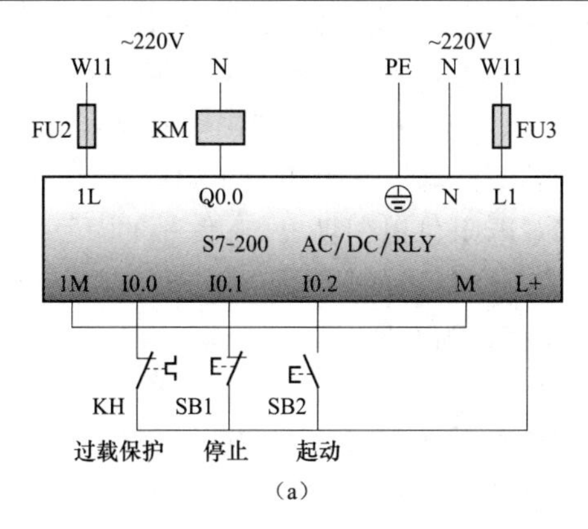

(a)

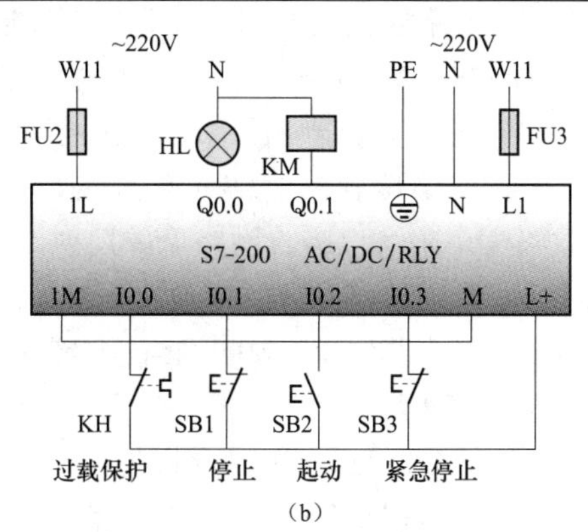

(b)

图 5-1　主站、从站控制电路

(a) 主站 PLC 控制电路；(b) 从站 PLC 控制电路

主站控制功能如下。

（1）当按下主站起动按钮时，主站电动机起动。

（2）主站电动机起动后，向从站发出允许起动信号，从站起动信号灯亮。

（3）当主站电动机停止时，从站电动机随之停止。

从站控制功能如下。

（1）允许起动信号灯亮后，当按下从站起动按钮时，从站电动机起动。

（2）从站电动机可以单独停止。

（3）在紧急情况下按下从站紧急停止按钮时，主站、从站电动机均停止。

相关知识

一、PPI网络

S7-200设备集成了RS-485串行通信口，其中CPU221、CPU222、CPU224有一个，定义为端口0，CPU226有两个，定义为端口0和端口1。RS-485采用一对平衡差分信号线，具有抗共模能力强，抑制噪声干扰性好的特点。以两线间的电压差+2～+6V表示逻辑状态1，以两线间的电压差为−6～−2V表示逻辑状态0。RS-485为半双工接口，只能分时发送和接收数据。在一个RS-485网段中，最多可以连接32台设备，如果不使用中继器，允许的最长通信距离为50m；使用RS-485中继器，允许的最长通信距离为1000m。由于RS-485的远距离传送和传输线成本低的特性，使得RS-485成为工业生产中数据传输的首选标准。

PPI（点对点通信）是西门子公司专门为S7-200开发的，支持的网络地址为0到126。为了正确接收和发送数据，网络上所有设备的地址必须唯一。S7-200设备默认STEP7-Micro/Win编程软件（称为本地计算机）的地址为0，HMI（触摸屏）的地址为1，PLC的地址为2。如果某S7-200设备带有两个通信口，那么每个通信口都会有各自的网络地址，分别接在端口0和端口1的两个设备的地址也可以相同。

PPI是一种主—从协议，主站主动发起数据通信，读写其他站点的数据，从站只能响应、提供或接收数据，不能访问其他从站。主站也能接收其他主站的数据访问。PPI的典型用途是计算机（作为主站）与S7-200设备（作为从站）之间上传或下载用户程序。

为了方便设备的连接，西门子公司提供了两种网络连接器，一种是标准网络连接器，仅提供连接到RS-485的接口，而另一种网络连接器增加了一个扩展编程接口，如图5-2上部左侧的第一个网络连接器。编程计算机可以通过这个扩展编程接口连接到网络中，以方便对网络中所有的S7-200下载/上载用户程序。图中所示为3个网络连接器使用双绞线电缆的连接情况，每个网络连接器中配有两组连接端子A、B、A、B，分别连接输入及输出电缆。网络连接器配有网络偏置和终端匹配开关，图中给出了偏置电阻值（390Ω）和终端电阻值（220Ω），终端电阻可以吸收网络上的反射波，偏置电阻可以保证0、1信号的可靠性。接在网络两端的网络连接器的开关应设为ON（在通信距离很短的情况下，如果出现通信错误时可尝试将开关设为OFF），中间网络连接器的开关应设为OFF。

二、连接PPI网络

如图5-3所示，两台CPU模块与一台计算机组成一个PPI主/从通信网络。用带扩展编程口的网络连接器连接两台PLC的通信端口0，用PC/PPI电缆将计算机通信口与网络连接器的扩展编程口连接。默认计算机地址为0，修改主站PLC地址为1，默认从站PLC地址为2。在计算机上操作编程软件（0号站），可分别向主站（1号站）CPU模块或从站（2号站）CPU模块下传或上传用户程序。

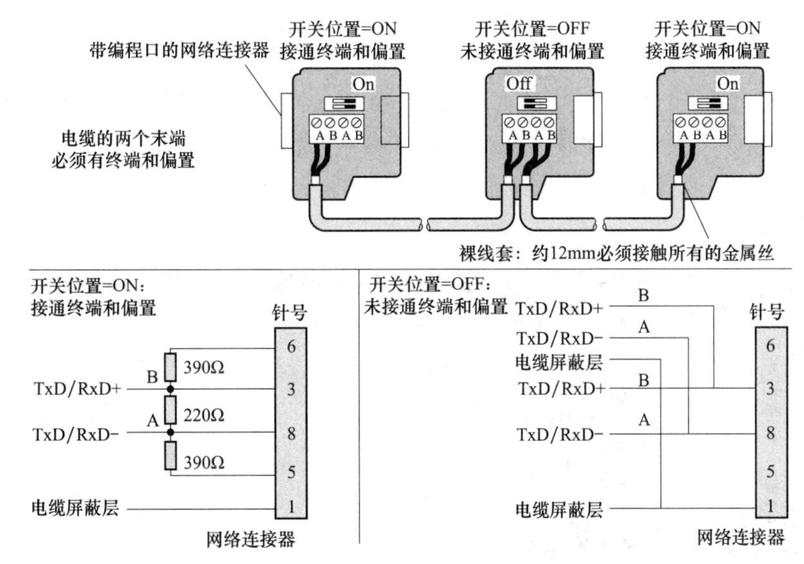

图 5-2　网络连接器和网络电缆示意图

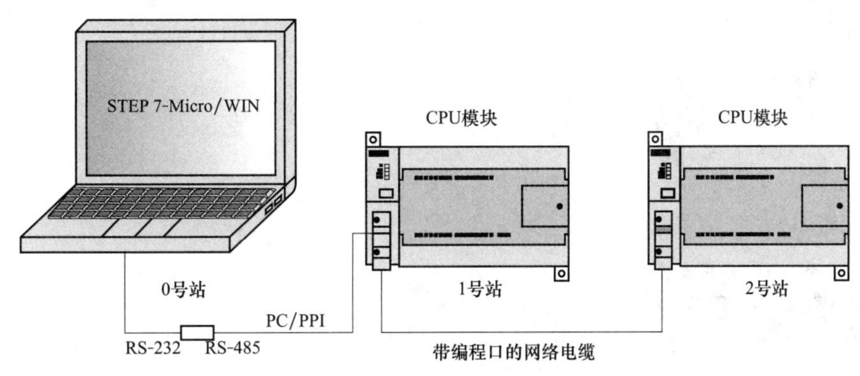

图 5-3　PPI主/从通信网络的连接

作为实习应用，也可以用标准的9针D型插头来代替网络连接器，用双绞线屏蔽电缆将两个9针D型插头的3脚与3脚连接、8脚与8脚连接，屏蔽线焊接在外壳上，自制如图5-4（a）所示的RS-485 PPI网络通信电缆。如图5-4（b）所示为9孔RS-485插座正面图。

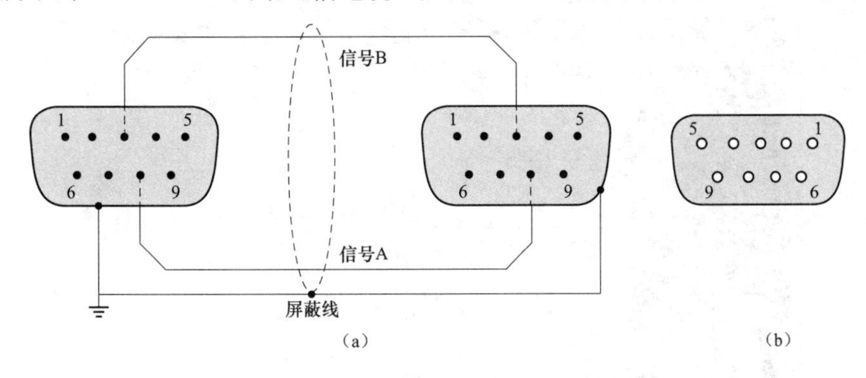

图 5-4　RS-485 PPI网络电缆插头与RS-485插座的正面图

（a）RS-485 PPI网络通信电缆插头正面；（b）RS-485插座正面

三、设置主/从站 PPI 网络参数

（1）设置主站地址和波特率。数据通过网络传输的速度称为波特率，例如，9.6kbps 表示传输率为每秒 9600 比特。在同一个网络中相互通信的器件必须被配置成相同的波特率。

S7-200 的波特率和站地址存储在系统块中。运行编程软件，选择指令树中"系统块"→"通信端口"命令，在如图 5-5 所示通信参数选择框中设置端口 0 的地址为"1"，波特率"9.6kbps"，其他参数默认。在下载用户程序时必须选中"系统块"选项，否则设置的参数不能生效。

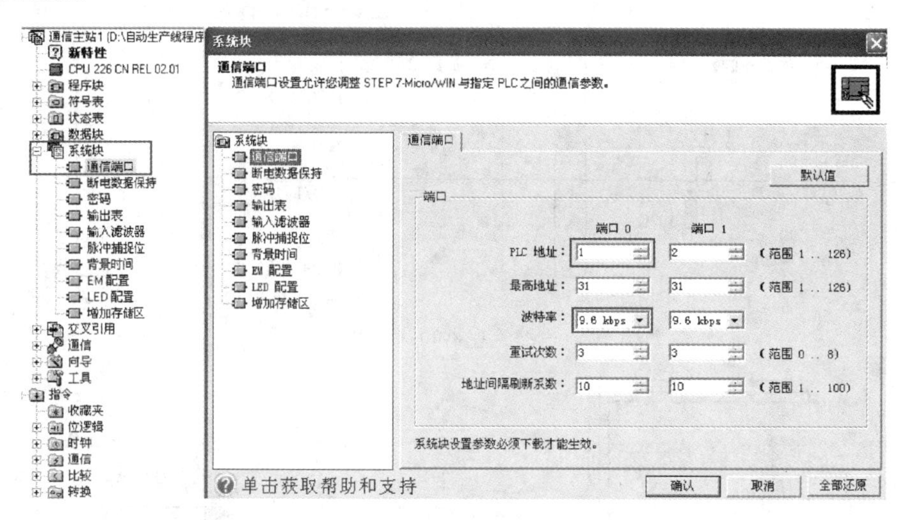

图 5-5　设置主站地址和波特率

（2）设置从站地址和波特率。每一个 S7-200 通信口的默认地址为"2"，波特率为"9.6kbps"，采用默认参数即可。

四、建立网络子程序

编写网络控制程序可以使用网络读写（NETR/NEYW）指令，但使用网络指令向导更为方便。向导可以帮助用户生成一个 PPI 网络中有关网络指令及传输数据字节的子程序，供主站 PLC 的主程序调用。

（1）打开网络指令向导。单击编程软件主菜单"工具"→"指令向导"，选择"NETR/NETW"，如图 5-6 所示。

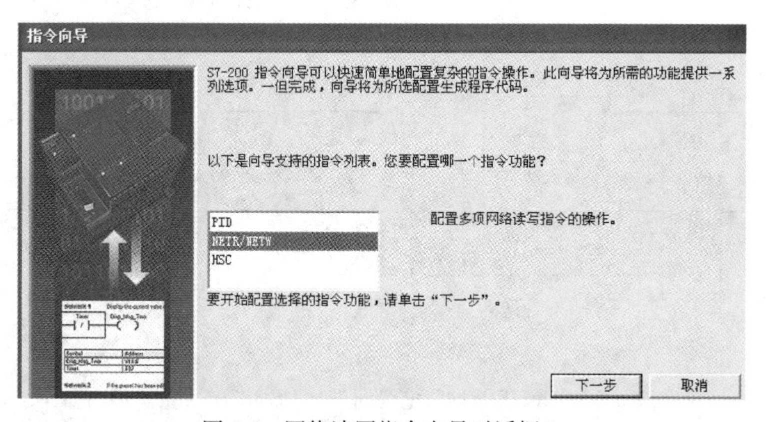

图 5-6　网络读写指令向导对话框 1

（2）选择网络读/写操作项。因为本任务只有一个从站，而主站对从站只有读或写两项操作，所以网络操作项选择“2”，如图 5-7 所示。网络向导允许最多使用 24 项网络读写操作，对于更多的操作，用户可用网络读写指令自己编程实现。

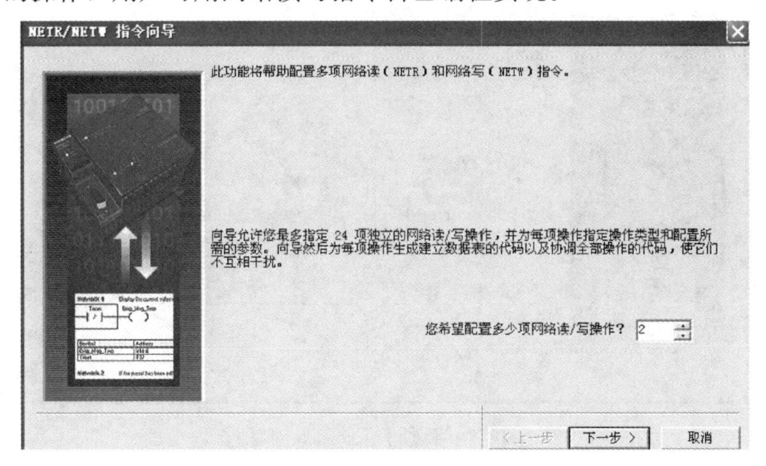

图 5-7　网络读写指令向导对话框 2

（3）选择通信端口。此处选择通信口 0；默认网络读/写操作的子程序名为“NET _ EXE”，如图 5-8 所示。

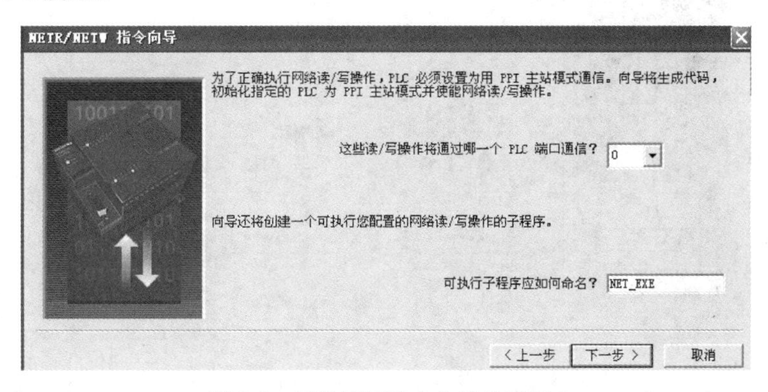

图 5-8　网络读写指令向导对话框 3

（4）网络写操作配置。选择“NETW”网络写操作，“1”个字节写入远程 PLC，数据位于本地 PLC“VB1000”处；远程 PLC 地址为“2”，数据位于远程 PLC 的“VB1000”处，如图 5-9 所示。即将主站变量存储器字节 VB1000 的状态写入从站 VB1000 字节中。网络写操作最多可以写入 16 个字节的数据。

（5）网络读操作配置。选择“NETR”网络读操作，如图 5-10 所示。即将从站变量存储器字节 VB1001 的状态读入主站的 VB1001 字节中。网络读操作最多可以读入 16 个字节的数据。

（6）选择存储区。读写操作配置完成后，网络指令向导提示要使用 19 个字节的存储区，点击“建议地址”按钮，程序将自动生成一个大小合适且未使用的 V 存储区地址范围，如图 5-11 所示。

（7）完成网络配置。单击“完成”按钮，生成网络子程序 NET _ EXE，该子程序执行用户在网络指令向导中设置的网络读写功能。在网络子程序页面中，给出了网络子程序的功能、操作数字节地址和错误标志的地址。

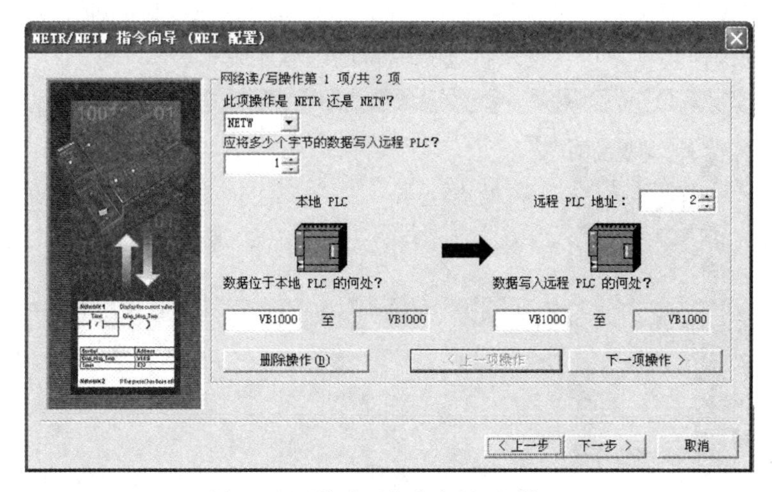

图 5-9　网络读写指令向导对话框 4

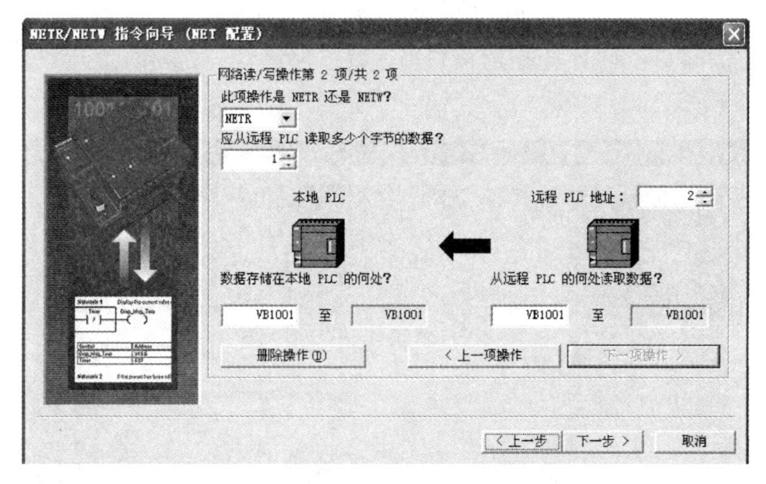

图 5-10　网络读写指令向导对话框 5

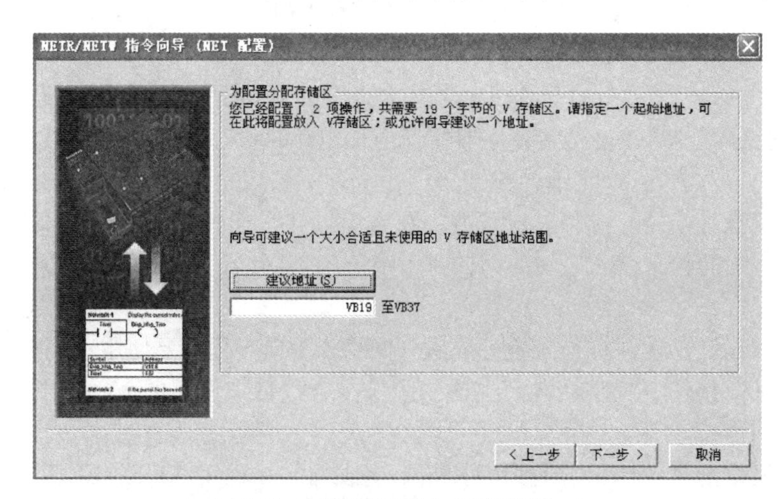

图 5-11　网络读写指令向导对话框 6

五、调用网络子程序

在主站 PLC 主程序中调用网络子程序 NET _ EXE，因为网络子程序在每个扫描周期都将被执行，所以必须用 SM0.0 连接子程序使能端 EN，如图 5-12 所示。

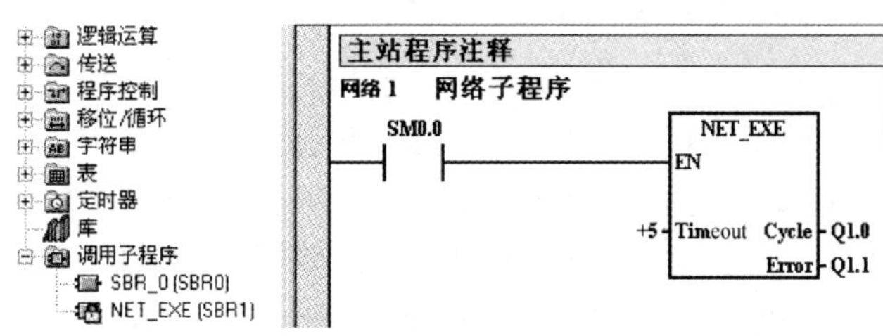

图 5-12 在主站 PLC 主程序中调用网络子程序

1）网络子程序输入参数 Timeout（超时）为 0 表示不设置超时定时器，为 1～32 767 范围内的任一数值则表示以秒为单位的定时器时间。

2）网络子程序输出参数 Cycle 是通信周期脉冲信号，网络读/写操作每次完成网络所有操作后便切换状态，通信正常时 Q1.0 指示灯闪烁。

3）网络子程序输出参数 Error 为错误报警信号，网络读写指令缓冲区无错误时 Error 状态为 0，有错误时为 1，使 Q1.1 指示灯常亮报警。

4）SMB30 和 SMB130 分别是通信端口 0 和 1 的自由端口控制寄存器，该字节数值等于 0 时是 PPI 从站模式，等于 2 时是 PPI 主站模式。当 PLC 调用由网络指令向导生成的网络子程序后，自由端口控制寄存器的数值自动由 0 改写为 2，PLC 由默认的从站模式转为主站模式，允许执行 NETR 和 NETW 指令。若通过状态表监控 SMB30 的数值，可确认 1 号站为主站模式，2 号站为从站模式。

任务实施

一、任务准备

实施本任务所需要的设备见表 5-2。

表 5-2　设 备 表

序 号	名 称	型 号 规 格	数 量	单 位
1	计算机	安装 STEP7-Micro/WINV4.0 软件	1	台
2	PLC	S7-200　AC/DC/RLY	2	台
3	编程电缆	PC/PPI 或 USB/PPI	1	根
4	通信电缆	网络编程器电缆或自制网络电缆	1	根
5	低压断路器	DZ47LE	2	个
6	熔断器	RT18-32	4	组
7	接触器	CJ20-10A（线圈电压 220V）	2	个
8	热继电器	JR36-20	2	个
9	按钮	LA10-3H	2	个
10	电动机	YS5024，60W，380V，Y/△，1400r/min	2	台
11	控制板	长 750mm、宽 600mm	2	块

二、连接线路

按图 5-1 所示在控制板上连接两台电动机各自的控制线路（请读者绘出主电路图），暂不连接输出端负载，连接无误后接通 PLC 电源。

(1) 主站 PLC 输入指示灯 I0.0 应亮，表示热继电器与连线正常；输入指示灯 I0.1 应亮，表示停止按钮与连线正常。

（2）从站PLC输入指示灯I0.0应亮，表示热继电器与连线正常；输入指示灯I0.1应亮，表示停止按钮与连线正常；输入指示灯I0.3应亮，表示紧急停止按钮与连线正常。

三、编写主站程序

主站PLC程序如图5-13所示。

在程序网络1中，始终调用网络子程序NET _ EXE。NETW指令将主站变量存储器VB1000字节的数据同步写入从站VB1000字节中，NETR指令同步读出从站变量存储器VB1001字节的数据存储到主站VB1001字节中。

在程序网络2中，当按下起动按钮I0.2时，Q0.0得电自锁。同时发出允许从站起动信号（V1000.0状态ON），该信号写入从站变量存储器VB1000的相应位。

当按下停止按钮I0.1或过载时，Q0.0失电解除自锁，V1000.0状态OFF，从站无起动信号。

当从站发出紧急停止信号（V1001.0状态ON）时，该信号读入主站变量存储器VB1001的相应位，控制主站Q0.0失电解除自锁。

四、编写从站程序

从站PLC程序如图5-14所示。

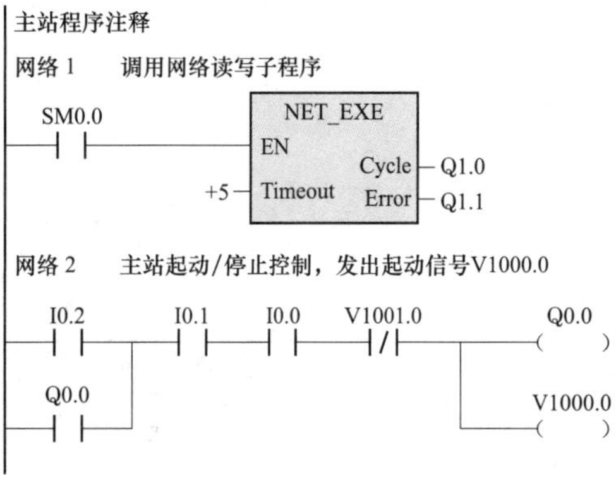

主站程序注释
网络1　调用网络读写子程序
SM0.0　NET_EXE　EN　Cycle　Q1.0　+5　Timeout　Error　Q1.1
网络2　主站起动/停止控制，发出起动信号V1000.0
I0.2　I0.1　I0.0　V1001.0　Q0.0
Q0.0　V1000.0

图5-13　主站PLC程序

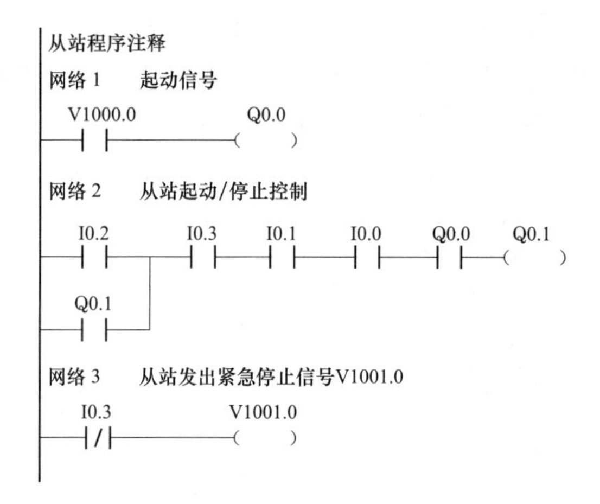

图5-14　从站PLC程序

在程序网络1中，当主站发出起动信号（V1000.0状态ON）时，从站（V1000.0）=1，从站Q0.0得电，信号灯HL亮。

在程序网络2中，当Q0.0连锁触点闭合后，按下起动按钮I0.2，Q0.1得电自锁。

当按下停止按钮I0.1或过载时，Q0.1失电解除自锁。

当按下紧急停止按钮I0.3时，从站Q0.1失电解除自锁。同时从站向主站发出的紧急停止信号（V1001.0状态ON）。

五、程序下载与网络连接

若使用无扩展编程口的网络连接器（或自制网络电缆）连接两台PLC的通信端口0时，可先将如图5-13、图5-14所示程序分别下载到主站PLC和从站PLC中，然后PLC断电后连接网络电缆。PLC在得电状态下插拔通信电缆容易损坏通信口。

使PLC通电处于运行状态。主站PLC输出端Q1.0指示灯应闪烁，表示通信正常。若主站PLC输出端Q1.1指示灯亮，则表示通信错误，需要检查网络是否正确连接。

六、使用具有扩展编程口的网络连接器下载程序

若使用具有扩展编程口的网络连接器连接主站 PLC 和从站 PLC，则可按下列步骤下载主/从站的 PLC 程序，而不再需要反复插拔通信电缆。

(1) 用 PC/PPI 电缆连接计算机 COM1 口与网络连接器的扩展编程口，各站网络连接器终端电阻均处于“OFF”状态，各站 PLC 处于“STOP”状态。

(2) 利用编程软件通信端口命令搜索网络中的两个站，如果能全部搜索到表明网络连接正常，显示两站 CPU 单元型号与地址，如图 5-15 所示。

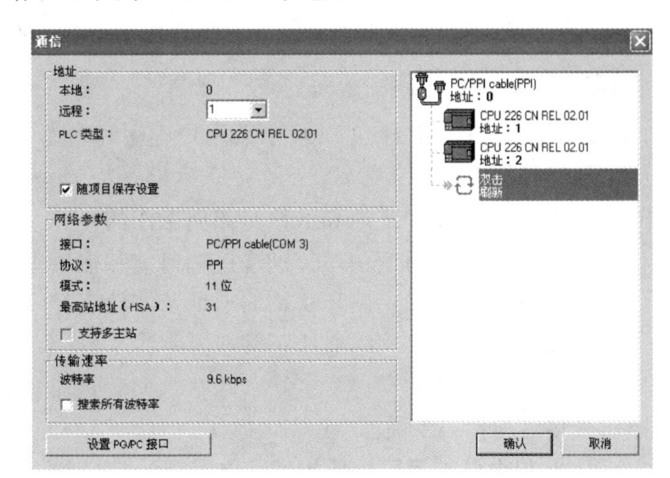

图 5-15 搜索出 PPI 网络中两个站点

(3) 打开主站程序，搜索到网络中的两个站。点击地址 1 处 CPU 模块图形，使远程地址为“1”，将主站程序、设置地址“1”及波特率“9.6kbps”一起下载到主站 PLC。

(4) 打开从站程序，搜索到网络中的两个站。点击地址 2 处 CPU 模块图形，使远程地址为“2”，将从站程序、设置地址“2”及波特率“9.6kbps”一起下载到从站 PLC。

七、程序逻辑测试

(1) 主站 Q0.0 起动。当按下主站起动按钮 I0.2 时，主站 Q0.0 得电自锁，同时从站 Q0.0 得电。

(2) 主站 Q0.0 停止。当按下主站停止按钮 I0.1 时，主站 Q0.0 和从站 Q0.0 同时失电。

(3) 主站过载保护。断开主站 I0.0 接线端，模拟过载故障，主站 Q0.0 和从站 Q0.0 同时失电。

(4) 从站 Q0.1 起动。当从站 Q0.0 得电时，按下从站起动按钮 I0.2，从站 Q0.1 得电自锁。

(5) 从站 Q0.1 停止。当按下从站停止按钮 I0.1 时，从站 Q0.1 失电。

(6) 从站过载保护。断开从站 I0.0 接线端，模拟过载故障，从站 Q0.1 失电。

(7) 紧急停止。当按下从站紧急停止按钮 I0.3 时，主站 Q0.0 和从站 Q0.0、Q0.1 同时失电。

八、操作

将两个接触器线圈 KM 分别连接到主站 PLC 输出端 Q0.0 和从站 PLC 输出端 Q0.1。信号灯 HL 连接到从站 PLC 输出端 Q0.0。

(1) 主站电动机起动。当按下主站起动按钮时，主站电动机得电运转，同时从站允许起动信号灯亮。

(2) 主站电动机停止。当按下主站停止按钮时，主站电动机和从站允许起动信号灯同时失电。

(3) 主站过载保护。断开主站 I0.0 接线端，模拟过载故障，主站电动机和从站允许起

动信号灯同时失电。

（4）从站电动机起动。当从站允许起动信号灯亮时，按下从站起动按钮，从站电动机得电运转。

（5）从站电动机停止。当按下从站停止按钮时，从站电动机失电。

（6）从站过载保护。断开从站 I0.0 接线端，模拟过载故障，从站电动机失电。

（7）紧急停止。当按下从站紧急停止按钮时，主站电动机和从站电动机同时失电。

思考与练习

1. 当使用编程软件向 PLC 下载用户程序时，哪个设备是主站，哪个设备是从站？它们的站地址各是多少？

2. 在 PPI 协议中主站和从站是如何工作的？

3. 在 PPI 网络通信中，分别连接端口 0 和端口 1 的设备地址可以相同吗？为什么？

4. 怎样设置 PPI 主站和从站的地址及波特率？

5. 如何判断 PPI 网络通信正常或异常？

6. 若 PPI 网络中有一个主站，四个从站，通常如何分配它们的站点地址？其网络读写操作最多可配置多少项？

7. 在得电状态下可以插拔通信电缆吗？

8. 设在 PPI 网络中用主站（2 号）的 I0.0/I0.1 按钮控制从站（3 号）的输出端 Q0.0 起/停；用从站（3 号）的 I0.0/I0.1 按钮控制主站（2 号）的输出端 Q0.0 起/停。

（1）列出传输数据字节地址。

（2）编写主站和从站程序。

*9. 设在 PPI 网络中只有主站（1 号）允许起动信号有效时，从站（2 号）、（3 号）输出端 Q0.0 才能得电，主站、从站均有必要的起/停控制措施。

（1）列出传输数据字节地址。

（2）编写主站和从站程序。

变 频 器 的 使 用

三相交流异步电动机具有结构简单、工作可靠、维修方便、价格低廉等优点，不足之处是难以变速。近年来，大功率电力晶体管和计算机控制技术的发展，极大地促进了变频技术的进步，目前各类变频器品种齐全，操作便利，自动化程度高，“变频器＋交流电动机”的调速系统已取代了传统的直流电动机调速系统。使用变频器不仅充分满足了生产工艺的调速要求，而且节能效果突出，尤其在风机类和水泵类电动机上使用变频器，可以显著地提高经济效益。

任务1　变频器的面板操作与控制

任务引入

熟悉变频器的外部端子是正确连接三相交流电动机变频调速控制线路的基础。通过变频器的基本操作面板BOP可设定功能参数、监视运行状态和控制电动机调速运转。

使用变频器基本操作面板的调速控制线路如图6-1所示，控制要求为：使用基本操作面板BOP设定变频器的输出频率为50Hz，并控制电动机点动、正转、反转和停止。

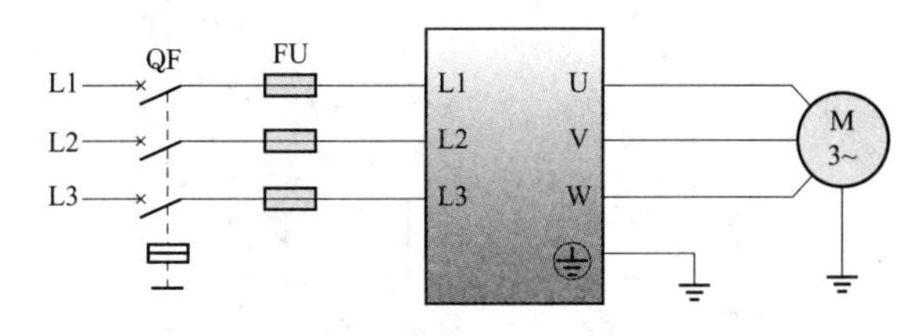

图6-1　变频器基本操作面板调速控制线路

相关知识

一、MM420的结构与端子功能

MM420是西门子通用型变频器系列代号。该系列有多种型号，从单相电源电压（200～240V），额定功率120W，到三相电源电压（380～480V），额定功率11kW供用户选用。本任务选用0.75kW的三相变频器MM420，其主要技术数据如下。

（1）三相交流电源电压：380～480V。

（2）输入频率：47～63Hz。

（3）输出频率：0～650Hz。

（4）额定输出功率：0.75kW。

（5）额定输入电流：1.9A。

（6）额定输出电流：2.1A。

（7）7个可编程的固定频率。

（8）3个可编程的数字量输入。

（9）1个模拟量输入（0～10V），或用作第4个数字量输入。

（10）1个可编程的模拟输出（0～20mA）。

（11）1个可编程的继电器输出（30V、直流5A、电阻性负载或250V、交流2A、感性负载）。

（12）1个RS-485通信接口。

（13）保护功能有欠电压、过电压、过载、接地故障、短路、防止电动机失速、闭锁电动机、电动机过温、变频器过温、参数PIN编号保护。

MM420变频器由主电路和控制电路构成，其结构框图与外部接线端如图6-2所示。

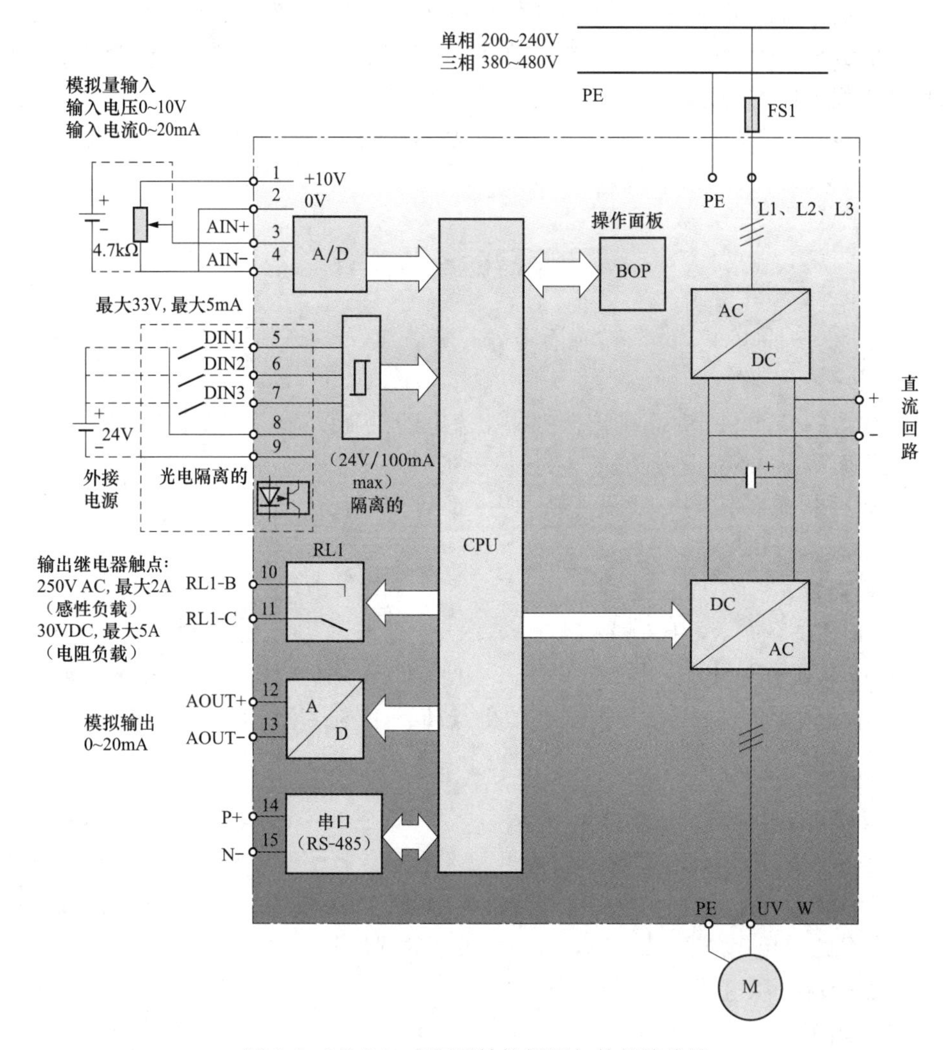

图6-2　MM420变频器结构框图与外部接线端

变频器的主电路包括整流电路、储能电路和逆变电路，是变频器的大功率电路。

1）整流电路。由二极管构成三相桥式整流电路，将交流电全波整流为直流电。

2）储能电路。由耐高压的滤波电容构成，具有储能和平稳直流电压的作用。

3）逆变电路。采用绝缘栅双极型晶体管（IGBT）作为功率输出器件，将直流电逆变成频率和电压可调的三相交流电，驱动交流电动机运转。

变频器的控制电路主要以单片微处理器CPU为核心构成，控制电路具有设定和显示运行参数、信号检测、系统保护、计算与控制、驱动逆变电路等功能。

MM420变频器接线端子排列位置如图6-3所示。电源频率设定值可以用DIP开关加以改变。DIP开关1不供用户使用。DIP开关2在OFF位置时设置频率50Hz，功率单位kW；在ON位置时设置60Hz，功率单位hp。DIP开关2默认出厂设置为OFF位置。

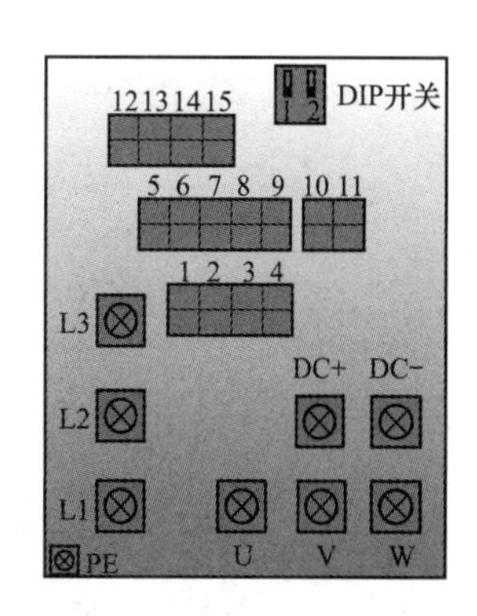

图6-3 MM420变频器接线端子排列位置

MM420变频器主电路端子功能见表6-1。

表6-1 MM420变频器主电路端子功能

端子号	端 子 功 能
L1、L2、L3	三相电源接线端，接380V、50Hz交流电源
U、V、W	三相交流电压输出端，接三相交流电动机首端。此端如误接三相电源端，则变频器通电时将烧毁
DC+、DC−	直流回路电压端，供维修测试用。即使电源切断，电容器上仍然带有危险电压，在切断电源5min后才允许打开本设备
PE	通过接地导体的保护性接地

MM420变频器控制端子功能见表6-2。控制端子使用了快速插接器，用小螺钉旋具轻轻撬压快速插接器的簧片，即可将导线插入夹紧。

表6-2 MM420变频器控制端子功能

端子号	端子功能	电源/相关参数代号/出厂设置值
1	模拟量频率设定电源（+10V）	模拟量传感器也可使用外部高精度电源，直流电压范围0～10V
2	模拟量频率设定电源（0V）	
3	模拟量输入端AIN+	P1000=2，频率选择模拟量设定值
4	模拟量输入端AIN−	
5	数字量输入端DIN1	P0701=1，正转/停止
6	数字量输入端DIN2	P0702=12，反转
7	数字量输入端DIN3	P0703=9，故障复位
8	数字量电源（+24V）	也可使用外部电源，最大为直流33V
9	数字量电源（0V）	
10	继电器输出RL1-B	P0731=52.3，变频器故障时继电器动作，动合触点闭合，用于故障识别
11	继电器输出RL1-C	
12	模拟量输出AOUT+	P0771～P0781
13	模拟量输出AOUT−	
14	RS-485串行链路P+	P2000～P2051
15	RS-485串行链路N−	

二、变频器恒转矩输出控制方式

由三相异步电动机转速公式$n=(1-s)60f_1/p$可知，只要连续改变交流电源的频率f_1，就可以实现连续调速。通常当电源频率为50Hz时，电动机可达到额定转速，当变频器输出频率低于 50Hz 时，电动机的转速低于额定转速。当在调节电源频率的同时，必须同时调节变频器的输出电压 U_1，且始终保持 U_1/f_1 = 常数。这是因为三相异步电动机定子绕组相电压 $U_1 \approx E_1 = 4.44 f_1 N_1 K_1 \Phi_m$，当 f_1 下降时，若 U_1 不变，则磁通增加，使磁路饱和，电动机空载电流剧增，严重时将烧坏电动机。为此，变频器调速是以恒电压频率比（U_1/f_1）保持磁通不变的恒磁通调速。由于磁通 Φ_m 不变，调速过程中电磁转矩 $T = C_t \Phi_m I_{2s} \cos\varphi_2$ 不变，属于恒转矩调速，输出特性曲线如图 6-4 所示。线性特性曲线适用于恒转矩负载，例如，带式运输机。而平方特性曲线适用于可变转矩负载，例如风机和水泵。

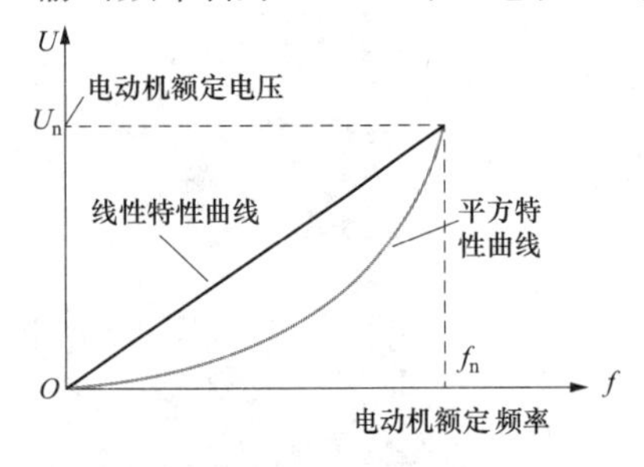

图 6-4　变频器恒转矩输出特性曲线

三、MM420 基本操作面板 BOP

MM420 变频器有状态显示板 SDP、基本操作面板 BOP 和高级操作面板 AOP。基本操作面板 BOP 如图 6-5 所示，BOP 具有七段显示的 5 位数字，可以显示参数的序号和数值，报警和故障信息，以及设定值和实际值。BOP 操作说明见表 6-3。

图 6-5　MM420 基本操作面板 BOP

表 6-3　　BOP 操作说明

显示/按键	功　能	功　能　说　明
r0000	状态显示	LCD（液晶）显示变频器当前的参数值。r××××表示只读参数，P××××表示可以设置的参数，P ————表示变频器忙碌，正在处理优先级更高的任务
1	起动变频器	按此键起动变频器。默认运行时此键是被封锁的。为了使此键起作用应设定 P0700=1
0	停止变频器	OFF1：按此键，变频器将按选定的斜坡下降速率减速停车。默认运行时此键被封锁；为了允许此键操作，应设定 P0700=1。 OFF2：按此键两次（或一次，但时间较长）电动机将在惯性作用下自由停车。此功能总是"使能"的
	改变电动机的转动方向	按此键可以改变电动机的转动方向。电动机的反向用负号（—）表示。默认运行时此键是被封锁的，为了使此键的操作有效，应设定 P0700=1
jog	电动机点动	在变频器无输出的情况下按此键，将使电动机点动，并按预设定的点动频率（出厂值为 5Hz）运行。释放此键时，变频器停车。如果变频器/电动机正在运行，按此键将不起作用
Fn	功能	此键用于浏览辅助信息。 变频器运行过程中，在显示任何一个参数时按下此键并保持不动 2s，将显示以下参数值（在变频器运行中从任何一个参数开始）： （1）直流回路电压（用 d 表示，单位 V）； （2）输出电流（A）； （3）输出频率（Hz）； （4）输出电压（用□表示，单位 V）； （5）由 P0005 选定的数值［如果 P0005 选择显示上述参数中的任何一个（3，4，或 5），这里将不再显示］。 连续多次按下此键，将轮流显示以上参数。 跳转功能。在显示任何一个参数（r××××或 P××××）时短时间按下此键，将立即跳转到 r0000。如果需要的话，可以接着修改其他的参数。跳转到 r0000 后，按此键将返回原来的显示点

续表

显示/按键	功　能	功　能　说　明
P	访问参数	按此键即可访问参数
▲	增加数值	按此键即可增加面板上显示的参数数值，长时间按则快速增加
▼	减少数值	按此键即可减少面板上显示的参数数值，长时间按则快速减少

四、MM420 参数设置方法

MM420 变频器的每一个参数名称对应一个参数的编号，参数号用 0000～9999 四位数字表示。在参数号的前面冠以一个小写字母“r”时，表示该参数是“只读”参数。其他参数号的前面都冠以一个大写字母“P”，P 参数的设置值可以在最小值和最大值的范围内进行修改。

为了快速修改参数的数值，最好单独修改参数数值的每一位，操作步骤如下。

（1）按 P 键访问参数。

（2）按 ▲ 键直到显示出选定的参数号。

（3）按 P 键进入参数访问级。

（4）按 Fn 键，最右边的一位数字闪烁。

（5）按 ▲/▼ 键，修改这位数字的数值。

（6）再按 Fn 键，相邻的下一位数字闪烁。

（7）重复执行步骤（5）和步骤（6），直到设置出所要求的数值。

（8）按 P 键，确认并存储修改好的参数值，退出参数访问级。

五、恢复出厂设定值

出厂设定值一般可以满足大多数常规控制要求，利用出厂设定值，可以快速设置变频器运行参数。为了把变频器的全部参数复位为出厂设定值，应按下面的参数值进行设置。

（1）P0010＝30。

（2）P0970＝1。

复位时 LCD 显示“P ————”，完成复位过程大约需要 10s。

六、常规操作

变频器出厂时已按相同额定功率的西门子 4 极标准电动机设定好参数。为了保证电动机的过载保护能够正确动作，输入变频器的电动机参数必须与现场电动机完全相符。

除非 P0010＝1，否则不能修改电动机的参数。修改电动机参数后，为了使电动机开始运行，必须将 P0010 返回“0”值。

变频器没有主电源开关，因此，当电源电压接通时变频器就已带电。在按下起动键或者在数字输入端 5 出现“ON”信号（正向旋转）之前，变频器的输出一直被封锁，处于等待状态。

七、参数说明

BOP 面板操作的相关参数及说明见表 6-4。

表 6-4　　BOP 面板操作的相关参数及说明

序　号	参数代号	出厂值	设置值	说　明
1	P0010	0	30	调出厂设置参数，准备复位
2	P0970	0	1	恢复出厂值： 0 为禁止复位；1 为参数复位（变频器先停车）

续表

序号	参数代号	出厂值	设置值	说明
3	P0003	1	3	参数访问级： 1为标准级；2为扩展级；3为专家级、4为维修级
4	P0004	0	0	参数过滤器，可以快速访问不同的参数： 0为全部参数；2为变频器参数；3为电动机参数；7为命令；8为AD或DA转换；10为设定值通道；12为驱动装置的特征；13为电动机控制；20为通信；21为报警；22为工艺参量控制（例如PID）
5	P0010	0	1	调试用的参数过滤器： 0为准备；1为起动快速调试；30为出厂设置参数。 如果P0010被访问后没有设定为0，变频器将不运行；如果P3900>0，这一功能自动完成
6	P0100	0	0	功率/频率选择： 0，kW/50Hz；1，hp/60Hz；2，kW/60Hz
7	P300	1	1	电动机类型选择： 1为异步电动机；2为同步电动机
8	P0304	400	380	电动机的额定电压（V），根据铭牌键入
9	P0305	1.90	0.39	电动机的额定电流（A），根据铭牌键入
10	P0307	0.75	0.06	电动机的额定功率（kW），根据铭牌键入
11	P0308	0.00	0.00	电动机的额定功率因数。根据铭牌键入P0308=0，则变频器自动计算电动机功率因数。 本参数只有在P0100=0或2时才能看到
12	P0309	0.00	0.00	电动机的额定效率。根据铭牌键入P0309=0，则变频器自动计算电动机效率。 本参数只有在P0100=1时才能看到
13	P0310	50.00	50.00	电动机的额定频率（Hz），根据铭牌键入
14	P0311	1395	1400	电动机的额定速度（rpm），根据铭牌键入
15	P0700	2	1	选择控制命令源： 0为出厂设置；1为BOP面板控制；2为外部数字端控制
16	P1000	2	1	选择频率设定值的信号源： 1为用BOP设定的频率值；2为模拟设定频率值；3为固定频率
17	P1080	0.00	0.00	限制电动机运行的最小频率（Hz）
18	P1082	50.00	50.00	限制电动机运行的最大频率（Hz）
19	P1120	10.00	10.00	斜坡上升时间（s）
20	P1121	10.00	10.00	斜坡下降时间（s）
21	P3900	0	1	结束快速调试，完成优化电动机运行所需的计算，在完成计算以后，P3900和P0010自动复位为0。 0：结束快速调试，不进行电动机计算和复位出厂值。 1：结束快速调试，进行电动机计算和复位出厂值。 2：结束快速调试，进行电动机计算和I/O复位。 3：结束快速调试，进行电动机计算

续表

序 号	参数代号	出厂值	设置值	说 明
22	P0003	1	3	重新设置 P0003 为 3
23	P0004	0	10	快速访问设定值通道 10
24	P1040	5.00	50.00	BOP 的频率设定值（Hz）
25	P1058	5.00	5.00	正向点动频率（Hz）
26	P1059	5.00	5.00	反向点动频率（Hz）
27	P1060	10.00	10.00	点动斜坡上升时间（s）
28	P1061	10.00	10.00	点动斜坡下降时间（s）
29	P0004	当前值 10	13	快速访问电动机控制 13
30	P1300	0	0	变频器的 U/f 控制方式： 0 为线性特性的 U/f 控制；2 为带平方曲线的 U/f 控制

八、变频器配线注意事项

（1）绝对禁止将电源线接到变频器的输出端 U、V、W 上，否则将烧坏变频器。

（2）不使用变频器时，可将断路器断开，起电源隔离作用；当线路出现短路故障时，断路器起保护作用，以免事故扩大。但在正常工作情况下，不要使用断路器起动和停止电动机，因为这时工作电压处在非稳定状态，逆变晶体管可能脱离开关状态进入放大状态，而负载感性电流维持导通，使逆变晶体管功耗剧增，容易烧毁逆变晶体管。

（3）在变频器的输入侧接交流电抗器可以削弱三相电源不平衡对变频器的影响，延长变频器的使用寿命，同时也降低变频器产生的谐波对电网的干扰。

（4）由于变频器输出的是高频脉冲波，所以禁止在变频器与电动机之间加装电力电容器件。

（5）变频器和电动机必须可靠接地。

（6）变频器的控制线应与主电路动力线分开布线，平行布线应相隔 10cm 以上，交叉布线时应使其垂直。为防止干扰信号串入，变频器信号线的屏蔽层应妥善接地。

（7）变频器的安装环境应通风良好。

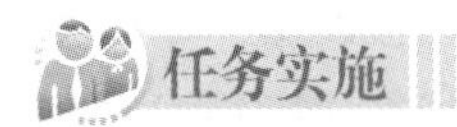

一、任务准备

实施本任务所需要的设备见表 6-5。

表 6-5　　设　备　表

序 号	名 称	型 号 规 格	数 量	单 位
1	低压断路器	DZ47LE	1	个
2	熔断器	RT18-32	1	组
3	变频器	MM420、BOP 面板	1	台
4	电动机	YS5024，60W，380V，Y/△，0.39A/0.66A，1400r/min，或其他型号电动机 本书中电动机绕组均为Y连接	1	台
5	控制板	长 750mm、宽 600mm	1	块

二、连接线路

将电动机绕组作星形连接，并按图 6-1 所示在控制板上连接变频器调速控制线路，连接无误后接通电源。变频器加上电源时，也可以把基本操作面板 BOP 装到变频器上，或从变频器上将 BOP 拆卸下来。

三、设置参数

与面板控制相关的参数主要包括 4 个方面。其中有的参数只能在快速调试时才能修改，有的参数不在快速调试时修改。

（1）恢复出厂设定值。

（2）在快速调试时修改电动机参数。由于现场电动机与出厂设定值不符，所以需要修改电动机的参数。读者应按实际现场电动机的铭牌来设置参数。

（3）在快速调试时修改为 BOP 面板操作。恢复出厂设定值后，用 BOP 面板控制电动机的功能是被禁止的，如果要用 BOP 面板进行控制，参数 P0700 和 P1000 应设置为 1。

（4）不在快速调试时设置输出频率值。参数 P1040 的数值范围为－650～＋650，出厂值为 5Hz，修改为 50Hz。此时电动机的转速方向由频率正负所决定。

与面板控制相关的参数设置简表见表 6-6，操作变频器面板 BOP 写入新的参数设置值。

表 6-6　　参数设置简表

序号	参数代号	出厂值	设置值	说明
1	P0010	0	30	调出厂设置参数，准备复位
2	P0970	0	1	参数复位
3	P0003	1	3	参数访问专家级
4	P0010	0	1	起动快速调试
5	P0304	400	380	电动机的额定电压（V）
6	P0305	1.90	0.39	电动机的额定电流（A）
7	P0307	0.75	0.06	电动机的额定功率（kW）
8	P0311	1395	1400	电动机的额定速度（rpm）
9	P0700	2	1	BOP 面板控制
10	P1000	2	1	使用 BOP 面板设定的频率值
11	P3900	0	1	结束快速调试，进行电动机计算和复位出厂值
12	P0003	1	3	参数访问专家级
13	P0004	0	10	快速访问设定值通道
14	P1040	5.00	50.00	BOP 面板的频率设定值（Hz）

四、BOP 面板操作

（1）正向点动。当按下黑色“点动”按键时，电动机正向低速起动，起动结束后显示频率值 5Hz。松开“点动”按键，电动机减速停止。

（2）反向点动。先按下黑色“反转”按键，再按下黑色“点动”按键时，电动机反向低速起动，起动结束后显示频率值 5Hz。松开“点动”按键，电动机减速停止。

（3）正转。当按下绿色“起动”键时，电动机正转起动，即时输出频率上升，起动结束后显示频率值 50Hz（在电动机正转时也可以直接按下“反转”键，电动机停止正转转为反转）。

（4）停止。当按下红色“停止”键时，电动机减速停止。

（5）反转。先按下黑色“反转”键，再按下绿色“起动”键时，电动机反转起动，即时输出频率上升，起动结束后显示频率值 50Hz（在电动机反转时也可以直接按下“正转”键，电动机停止反转转为正转）

（6）停止。当按下红色“停止”键时，电动机减速停止。

（7）观察与记录。在电动机正反转起动过程时，观察 LCD 上显示参数值的变化并记录在表 6-7 中。

表 6-7　变频器的运行参数记录

项目	输出频率（Hz）		输出电压（V）		输出电流（A）		直流回路电压（V）
	最小值	最大值	最小值	最大值	最小值	最大值	
正转							
反转							

（8）切断电源。

思考与练习

1. 变频器的主要作用是什么？
2. 变频器有几部分组成？各部分的功能是什么？
3. 如何恢复 MM420 变频器的出厂设置值？
4. 当恢复出厂设置值后，要使用 BOP 面板控制电动机运行，必须修改哪两个参数？
5. 如果调整电动机的斜坡上升/下降时间？
6. 变频器的控制线与动力线在布线方面有什么要求？
7. 操作变频器面板按键设定变频器的输出频率为 35Hz，并能控制电动机点动、正转、反转和停止。试根据现场电动机列出设置参数简化表。

任务 2　PLC 与变频器的自动往返控制

任务引入

本任务使用 PLC 和变频器组成自动往返调速控制电路。当按下起动按钮后，要求变频器的输出频率按图 6-6 所示曲线自动运行一个周期，并有必要的控制和保护环节。

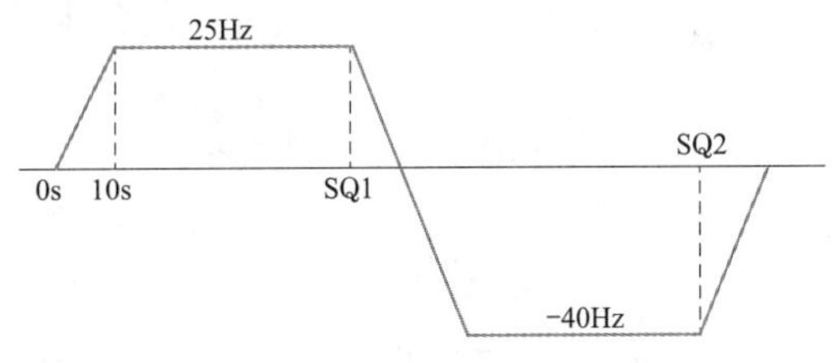

图 6-6　变频器输出频率曲线

分析变频器的输出频率曲线可知，当按下起动按钮时，电动机起动，斜坡上升时间为 10s，正转运行频率为 25Hz，机械装置前进。当机械装置的撞块触碰行程开关 SQ1 时，电动机先减速停止，后开始反向起动，斜坡下降/上升时间均为 10s，反转运行频率为 40Hz，机械装置后退。当机械装置的撞块触碰行程开关SQ2时，电动机减速停止。

PLC输入/输出端口与变频器输入控制端子的连接关系见表6-8。变频器数字输入端DIN1设置频率为25Hz，并加上运转命令ON；DIN2设置频率为－40Hz，并加上运转命令ON。

表6-8　PLC输入/输出端口与变频器输入控制端子连接关系

PLC输入端口			PLC输出端口/变频器输入端子		
输入继电器	输入元件	作用	输出继电器	输入端子	功能
I0.0	SB1（动断触点）	停止按钮	Q0.0	DIN1	25Hz＋ON
I0.1	SB2（动合触点）	起动按钮	Q0.1	DIN2	－40Hz＋ON
I0.2	SQ1（动合触点）	换向位置	—	—	—
I0.3	SQ2（动合触点）	原点位置	—	—	—

PLC与变频器的自动往返调速控制电路如图6-7所示。

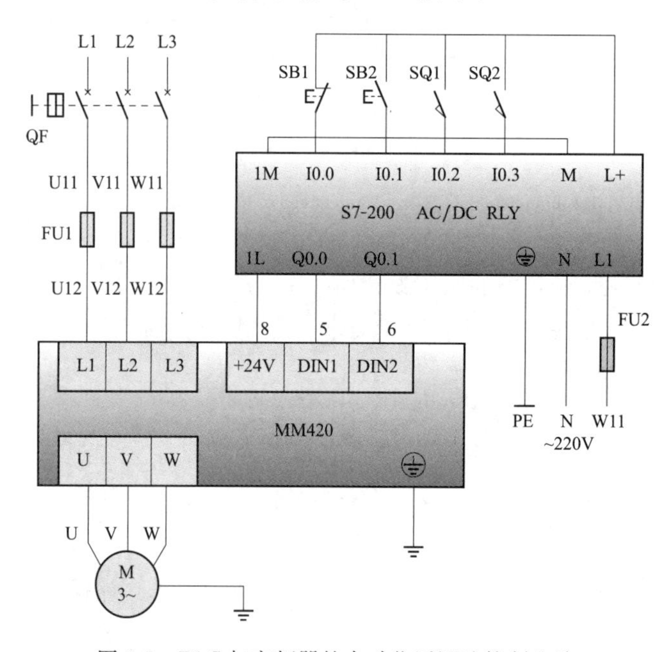

图6-7　PLC与变频器的自动往返调速控制电路

相关知识

一、模拟输入量作为数字输入量

当变频器MM420的模拟输入量作为数字输入量DIN4时，外部输入电路的连接如图6-8所示。

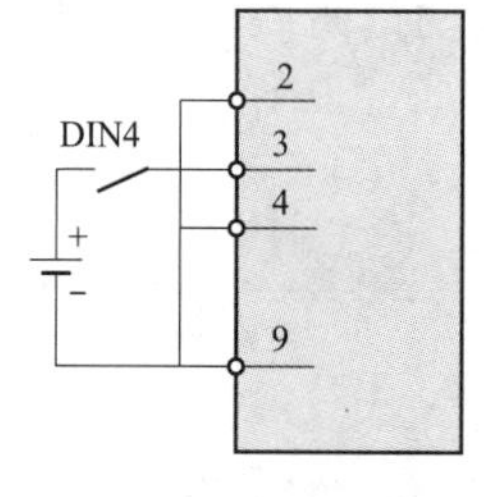

图6-8　模拟输入量作为数字输入量DIN4的外部电路连接

二、数字输入量的功能

变频器MM420包含4个数字量的输入端，每个输入端都有一个对应的参数，用来设定该端子的功能，见表6-9。但DIN4的选择功能参数P0704不能设置数值15/16/17，即没有固定频率选择项。

表 6-9　　　　MM420 的 4 个数字输入量的功能

<table>
<tr><th>端子编号</th><th>数字编号</th><th>参数编号</th><th>出厂值</th><th>功 能 说 明</th></tr>
<tr><td>5</td><td>DIN1</td><td>P0701</td><td>1</td><td rowspan="4">0：禁止数字输入。
1：接通正转/断开停车。
2：接通反转/断开停车。
3：断开按惯性自由停车。
4：断开按斜坡曲线快速停车。
9：故障复位。
10：正向点动。
11：反向点动。
12：反转（与正转命令配合使用）。
13：MOP 升速（用端子接通时间控制升速）。
14：MOP 降速（用端子接通时间控制降速）。
15：固定频率直接选择。
16：固定频率直接选择+ON 命令。
17：固定频率二进制编码选择+ON 命令。
21：机旁/远程控制。
25：直流制动。
29：由外部信号触发跳闸。
33：禁止附加频率设定值。
99：使能 BICO 参数化</td></tr>
<tr><td>6</td><td>DIN2</td><td>P0702</td><td>12</td></tr>
<tr><td>7</td><td>DIN3</td><td>P0703</td><td>9</td></tr>
<tr><td>3</td><td>DIN4</td><td>P0704</td><td>0</td></tr>
</table>

三、固定频率选择

在频率源选择参数 P1000=3 的条件下，可以用三个数字量输入端子 5/6/7 选择固定频率，实现电动机多段速频率运行，最多可达 7 段速。固定频率设置参数 P1001～P1007 的数值范围为-650Hz～+650Hz，此时电动机的转速方向由频率正负所决定。

（1）固定频率直接选择（P0701～P0703=15）。在这种操作方式下，一个数字量输入通过频率设置参数选择一个固定频率，见表 6-10。

表 6-10　　　　固定频率直接选择操作方式

<table>
<tr><th>端子编号</th><th>数字编号</th><th>固定频率设置参数</th><th>功 能 说 明</th></tr>
<tr><td>5</td><td>DIN1</td><td>P1001</td><td rowspan="3">（1）如果有几个固定频率输入同时被激活，选定的频率是它们的总和，例如，FF1+FF2+FF3。
（2）运行变频器还需要起动命令</td></tr>
<tr><td>6</td><td>DIN2</td><td>P1002</td></tr>
<tr><td>7</td><td>DIN3</td><td>P1003</td></tr>
</table>

（2）固定频率直接选择+ON 命令（P0701～P0703=16）。在这种操作方式下，数字量输入既选择固定频率（见表 6-10），又具备接通运行变频器的命令的功能。

（3）固定频率二进制编码选择+ON 命令（P0701～P0703=17），详见本模块任务 3。

四、数字量的输入电平方式

数字量有效输入电平方式分为高电平（PNP）和低电平（NPN）两种，由参数 P0725 决定。P0725 的默认出厂值为 1，即输入高电平有效。

（1）PNP 方式。当 P0725=1 时，选择 PNP 方式，数字端 5/6/7 必须通过端子 8（+24V）连接。此时，控制电流是流入变频器的数字端。

（2）NPN 方式。当 P0725=0 时，选择 NPN 方式，数字端 5/6/7 必须通过端子 9（0V）连接。此时，控制电流是流出变频器的数字端。

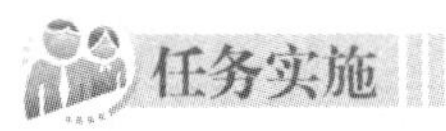

任务实施

一、任务准备

实施本任务所需要的设备见表6-11。

表6-11　　设　备　表

序　号	名　称	型号规格	数　量	单　位
1	计算机	安装STEP7-Micro/WINV4.0软件	1	台
2	PLC	S7-200　AC/DC/RLY	1	台
3	编程电缆	PC/PPI或USB/PPI	1	根
4	低压断路器	DZ47LE	1	个
5	熔断器	RT18-32	2	组
6	按钮	LA10-3H	1	个
7	行程开关	LX19-001	2	个
8	变频器	MM420、BOP面板	1	台
9	电动机	YS5024，60W，380V，Y/△，0.39A/0.66A，1400r/min，或其他型号电动机	1	台
10	控制板	长750mm、宽600mm	1	块

二、连接电路

将电动机绕组作星形连接，并按图6-7所示在控制板上连接PLC和变频器自动往返调速控制电路，连接无误后接通电源。

三、设置参数

与数字量输入控制相关的参数主要包括4个方面。

(1) 恢复出厂设定值。

(2) 修改电动机参数。由于现场电动机与出厂设定值不符，所以需要修改电动机的参数。读者应按实际现场电动机的铭牌来设置参数。

(3) 选择数字端子功能。数字端DIN1和DIN2的功能为固定频率直接选择+ON命令。

(4) 设置数字端DIN1和DIN2的输出频率值。

与数字量输入控制相关的参数设置简表见表6-12，操作变频器面板BOP写入新的参数值。

表6-12　　参数设置简表

序　号	参数代号	出厂值	设置值	说　明
1	P0010	0	30	调出厂设置参数，准备复位
2	P0970	0	1	参数复位
3	P0003	1	3	参数访问专家级
4	P0010	0	1	起动快速调试
5	P0304	400	380	电动机的额定电压（V）
6	P0305	1.90	0.39	电动机的额定电流（A）
7	P0307	0.75	0.06	电动机的额定功率（kW）
8	P0311	1395	1400	电动机的额定速度（rpm）

续表

序　号	参数代号	出厂值	设置值	说　明
9	P1000	2	3	选择固定频率
10	P3900	0	1	结束快速调试，进行电动机计算和复位出厂值
11	P0003	1	3	参数访问专家级
12	P0004	0	7	快速访问命令通道 7
13	P0700	2	2	不修改，默认外部数字端子控制
14	P0701	1	16	固定频率直接选择+ON 命令
15	P0702	12	16	固定频率直接选择+ON 命令
16	P0004	当前值 7	10	快速访问设定值通道 10
17	P1001	0.00	25.00	固定频率 1=25Hz
18	P1002	5.00	−40.00	固定频率 2=−40Hz

四、编写控制程序

PLC 和变频器自动往返调速控制程序如图 6-9 所示，接通 PLC 电源并下载程序。

程序工作原理如下。

（1）正转运行/前进。当按下起动按钮（I0.1）时，输出端 Q0.0 通电自锁，变频器数字端 DIN1 输入有效，变频器输出 25Hz，电动机正转前进。

（2）反转运行/后退。当行程开关 SQ1 动作、I0.2 接通时，输出端 Q0.0 断开，Q0.1 通电自锁，变频器数字端 DIN2 输入有效，变频器输出−40Hz，电动机反转后退。

（3）变频器、电动机停止。当后退返回原点时，触动行程开关 SQ2 动作，I0.3 接通时，输出端 Q0.1 分断。

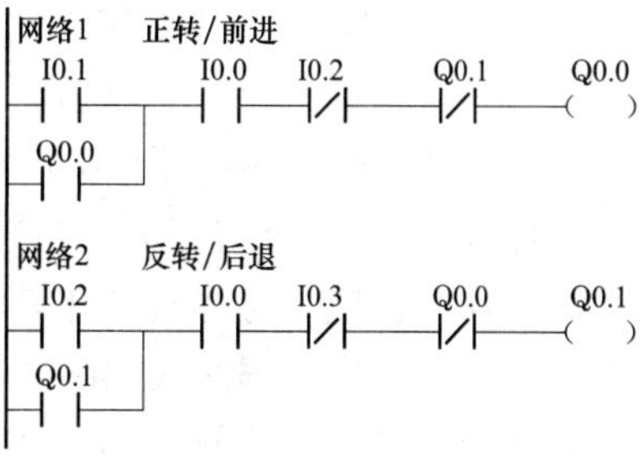

网络1　正转/前进
I0.1　I0.0　I0.2　Q0.1　Q0.0
Q0.0
网络2　反转/后退
I0.2　I0.0　I0.3　Q0.0　Q0.1
Q0.1

图 6-9　PLC 和变频器自动往返调速控制程序

当按下停止按钮（I0.0）时，输出端 Q0.0～Q0.1 分断。

五、模拟操作

（1）电动机正转。当按下起动按钮时，电动机正向起动，起动结束后显示频率值 25Hz。

（2）电动机反转。当用手触动行程开关 SQ1 触头时，电动机先减速停止，后反转起动，起动结束后显示频率值−40Hz。

（3）停止。当用手触动行程开关 SQ2 触头或按下停止按钮时，电动机减速停止。

（4）切断电源。

思考与练习

1. 变频器数字端的功能“固定频率直接选择”和“固定频率直接选择+ON 命令”有什么异同？

2. 设数字端 DIN1 设置频率 25Hz，DIN2 设置频率 15Hz，若 DIN1 和 DIN2 同时输入有效，变频器输出频率是多少？

3. 在参数设置简表 6-12 中，哪些参数设置需要快速调试，哪些参数设置不需要快速调试？

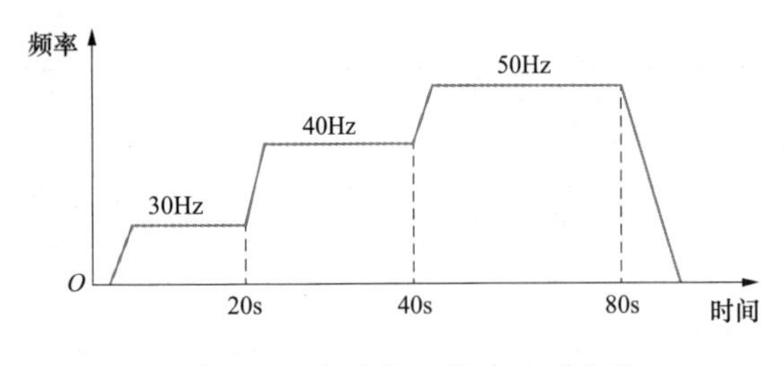

图 6-10　电动机 3 段速运行曲线

4. 某电动机一个工作周期内调速运行曲线如图 6-10 所示（斜坡时间为 5s）。

（1）试绘出由 PLC 和变频器组成的电动机调速控制线路（有必要的控制和保护环节）。

（2）根据现场电动机列出变频器设置参数简表（修改斜坡时间需要快速调试）。

（3）绘出 PLC 控制程序梯形图。

任务 3　PLC 与变频器的 7 段速控制

任务引入

某纺纱机电气控制系统由 PLC 和变频器构成，控制要求如下。

（1）定长停车。使用霍尔传感器将纱线输出轴的旋转圈数转换成高速脉冲信号，送入 PLC 进行计数，当纱线长度达到设定值（即纱线输出轴旋转圈数达到 70 000）后自动停车。

（2）在纺纱过程中，随着纱线在纱管上的卷绕，纱锭直径逐步增大，为了保证在整个纺纱过程中纱线的张力均匀，主轴应降速运行。生产工艺要求变频器输出频率曲线如图 6-11 所示，在纺纱过程中主轴转速分为 7 段速，起动频率为 50Hz，每当纱线输出轴旋转10 000转时，输出频率下降 1Hz，最后的运行频率为 44Hz。

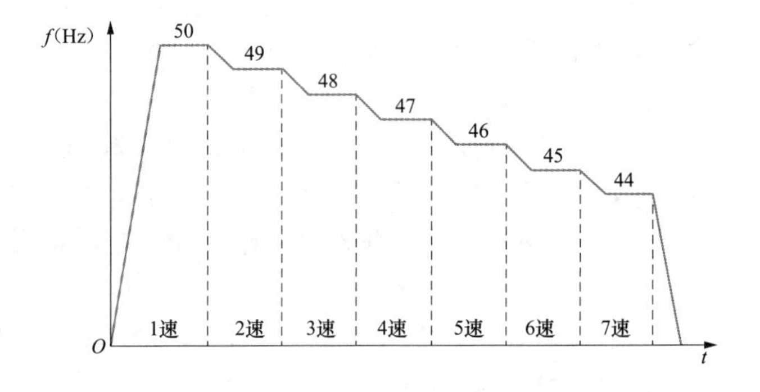

图 6-11　纺纱机变频器输出频率曲线

（3）中途因断纱停车后再次开车时，应保持为停车前的速度状态。

PLC 输入/输出端口与变频器输入控制端子的连接关系见表 6-13。

表 6-13　PLC 输入/输出端口与变频器输入控制端子连接关系

PLC 输入端口			PLC 输出端口/变频器输入端子		
输入继电器	输入元件	作用	输出继电器	输入端子	功能
I0.0	霍尔传感器 BM	高速计数	Q0.0	DIN1	固定频率二进制编码
I0.1	SB1（动断触点）	停止按钮	Q0.1	DIN2	固定频率二进制编码
I0.2	SB2（动合触点）	起动按钮	Q0.2	DIN3	固定频率二进制编码

纺纱机变频调速控制电路如图 6-12 所示。测速功能由霍尔传感器实现，霍尔传感器 BM 有 3 个端子，分别是正极（接 L+端）、负极（接 M 端）和输出信号端（接 I0.0 端）。当纱线输出轴旋转，磁钢经过霍尔传感器时，产生脉冲信号送入高速脉冲输入端 I0.0 计数。

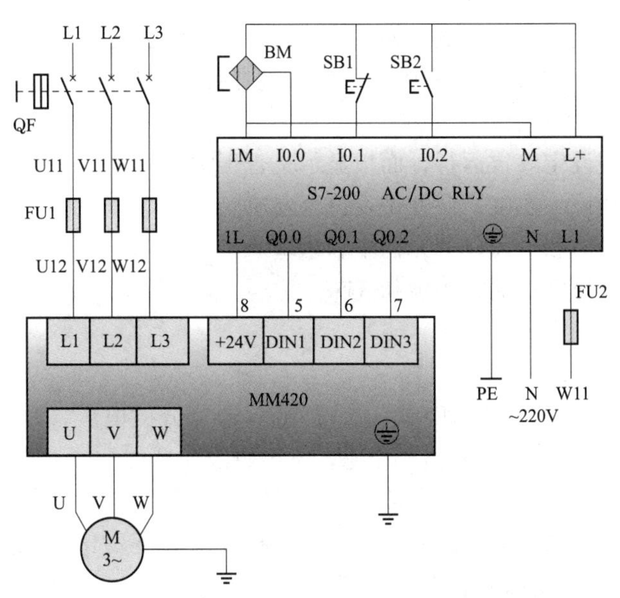

图 6-12 纺纱机变频调速控制电路

相关知识

一、固定频率二进制编码选择

当变频器 MM420 的数字量输入端 DIN1～DIN3 对应的参数（P0701～P0703）＝17 时，端子功能为固定频率二进制编码选择＋ON 命令，3 个数字端的二进制编码状态最多可以选择 7 个固定频率，见表 6-14。端子编码状态 0 表示该端子未激活，编码状态 1 表示激活。每个固定频率值的设定范围为－650～＋650Hz。

表 6-14 固定频率二进制编码选择＋ON 命令的 7 段频率设定

频率设定	出厂值（Hz）	端子 7（DIN3）	端子 6（DIN2）	端子 5（DIN1）
—	OFF	0	0	0
P1001	FF1＝0	0	0	1
P1002	FF2＝5	0	1	0
P1003	FF3＝10	0	1	1
P1004	FF4＝15	1	0	0
P1005	FF5＝20	1	0	1
P1006	FF6＝25	1	1	0
P1007	FF7＝30	1	1	1

二、变频器日常维护

变频器的日常维护和保养是变频器安全工作的保障，高温、潮湿、灰尘和振动等对变频器的使用寿命影响较大。

（1）维护和检查时的注意事项。

1）变频器断开电源后不久，储能电容上仍然剩余有高压电。进行检查前，先断开电源，过 10min 后用万用表测量，确认变频器主回路正负端子两端电压在直流几伏以下后再进行检查。

2）用绝缘电阻表测量变频器外部电路的绝缘电阻前，要拆下变频器上所有端子的电线，以防止测量高电压加到变频器上。控制回路的通断测试应使用万用表（高阻挡），不要使用绝缘电阻表。

3）不要对变频器实施耐压测试，如果测试不当，可能会使电子元件损坏。

（2）日常检查项目。在日常巡视中，可以通过耳听、目测、触感和气味判断变频器的运行状态，一般巡视检查项目有。

1）变频器是否按设定参数运行，面板显示是否正常。

2）安装场所的环境、温度、湿度是否符合要求。

3）变频器的进风口和出风口有无积尘和堵塞。

4）变频器是否有异常振动、噪声和气味。

5）是否出现过热和变色。

（3）定期检查项目。

1）定期检查除尘。除尘前先切断电源，待变频器充分放电后打开机盖，用压缩空气或软毛刷对积尘进行清理。除尘时要格外小心，不要触及元器件和微动开关。

2）定期检查变频器的主要运行参数是否在规定的范围。

3）检查固定变频器的螺丝和螺钉，是否由于振动、温度变化等原因松动。导线是否连接可靠，绝缘物质是否被腐蚀或破损。

4）定期检查变频器的冷却风扇、滤波电容，当达到使用期限后及时进行更换。

任务实施

一、任务准备

实施本任务所需要的设备见表6-15。

表6-15 设 备 表

序号	名称	型号规格	数量	单位
1	计算机	安装STEP7-Micro/WINV4.0软件	1	台
2	PLC	S7-200 AC/DC/RLY	1	台
3	编程电缆	PC/PPI或USB/PPI	1	根
4	低压断路器	DZ47LE	1	个
5	熔断器	RT18-32	2	组
6	按钮	LA10-3H	1	个
7	变频器	MM420、BOP面板	1	台
8	电动机	YS5024，60W，380V，Y/△，0.39A/0.66A，1400r/min，或其他型号电动机	1	台
9	控制板	长750mm、宽600mm	1	块

二、连接线路

按图6-12所示在控制板上连接纺纱机模拟控制电路。用按钮代替霍尔传感器，用小功率变频器和电动机代替纺纱机的大功率设备，连接无误后接通电源。

三、设置参数

按现场电动机设置参数，参数设置简表见表6-16。

表6-16 参数设置简表

序号	参数代号	出厂值	设置值	说明
1	P0010	0	30	调出厂设置参数，准备复位
2	P0970	0	1	参数复位
3	P0003	1	3	参数访问专家级

续表

序 号	参数代号	出厂值	设置值	说 明
4	P0010	0	1	起动快速调试
5	P0304	400	380	电动机的额定电压（V）
6	P0305	1.90	0.39	电动机的额定电流（A）
7	P0307	0.75	0.06	电动机的额定功率（kW）
8	P0311	1395	1400	电动机的额定速度（rpm）
9	P1000	2	3	选择固定频率
10	P3900	0	1	结束快速调试，进行电动机计算和复位出厂值
11	P0003	1	3	参数访问专家级
12	P0004	0	7	快速访问命令通道 7
13	P0700	2	2	不修改，默认外部数字端子控制
14	P0701	1	17	固定频率二进制编码选择＋ON 命令
15	P0702	12	17	固定频率二进制编码选择＋ON 命令
16	P0703	9	17	固定频率二进制编码选择＋ON 命令
17	P0004	当前值 7	10	快速访问设定值通道 10
18	P1001	0.00	50.00	固定频率 1＝50Hz
19	P1002	5.00	49.00	固定频率 2＝49Hz
20	P1003	10.00	48.00	固定频率 3＝48Hz
21	P1004	15.00	47.00	固定频率 4＝47Hz
22	P1005	20.00	46.00	固定频率 5＝46Hz
23	P1006	25.00	45.00	固定频率 6＝45Hz
24	P1007	30.00	44.00	固定频率 7＝44Hz

四、编写控制程序

（1）主程序。纺纱机的 PLC 主程序如图 6-13 所示。

1）程序网络 1，初始化脉冲 SM0.1 调用高速计数器子程序，并使变量存储器字节 VB0 的初始值为 1，即开机时 V0.0 状态 ON。

2）程序网络 2，当按下起动按钮时，M0.0 通电自锁；当按下停止按钮时，M0.0 失电解除自锁。

3）程序网络 3，中途停车后，再次开车时为了保持停车前的速度状态，使用 VB0 保存状态数据，并用 VB0 的最低 3 位（V0.0～V0.2）控制输出继电器的最低 3 位（Q0.0～Q0.2）。

程序网络 4，当完成一落纱加工后重新使 VB0 的初始值为 1，为下次开车作准备。

（2）高速计数器子程序。纺纱机的高速计数器子程序由高速计数器指令向导完成，如图 6-14 所示。预置值为 10 000，工作原理见图中注释。

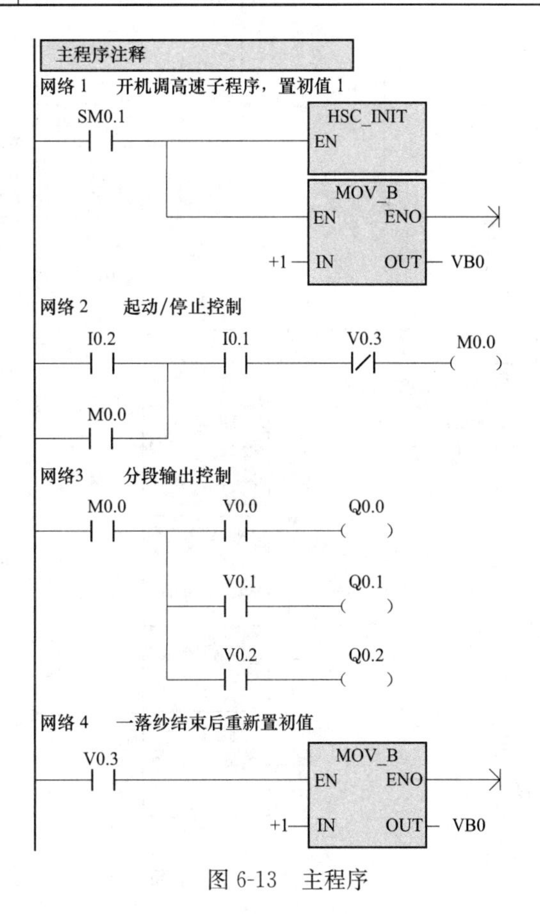

图 6-13 主程序

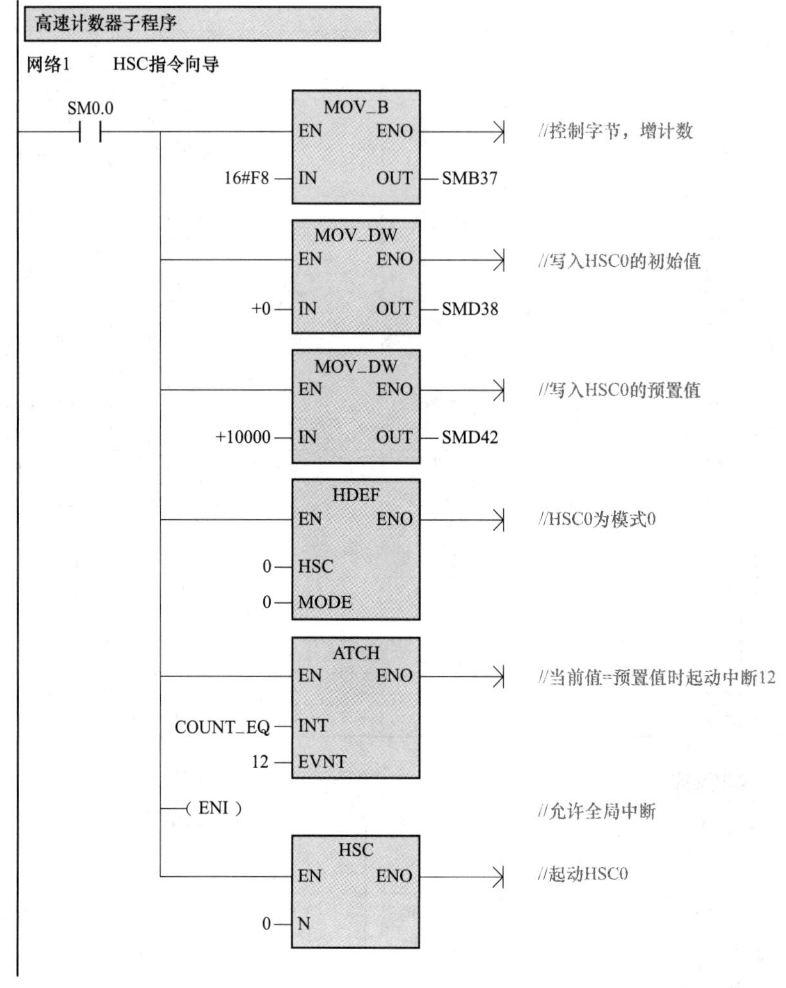

图 6-14 高速计数器子程序

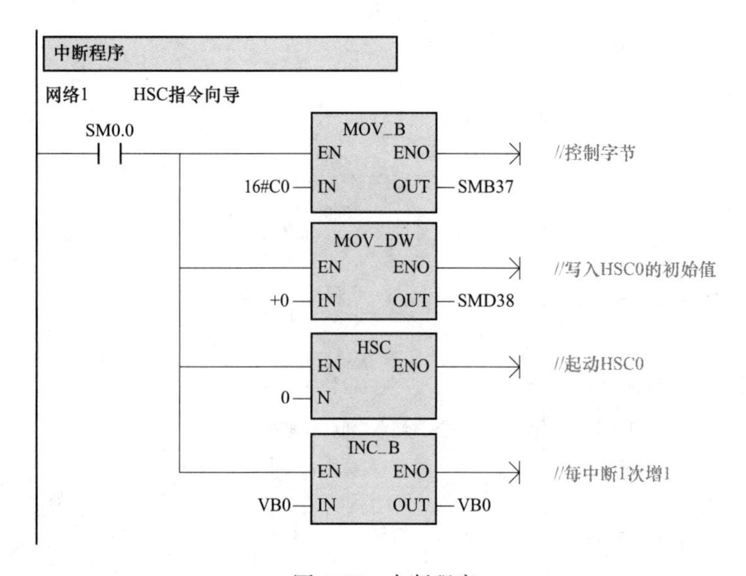

图 6-15 中断程序

（3）中断程序。纺纱机的中断程序由高速计数器指令向导完成，如图 6-15 所示。

高速计数器指令向导自动分配 I0.0 为计数信号输入端，纱线输出轴每旋转一圈，输入到 I0.0 一个脉冲信号，HC0 对高速脉冲信号计数。在当前值等于预置值时产生中断 12，在中断程序中，VB0 字节做加 1 运算，使 Q0.2、Q0.1、Q0.0 分别控制变频器数字端 DIN3、DIN2、DIN1 按二进制编码增 1，变频器按设定的 7 段固定频率控制电动机逐步降速运行。同时 HC0 重新从 0 开始计数。

当 VB0＝8 时（总旋转圈数为 10 000×7＝70 000 转），V0.3 通电，变频器（电动机）停止，VB0 重新设初值 1，为下次开车做好准备。

五、模拟操作

（1）接通变频器电源，按表 6-16（或现场电动机）修改变频器参数，设置 7 段速频率。

（2）为了尽快观察操作效果，将如图 6-14 所示程序中高速计数器的预置值由 10 000 修改为 20。

（3）按下起动按钮 I0.2，使变频器运行，观察变频器输出频率的变化。

（4）反复按下按钮 I0.0，模拟纱线输出机轴产生的脉冲信号，观察如图 6-16 所示状态表中 HC0 当前值的变化。每当 HC0 计数值增加为 20 时，VB0 和 QB0 的当前值加 1，变频器的输出频率数值减 1，电动机的速度逐步下降。当输出频率下降到 44Hz 时，再反复接通 I0.0 端子，变频器的输出频率下降为 0，电动机减速停止。

序号	地址	格式	当前值
1	HC0	有符号	
2	VB0	无符号	
3	QB0	无符号	

图 6-16　状态表监控值

（5）当按下停止按钮 I0.1 时，QB0＝0，电动机按减速时间停止，但 VB0 数值保持不变。

（6）中途停止后再次起动时，变频器输出频率保持停止前的频率值。

（7）切断电源。

思考与练习

1. 变频器数字端的功能“固定频率直接选择”和“固定频率二进制编码选择”有什么异同？

2. 变频器维护和检查时的注意事项有哪些？

3. 某电动机一个工作周期内 7 段速运行曲线如图 6-17 所示（斜坡时间为出厂值）。控制要求是：当初次按下起动/增速按钮时，变频器起始频率 40Hz；以后每按下一次起动/增速按钮时，变频器输出频率增加 1Hz，最高输出频率为 46Hz；当按下停止按钮时，电动机停止。停止后再次重新起动时，变频器输出起始频率 40Hz。

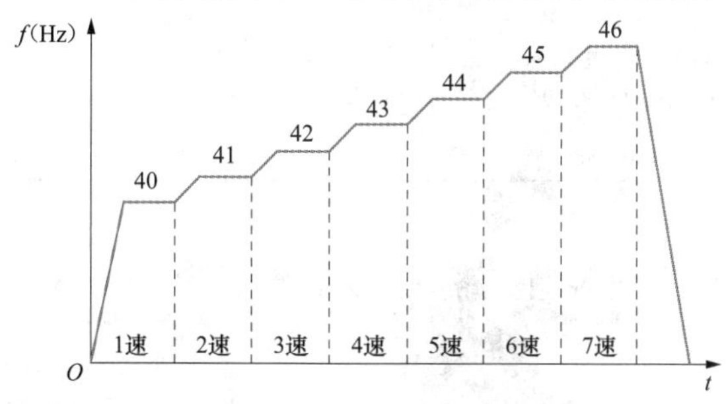

图 6-17　电动机 7 段速运行曲线

（1）试绘出由 PLC 和变频器组成的电动机调速控制线路（有必要的控制和保护环节）。

（2）根据现场电动机列出变频器设置参数简表。

（3）绘出 PLC 控制程序梯形图。

任务 4　变频器的模拟量调速控制

任务引入

通常在恒温、恒压等自动化控制中，变频器往往根据来自传感器的模拟信号对电动机实施无级调速。例如，当变频空调器作恒温控制时，如果环境温度升高，则温度传感器信号增大，变频空调器电动机的转速加快，使温度下降；否则变频空调器电动机的转速降低，使温度上升。温度传感器输出标准为正比例单极性电压信号 0～＋10V，对应此信号，变频器默认输出频率 0～＋50Hz，温度传感器输出电压信号的正极接入变频器的 3 脚（AIN＋端），负极接入 4 脚（AIN－端）和 2 脚（0V 端）。

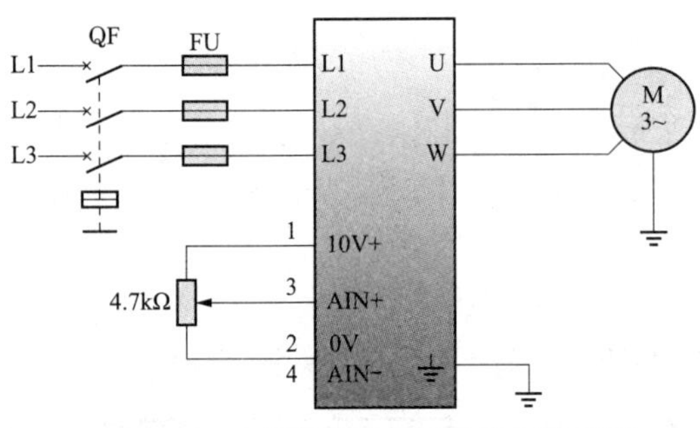

图 6-18　变频器模拟量调速控制接线图

本任务对如图 6-18 所示变频器模拟量调速控制线路进行操作。用基本操作面板 BOP 控制变频器起动/停止，通过调节 4.7kΩ 电位器，产生模拟电压信号 0～＋10V，控制变频器输出 0～＋50Hz，实现电动机无级变速。

任务实施

一、任务准备

实施本任务所需要的设备见表 6-17。

表 6-17　设　备　表

序　号	名　称	型　号　规　格	数　量	单　位
1	低压断路器	DZ47LE	1	个
2	熔断器	RT18-32	1	组
3	变频器	MM420、BOP 面板	1	台
4	电位器	4.7kΩ	1	个
5	电动机	YS5024，60W，380V，Y/△，0.39A/0.66A，1400r/min，或其他型号电动机	1	台
6	控制板	长 750mm、宽 600mm	1	块

二、连接线路

按图 6-18 所示在控制板上连接变频器模拟量调速控制电路，连接无误后接通电源。注意 2 脚（0V 端）和 4 脚（AIN－端）连接。

三、设置参数

按现场电动机设置参数，参数设置简表见表 6-18。

表 6-18　参 数 设 置 简 表

序　号	参数代号	出厂值	设置值	说　明
1	P0010	0	30	调出厂设置参数，准备复位
2	P0970	0	1	参数复位
3	P0003	1	3	参数访问专家级
4	P0010	0	1	起动快速调试
5	P0304	400	380	电动机的额定电压（V）
6	P0305	1.90	0.39	电动机的额定电流（A）
7	P0307	0.75	0.06	电动机的额定功率（kW）

续表

序 号	参数代号	出厂值	设置值	说 明
8	P0311	1395	1400	电动机的额定速度（r/min）
9	P0700	2	1	BOP面板控制
10	P1000	2	2	不修改，默认模拟设定频率值
11	P3900	0	1	结束快速调试，进行电动机计算和复位出厂值

四、操作

(1) 把电位器逆时针旋转到底，输出频率设定为0。把电位器慢慢顺时针旋转到底，输出频率逐步增大，当3脚电压为10V时，输出频率达到50Hz。

(2) 起动。当按下绿色“启动”键时，电动机正转起动，输出频率随电位器转动逐步增大。

(3) 停止。当按下红色“停止”键时，电动机减速停止。

(4) 切断电源。

思考与练习

1. 为什么说变频器的模拟量控制属于无级变速?

2. 如果输入变频器的正比例单极性模拟电压信号为0～+10V时，则变频器的输出频率范围是多少？当模拟电压信号分别为+1V、+5V和+8V时，对应变频器的输出频率分别是多少?

触摸屏与模拟量扩展模块的使用

触摸屏是“人”与“机”相互交流信息的窗口，具有操作直观、使用方便、交互信息量大等优点。只要用手指轻轻地触及屏幕上的图形，便可以控制设备运转、输入各种控制参数和监控不断变化的信息。

模拟量扩展模块用来处理模拟信号，在现代工业控制设备中，已广泛使用由PLC、触摸屏、模拟量扩展模块和变频器构成的电气控制系统。

任务1 用触摸屏控制电动机起动/停止

任务引入

使用触摸屏的电动机起动/停止控制电路如图7-1所示，PLC输入/输出端口分配见表7-1。

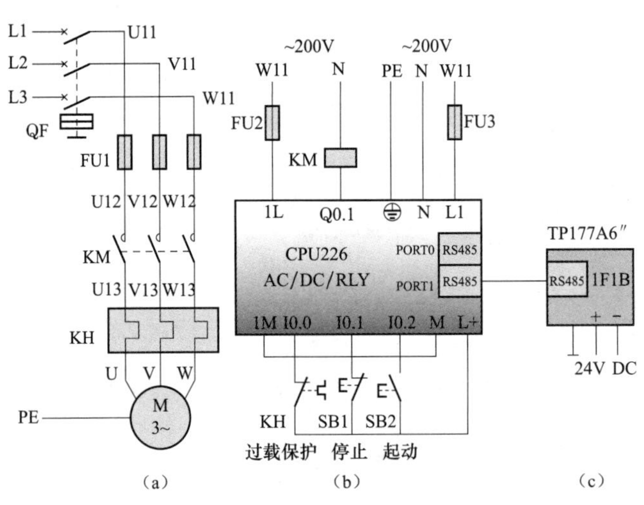

图7-1 电动机起动/停止控制电路

（a）主电路；（b）控制电路；（c）触摸屏电路

表7-1　PLC输入/输出端口分配表

输入端口			输出端口		
输入继电器	输入器件	作　用	输出继电器	输出器件	控制对象
I0.0	KH（动断触点）	过载保护	Q0.1	KM	电动机M
I0.1	SB1（动断触点）	停止按钮	—	—	—
I0.2	SB2（动合触点）	起动按钮	—	—	—

CPU226 的通信端口 1 使用网络连接器电缆（或自制 RS-485 网络电缆）与触摸屏的通信端口 1F1B 连接，构成 PPI 主从站通信网络。

通过如图 7-2 所示的触摸屏组态画面对电动机进行控制，并用显示/隐藏的圆形图标表示电动机的运转/停止状态。画面中的起动按钮与 M0.0 关联，停止按钮与 M0.1 关联，表示电动机运转状态的圆形图标与 Q0.1 关联。

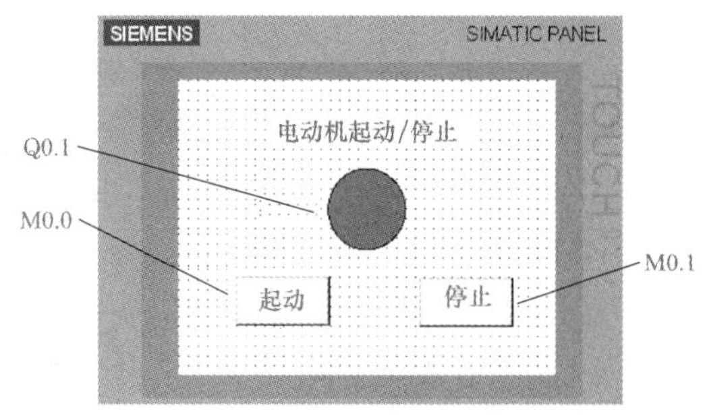

图 7-2　触摸屏组态画面

相关知识

西门子 TP177 系列触摸屏显示区为 115.18mm×86.38mm（5.7"），分辨率 320×240 像素，半亮度寿命典型值 5 万 h。最多配置 250 个显示画面，每个画面使用的变量最多 20 个；使用变量数目 250 个；离散量报警最多 500 个，报警变量数目 8 个；500 个文本对象；1 个 RS-485 通信端口。

TP177 系列触摸屏供电电源为 24VDC，典型工作电流 240mA，最大工作电流 300mA。由于 CPU226 的 24V 直流电源容量仅为 400mA（CPU221、CPU222 为 180mA；CPU224 为 280mA），所以另设 24V 外部直流电源为触摸屏供电。

触摸屏与 PLC 构成 PPI（点对点通信）网络，系统默认触摸屏是主站（站地址 1），PLC 是从站（站地址 2）。在通信网络中，触摸屏只能作为主站，PLC 作为从站或主站均可。触摸屏的组态与运行过程如图 7-3 所示。

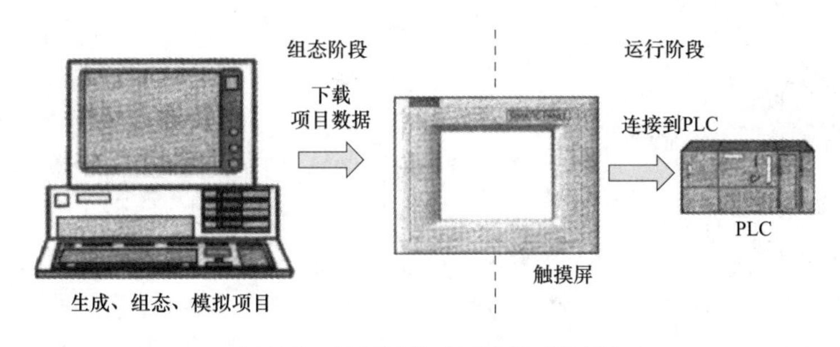

图 7-3　触摸屏的组态与运行过程

（1）组态。在计算机上使用西门子组态软件绘制满足控制要求的用户界面称为组态。将用户界面中的图形对象与 PLC 的存储器地址关联，就可以通过 PLC 用户程序进行控制。

（2）下载项目文件。将生成的组态转换成触摸屏可以执行的文件，并将可执行文件下载到触摸屏的存储器。

（3）运行。在控制系统运行时，触摸屏和 PLC 之间通过 PPI 主从站通信网络交换信息，从而实现触摸屏的各种控制功能。

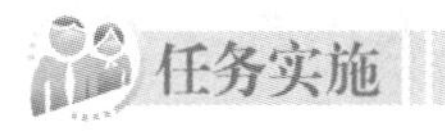

任务实施

一、任务准备

实施本任务所需要的设备见表 7-2。

表 7-2　　设　备　表

序　号	名　称	型号规格	数　量	单　位
1	计算机	安装 STEP7-Micro/WINV4.0 软件 和 SIMATIC WinCC flexible 2008 SP4 组态软件	1	台
2	PLC	CPU226　AC/DC/RLY	1	台
3	编程电缆	PC/PPI 或 USB/PPI	1	根
4	通信电缆	网络连接器电缆或自制 RS-485 网络电缆	1	根
5	触摸屏	TP177A6″	1	台
6	直流电源	24V DC/1A 以上	1	台
7	低压断路器	DZ47LE	1	个
8	熔断器	RT18-32	3	组
9	接触器	CJ20-10A（线圈电压 220V）	1	个
10	热继电器	JR36-20	1	个
11	按钮	LA10-3H	1	个
12	电动机	YS5024，60W，380V，Y/△，1400r/min	1	台
13	控制板	长 750mm、宽 600mm	1	块

二、设置通信端口与下载 PLC 控制程序

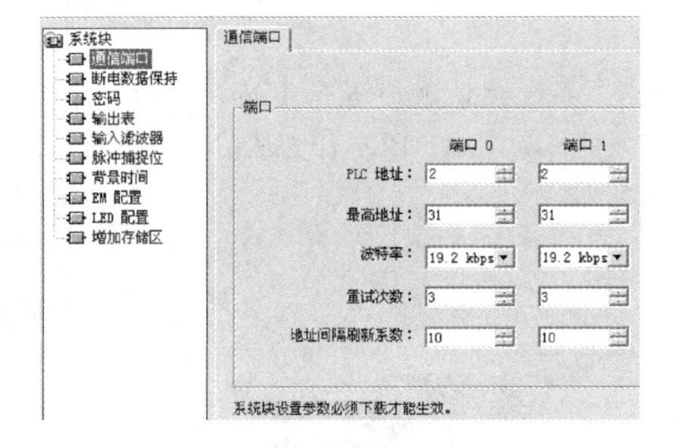

图 7-4　设置 PLC 通信端口参数

（1）设置 PLC 通信端口。由于触摸屏的最小波特率为 19.2kbps，为了通信和下载方便，可将计算机和 PLC 的波特率都设为与触摸屏相同。CPU226 有两个通信端口，其中端口 0 与计算机连接，下载和监控 PLC 程序，端口 1 则与触摸屏构成 PPI 网络。点击 PLC 程序左侧的“系统块”，默认端口 0 和端口 1 的地址为 2，波特率修改为 19.2kbps，如图 7-4 所示。若使用的 CPU 只有一个通信端口，则端口地址默认为 2，波特率修改为 19.2kbps。计算机通信端口的波特率也设为 19.2kbps。

（2）编写 PLC 控制程序。PLC 控制程序如图 7-5 所示。在程序中，起动按钮 I0.2 与组态画面的“起动”按钮 M0.0 并联，停止按钮 I0.1 与组态画面的“停止”按钮 M0.1 串联，以实现两地控制输出端 Q0.1。

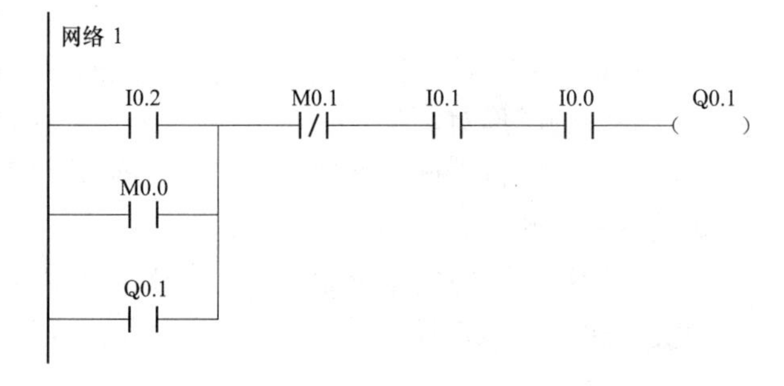

图 7-5　PLC 控制程序

（3）下载控制程序。用编程电缆将计算机与 PLC 通信端口 0 连接，将控制程序下载到 PLC 中。在下载选项中要选中“系统块”，因为系统块设置参数必须下载以后才能生效。

三、组态画面

（1）创建新项目。西门子组态软件 SIMATIC WinCC flexible 2008 SP4 的安装很简单，

点击 Setup. exe 安装文件，选择“最小安装”和“中文界面”，其他设置默认即可。安装完成后双击 Windows 桌面上“WinCC flexible”图标，在首页界面选择“创建一个空项目”，在出现的设备类型对话框中选择所使用的触摸屏型号，“Panels”→“170”→“TP177A6″”。操作界面如图 7-6 所示。

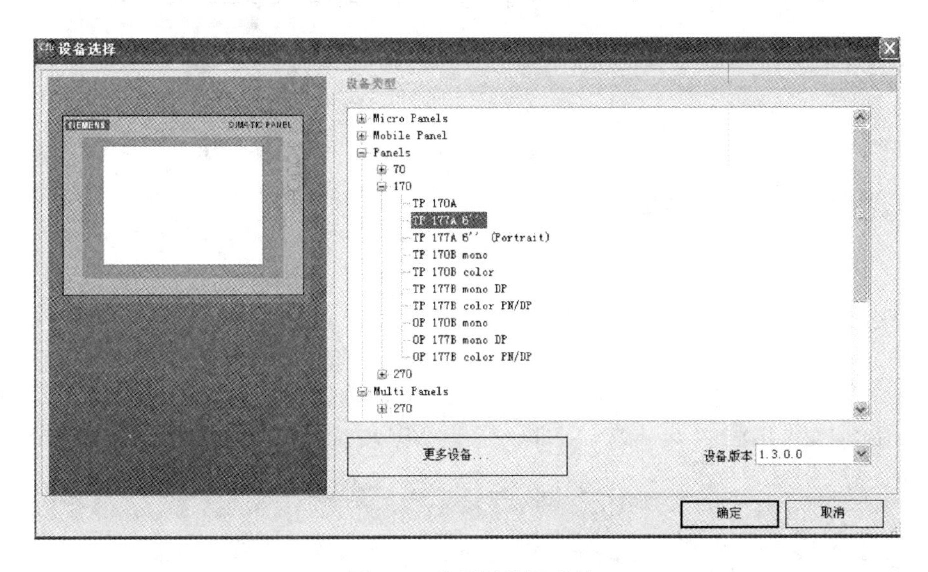

图 7-6　选择触摸屏型号

单击“确定”，即可生成项目窗口，其用户界面如图 7-7 所示，默认组态画面名称为画面_1。可以使用工具栏上的放大按钮和缩小按钮来调整画面的大小。单击主菜单“项目”→“保存”，选择合适的路径和文件名，将项目保存。

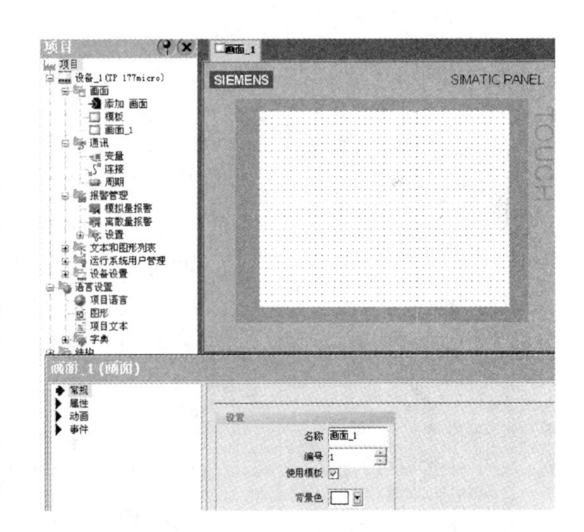

图 7-7　WinCC flexible 的用户界面

（2）配置通信连接。必须为触摸屏配置通信连接后才能与 CPU 模块构成 PPI 通信网络。

1）在 WinCC flexible 项目树中，选择“项目”→“通信”→“连接”，双击“连接”，打开连接编辑器。

2）双击“名称”下面的空白处，表内自动生成了一个连接，其默认名称为“连接_1”，通信驱动程序选择“SIMATIC S7-200”，在“在线”列选中“开”。连接表下面的参数视图中给出了通信连接的参数、PLC 地址和网络配置。要注意选择最小的波特率“19 200”，选择“MPI”配置文件。默认 TP177A6" 的地址为“1”，选中“总线上的唯一主站”。默认 PLC 的地址为“2”，如图 7-8 所示。波特率和 PLC 地址必须与 CPU 模块通信端口的设置参数一致。

（3）建立变量。用户界面中的图形对象称为变量，变量的地址必须与 PLC 程序的地址相关联。当选择不同厂家或类型的 PLC 时，触摸屏的变量地址自动匹配 PLC。

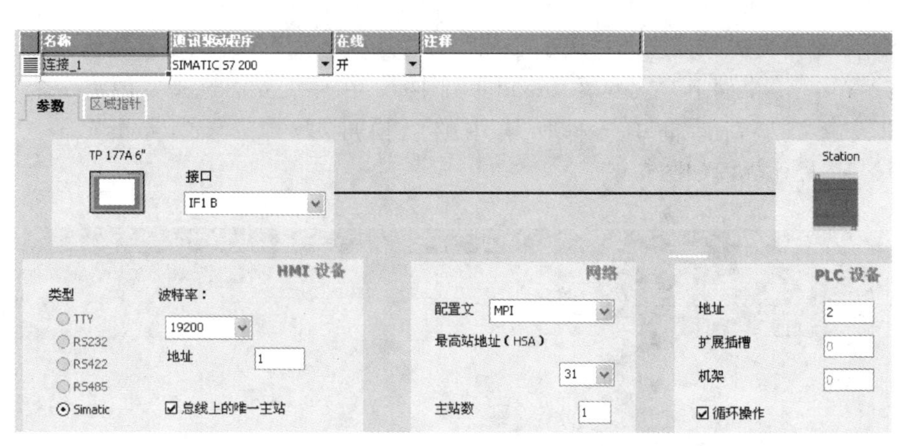

图 7-8　通信连接编辑器

在 WinCC flexible 项目树中，选择“项目”→“通信”→“变量”，打开变量编辑器，双击名称下面的空白处，表内自动生成了一个变量，其默认名称为“变量_1”，更名为“起动按钮”，默认“连接_1”，选择数据类型为布尔“Bool”，选择地址为“M0.0”，选择采集周期“100ms”。变量“停止按钮”与 M0.1 关联，变量“电动机”与 Q0.1 关联，如图 7-9 所示。

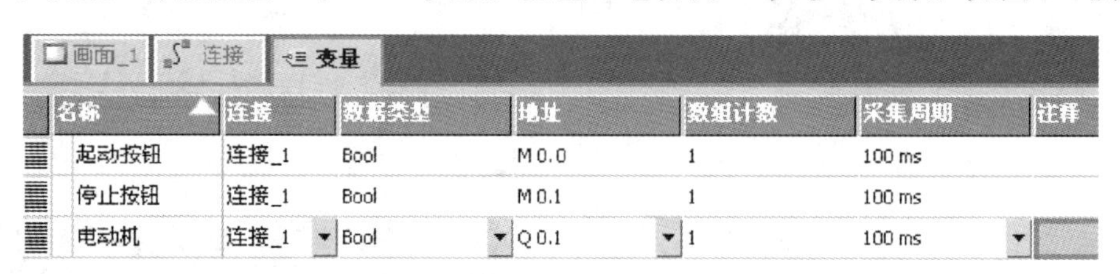

名称	连接	数据类型	地址	数组计数	采集周期	注释
起动按钮	连接_1	Bool	M 0.0	1	100 ms	
停止按钮	连接_1	Bool	M 0.1	1	100 ms	
电动机	连接_1	Bool	Q 0.1	1	100 ms	

图 7-9　变量编辑器

（4）显示工具箱。单击主菜单“视图”→“工具”，在画面_1 右侧出现工具箱，用户可以选择箱中需要的图形对象。例如在“简单对象”栏中包含线、圆、文本域、按钮、日期时间等，如图 7-10 所示。

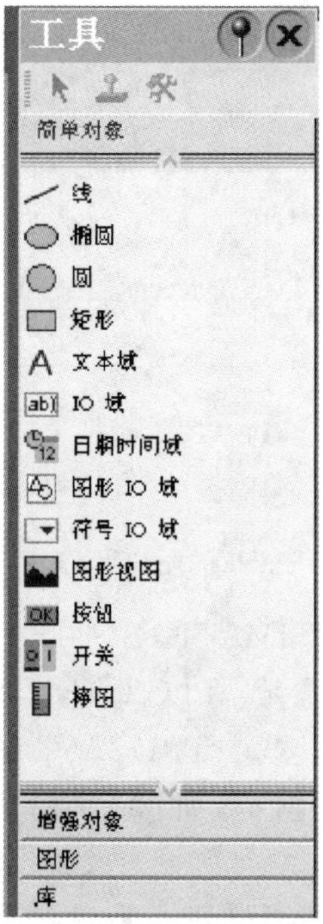

（5）添加文本域。使用“文本域”可以在屏幕上添加文字信息，修改字体类型、大小和显示方式。

点击“简单对象”栏中的“A 文本域”，将其拖入到画面_1 中，默认的文本为“Text”，在属性视图中更改文本为“电动机起动/停止”。选中“属性”→“文本”可以更改文本的字体大小和对齐方式，如图 7-11 所示。

（6）添加按钮。可以在屏幕上生成各种按钮，如点动按钮和自锁按钮。使用屏幕按钮可以节省 PLC 的输入点数。

1）按钮的生成。点击“简单对象”栏中的“按钮”，将按钮图标 OK 拖放到画面_1 上，松开左键，按钮被放置在画面上。可以用鼠标来调整按钮的位置和大小。

2）设置按钮的属性。选中生成的按钮，在属性视图的“常规”对话框中，使“按钮模式”框和“文本”框均选中“文本”，写入“起动”文本，如图 7-12 所示。若未出现属性

图 7-10　工具箱中的简单工具栏

视图，则单击主菜单“视图”→“属性”。

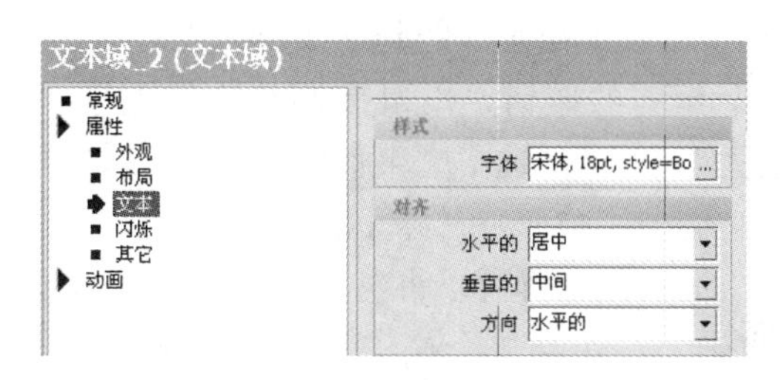

图 7-11　修改文本属性

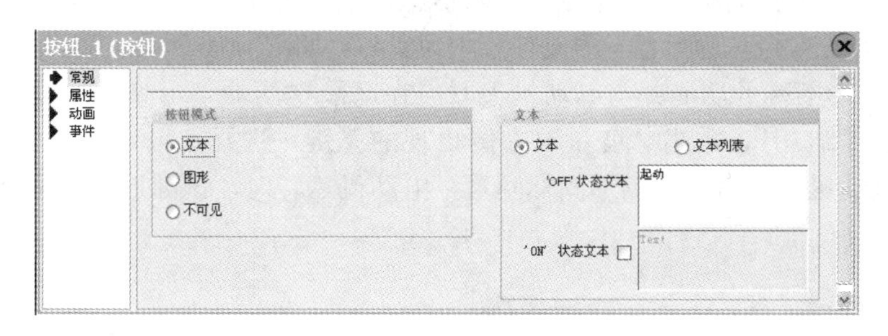

图 7-12　组态按钮的常规属性

在属性视图的“文本”对话框中，可以定义按钮上文本的字体大小和对齐方式，如图 7-13 所示。

3）设置按钮的功能。在属性视图的“事件”类的“按下”对话框中，单击视图右侧最上面一行，再单击它的右侧出现的▼键（在单击之前它是隐藏的），单击出现的系统函数列表的“编辑位”文件夹中的函数“SetBit”（置位），如图 7-14 所示。

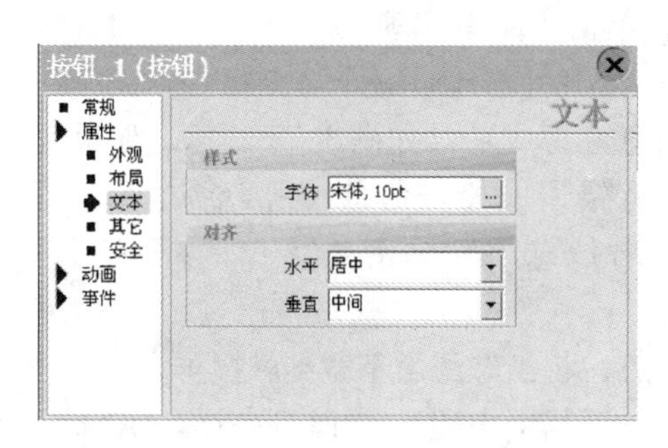

图 7-13　组态按钮的文本格式

图 7-14　组态按钮按下时执行的函数

单击表中第 2 行右侧隐藏的▼按钮，打开出现的对话框，单击其中的变量“起动按钮 M0.0”，如图 7-15 所示。即完成了“起动按钮”图形对象与变量 M0.0 的关联，系统运行后按下该按钮时，变量 M0.0 置位为 1。

图 7-15　组态按钮按下时操作的变量

用同样的方法，在属性视图的“事件”类的“释放”对话框中，设置释放按钮时系统函数“ResetBit”，将变量“起动按钮 M0.0”复位为 0。该按钮具有点动按钮的功能，按下按钮时变量置位，释放按钮时变量复位。

4）复制停止按钮。单击画面上组态好的起动按钮，先后执行“编辑”菜单中的“复制”和“粘贴”命令，生成一个相同的按钮。用鼠标调节它的位置，选中属性视图的“常规”组，将按钮上的文本修改为“停止”。选中“事件”组，组态“按下”和“释放”时停止按钮的置位和复位事件，将它们分别与变量“停止按钮 M0.1”关联起来。

（7）添加运转指示灯。运转指示灯可以将电动机的运转状态显示在屏幕上。

1）指示灯的生成。点击“简单对象”栏中的“圆”，将其中的圆形图标●拖放到画面上，松开左键，圆形图标被放置在画面上。可以用鼠标来调整圆形图标的位置和大小。

2）设置圆形图标的属性。选中生成的圆形图标，在属性视图的“外观”对话框中，选择边框颜色和填充颜色均为黑色，填充样式均为实心，如图 7-16 所示。

3）设置圆形图标的功能并与电动机关联。在动画视图的“可见性”类的“变量”对话框中，选择“启用”，单击“变量”右侧出现的▼键，选择“电动机”，选择对象状态为隐藏，即电动机停止时，该圆形图标隐藏；电动机运转时，该圆形图标可见，如图 7-17 所示。

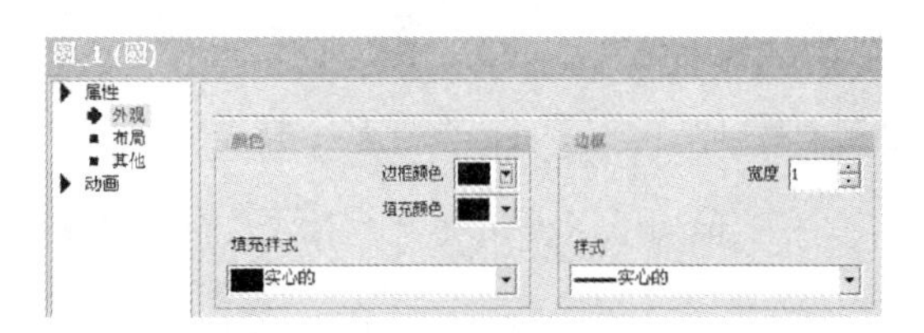

图 7-16　组态运转指示灯

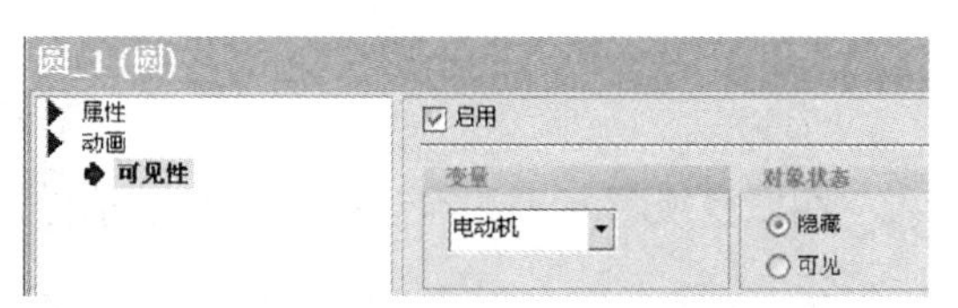

图 7-17　运转指示灯与电动机关联

四、编译检查

组态画面完成后，可保存并进行编译检查。单击主菜单“项目”→“编译器”→“生成”，输出组态画面编译检查报告，无错误和警告信息方为成功，如图 7-18 所示。如果报告中提示有错误或警告信息，则必须排除。若不显示输出信息，可单击主菜单“视图”→“输出”。

输出

时间	分类	描述
16:32:...	编译器	转换字体 ...
16:32:...	编译器	检查结果 ...
16:32:...	编译器	写导出文件 ...
16:32:...	编译器	已生成变量的编号：3。
16:32:...	编译器	使用的 PowerTag 的数量：3
16:32:...	编译器	成功，有 0 个错误，0 个警告。
16:32:...	编译器	时间标志：2014-2-5 16:31:11 ...
16:32:...	编译器	编译完成！

图 7-18　组态画面编译检查报告

五、将组态画面下载到触摸屏

与下载用户程序到 PLC 一样，使用 PC/PPI 编程电缆将组态计算机与触摸屏连接，如图 7-19 所示。连接触摸屏电源时，请参见触摸屏背面的电源引出线标志，先拔出连接板与电源线连接，然后再将连接板插入触摸屏。触摸屏安装有电源极性反向保护电路。

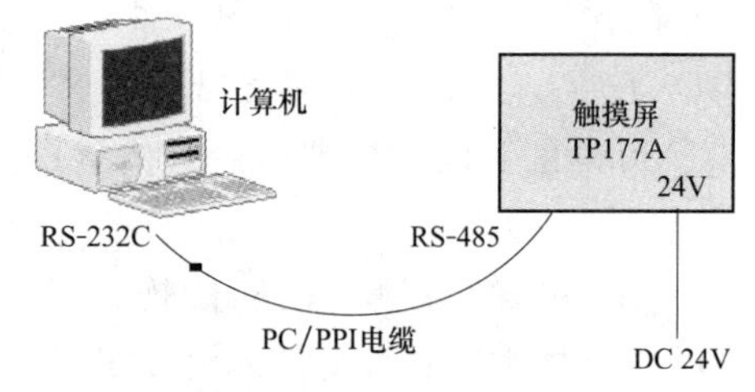

图 7-19　计算机与触摸屏的通信连接

如果触摸屏第一次通电，首先要设置触摸屏的通信参数。触摸屏开机后显示器亮，在起动期间，会显示进度条。起动结束后进入的装载画面如图 7-20 所示（装载画面大约持续 3s）。点击“Control Panel”，进入控制面板页面，选中通道 1（Channel 1）中串行（Serial）后的复选框，如图7-21所示，点击“OK”退出。

在图7-20中，点击“Transfer”，进入传送等待页面，显示空白传送进度条（点击“Start”，直接进入已下载的组态画面）。

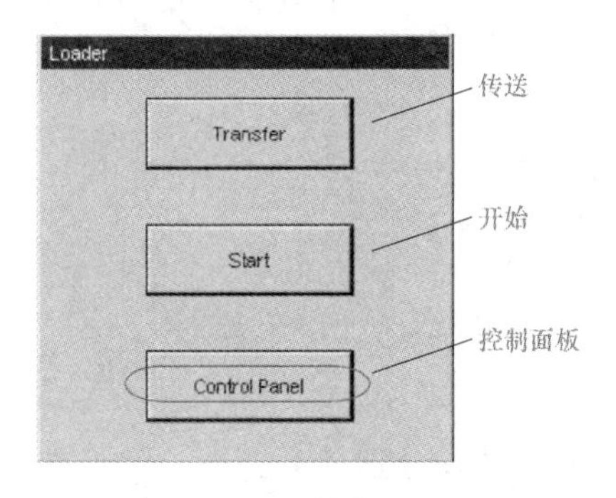

图7-20　装载选项

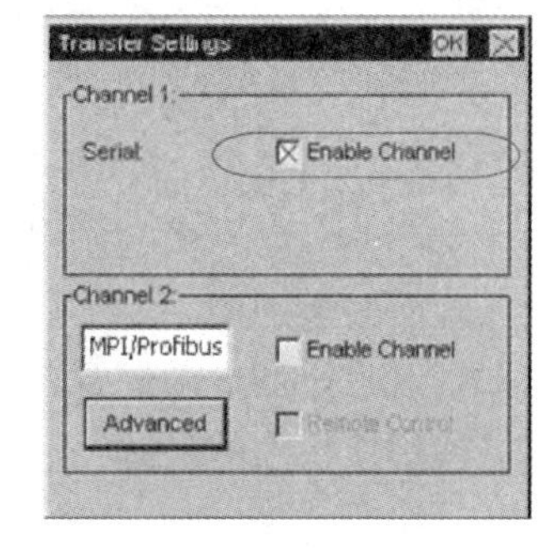

图7-21　传送设置页面

组态画面完成编译后，点击工具栏中的传送，进入选择设备传送页面，如图7-22所示。默认触摸屏设备为“TP177A6″”，模式选择“RS232/PPI多主站电缆”，端口选择COM1，波特率选择最小（115 200），点击“传送”，在组态界面和屏幕上均显示动态的传送进度条，下载完成后屏幕上显示出组态画面。当触摸屏断电后再次开机时，如果不选择传送，则延时3s后自动进入组态画面。

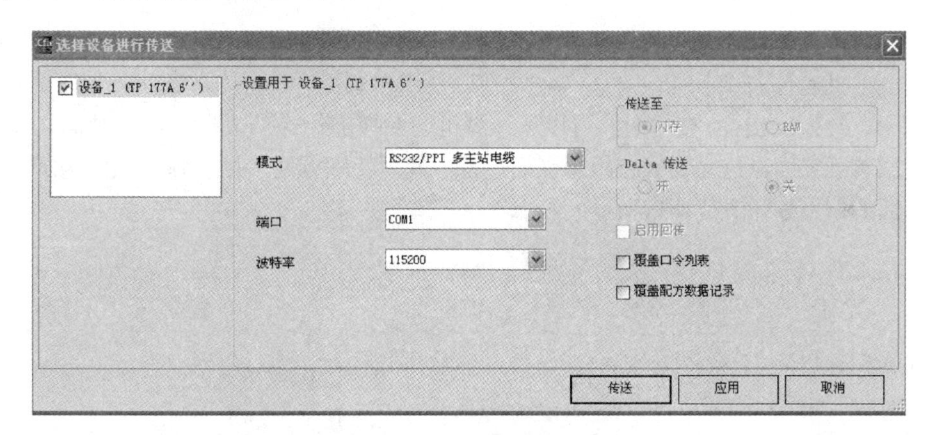

图7-22　选择设备进行传送

如果提示下载失败，可尝试将计算机的波特率修改为19.2kbps；如果CPU模块有两个通信端口，可关闭与编程软件STEP7-Micro/WINV4.0的通信。

六、操作

（1）用编程电缆分别将计算机中的PLC程序和组态画面下载到PLC和触摸屏。注意在带电状态下插拔通信电缆易损坏通信端口，所以在插拔通信电缆前要断开PLC和触摸屏的电源。

（2）下载完成后用网络连接器（或自制RS-485网络电缆）连接触摸屏通信端口1F1B与PLC的通信端口1，组成主从两站的PPI网络。

（3）当按下起动按钮SB2或触及组态画面的“起动”按钮时，I0.2或M0.0动合触点闭合，使输出继电器Q0.1得电自锁，交流接触器KM得电，电动机M得电运行。触摸屏上显示电动机运转的圆形图标出现。

(4) 当按下停止按钮 SB1 或触及组态画面的"停止"按钮时，I0.1 或 M0.1 触点分断，使输出继电器 Q0.1 失电解除自锁，交流接触器 KM 失电，电动机 M 失电停止。触摸屏上显示电动机运转的圆形图标消隐。

(5) 切断控制线路全部电源。

思考与练习

1. 在工业生产中，触摸屏的作用是什么？什么是组态？
2. 怎样在画面中添加按钮？
3. 怎样在画面中添加指示灯？
4. 触摸屏使用什么样的电源？
5. 在 PPI 网络中触摸屏与 PLC 的网络地址和波特率分别是多少？
6. 怎样检查组态画面的正确性？
7. 为什么在插拔通信电缆前要断开 PLC 和触摸屏的电源？

任务 2　实现多画面切换与显示时钟信息

任务引入

根据控制需要可以在触摸屏上设置多个画面。例如，有两个画面，画面_1 为控制画面，用来控制电动机运行和显示时钟信息，如图 7-23 所示。画面_2 为传送画面，如图 7-24 所示，当触及画面_2 中"传送"按钮时，可以从计算机向触摸屏传送修改后的组态画面，而不必重新上电返回装载界面，这一功能在组态画面过程中使用特别方便。控制画面和传送画面可以通过画面下部的切换按钮进行切换。

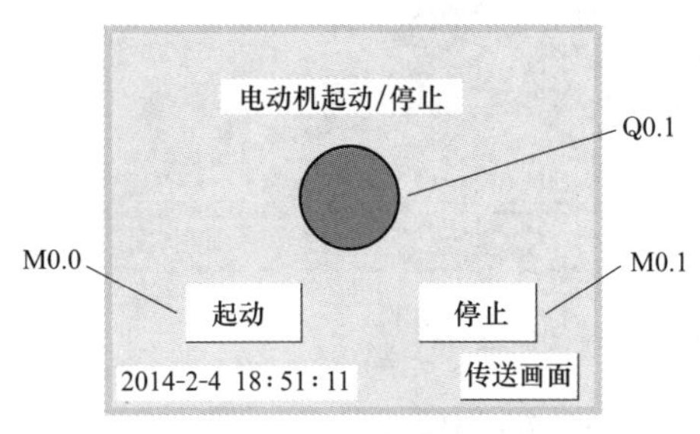

图 7-23　控制画面

图 7-24　传送画面

任务实施

一、任务准备

实施本任务的控制线路和所需要的设备同本模块任务 1。

二、设置时钟与编写 PLC 控制程序

(1) 设置时钟。触摸屏与 CPU 模块做时钟同步时，以 CPU 模块的时钟为基准。

连线 CPU226，单击 PLC 编程软件主菜单"PLC"→"实时时钟…"，在弹出的"PLC 时钟操作"对话框中点击"读取 PC"按钮，则读取计算机当前日期和时间到 PLC，然后点

击“设置”按钮确定。

（2）编写 PLC 控制程序。PLC 控制程序如图 7-25 所示，将实时时钟信息装入以 VB100 为起始地址的变量存储器中。

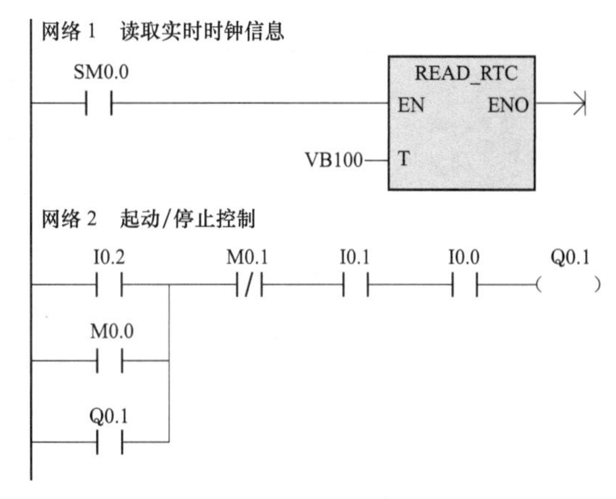

图 7-25 PLC 控制程序

三、组态画面

（1）打开已有项目。双击 Windows 桌面上“WinCC flexible”图标，选择“打开最新编辑过的项目”，点击在本模块任务 1 中已保存的项目文件名，即进入组态画面编辑界面。

（2）修改画面名称。在画面编辑器下面的属性对话框中将“画面 _ 1”修改为“控制画面”。

（3）设置和添加日期时间域。在触摸屏上显示日期和时间有利于操作者掌握与生产活动相关的时间信息。

1）在 WinCC flexible 项目树中，选择“项目”→“通信”→“连接”，双击“连接”，打开连接编辑器。

2）单击“区域指针”，单击“日期/时间 PLC”前面的连接列，选择现有的连接。再选择 PLC 中存储日期时间的 V 存储器起始地址，在本例中是 VW100。触发方式和采样周期使用默认的“循环连续”和“1min”。如图 7-26 所示。

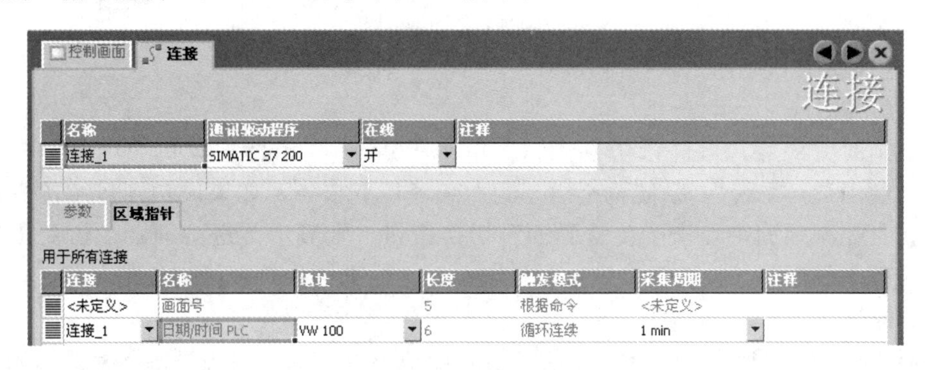

图 7-26 设置时钟同步区域指针

3）点击“简单对象”栏中的“日期时间域”，将其拖放到控制画面的左下角，可以用鼠标来调整日期时间域的位置。在属性视图的“常规”对话框中，选择类型为“输入/输出”模式，选择格式为“显示日期”和“显示时间”，在过程对话框中选择“显示系统时间”。如图 7-27 所示。

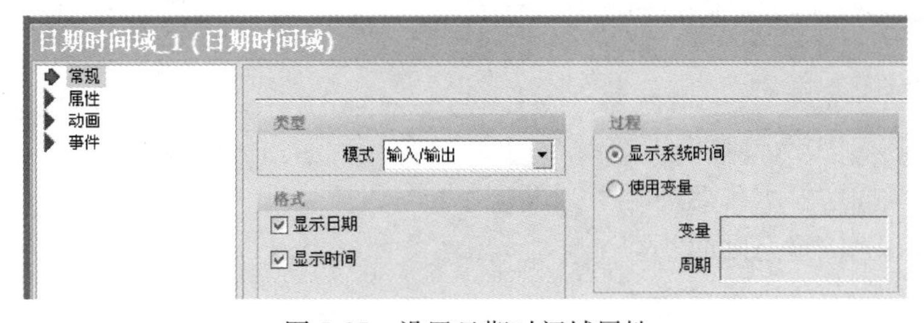

图 7-27 设置日期时间域属性

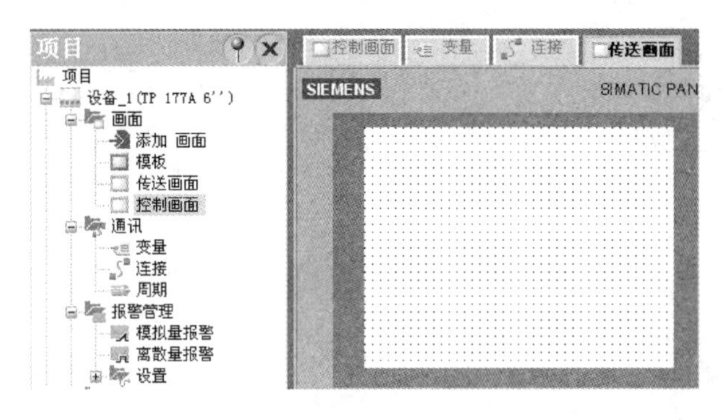

图 7-28　将画面_2改名为传送画面

(4) 添加画面_2。在 WinCC flexible 项目树中，选择“项目”→“画面”→双击“添加画面”，建立一个新画面“画面_2”，并将画面_2改名为“传送画面”，如图 7-28 所示。

(5) 添加传送按钮并设置功能。在传送画面中添加一个按钮，在“常规”和“属性”中加入文本“传送”并设置字体。在事件中选择“单击”，选择“设置”中的函数 SetDeviceMode，如图 7-29 所示。在函数的下一行“运行模式”中选择“下载”。

(6) 生成画面切换按钮。

1) 打开控制画面，将 WinCC flexible 项目树中“项目”→“画面”→“传送画面”拖动到控制画面的右下角，生成一个“传送画面”切换按钮，触及该按钮将进入传送画面。

2) 打开传送画面，将 WinCC flexible 项目树中“项目”→“画面”→“控制画面”拖动到传送画面的左下角，生成一个“控制画面”切换按钮，触及该按钮将进入控制画面。

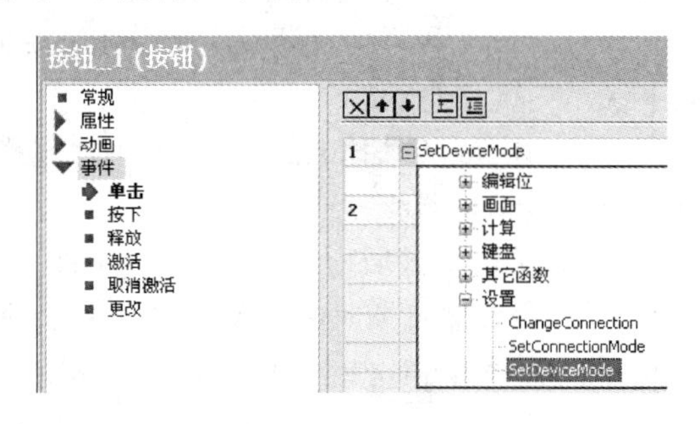

图 7-29　组态传送按钮

四、仿真测试

组态画面完成后，可进行仿真测试。单击 WinCC flexible 主菜单“项目”→“编译器”→“起动运行系统”。系统输出组态画面编译检查报告，如果成功则显示仿真组态画面，在仿真控制画面中点击“传送画面”切换按钮，则显示传送画面；在仿真传送画面中点击“控制画面”切换按钮，则显示控制画面。仿真结果符合控制要求。

五、操作

将组态画面下载到触摸屏，触摸屏与 PLC 组成 PPI 网络，在控制画面上显示当前日期和时间信息。如果触摸屏未与 PLC 组成 PPI 网络，则在控制画面上显示的是触摸屏的初始日期和时间信息。

在触摸屏上触击画面切换按钮，“控制画面”和“传送画面”可以相互切换。点击“传送画面”中的“传送”按钮，可以再次从计算机向触摸屏下载组态画面。

对电动机的控制操作同本模块任务 1。

思考与练习

1. 如何创建多个画面？
2. 怎样在画面中添加画面切换按钮？
3. 怎样在画面中显示日期和时间？
4. 怎样仿真测试组态画面？

任务 3 用触摸屏实现故障报警

任务引入

具有触摸屏故障报警功能的电动机控制线路如图 7-30 所示，PLC 输入/输出端口分配见表 7-3。该控制线路具有过载故障自停保护和设备车门打开故障自停保护功能，当因故障自停时触摸屏自动报警并显示故障现象和排除措施，这一功能可以帮助设备维修人员快速排除故障。

表 7-3 PLC 输入/输出端口分配表

输入端口			输出端口		
输入继电器	输入器件	作用	输出继电器	输出器件	控制对象
I0.0	KH（动断触点）	过载保护	Q0.1	KM	电动机 M
I0.1	SB1（动断触点）	停止按钮			
I0.2	SB2（动合触点）	起动按钮			
I0.3	SQ（动合触点）	车门打开保护			

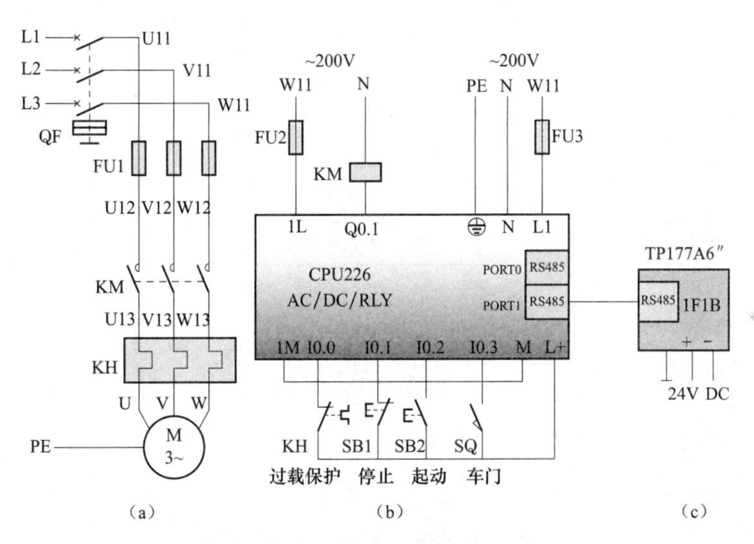

图 7-30 电动机起动/停止控制线路

(a) 主电路；(b) 控制电路；(c) 触摸屏电路

本任务用户画面有 2 个，其中画面 1 是控制画面，用来控制电动机的运行；画面 2 是传送画面，用来传送组态画面。当出现故障时，电动机自动停止，同时触摸屏弹出故障报警窗口叠加在控制画面上，报警指示器闪烁。如图 7-31 所示。

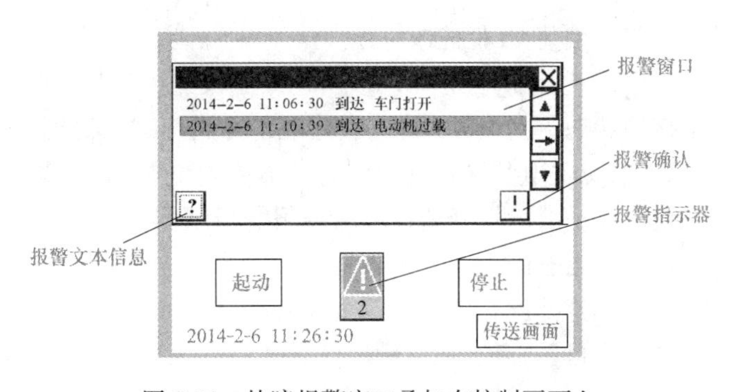

图 7-31 故障报警窗口叠加在控制画面上

例如，当热继电器过载保护动作时，报警窗口弹出“何日何时出

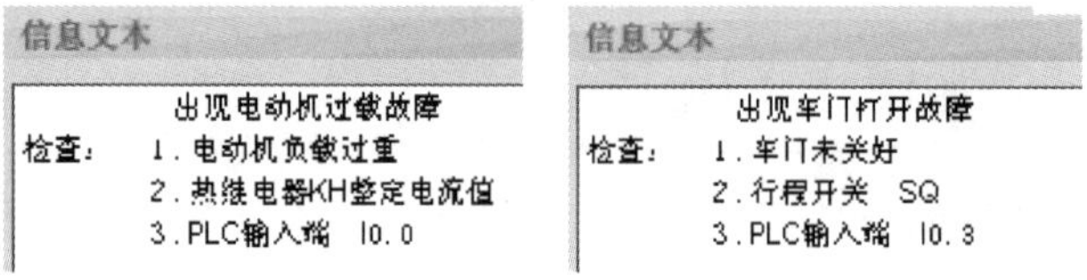

信息文本

出现电动机过载故障
检查： 1. 电动机负载过重
2. 热继电器KH整定电流值
3. PLC输入端 I0.0

（a）

信息文本

出现车门打开故障
检查： 1. 车门未关好
2. 行程开关 SQ
3. PLC输入端 I0.3

（b）

图 7-32 报警文本信息
（a）电动机过载故障信息文本；（b）车门打开故障信息文本

现电动机过载”的故障信息，触及报警文本信息按钮[?]，出现如图 7-32（a）所示的故障信息文本界面，显示检查和排除故障的措施。排除故障之后，点击报警确认按钮[!]，报警窗口和报警指示器自动消失，方可重新起动电动机。

任务实施

一、任务准备

实施本任务所需要的设备见表 7-4。

表 7-4　设　备　表

序 号	名 称	型 号 规 格	数 量	单 位
1	计算机	安装 STEP7-Micro/WINV4.0 软件 和 SIMATIC WinCC flexible 2008 SP4 组态软件	1	台
2	PLC	CPU226　AC/DC/RLY	1	台
3	编程电缆	PC/PPI 或 USB/PPI	1	根
4	通信电缆	网络连接器电缆或自制 RS-485 网络电缆	1	根
5	触摸屏	TP177A6″	1	台
6	直流电源	24VDC/1A 以上	1	台
7	低压断路器	DZ47LE	1	个
8	熔断器	RT18-32	3	组
9	接触器	CJ20-10A（线圈电压 220V）	1	个
10	热继电器	JR36-20	1	个
11	按钮	LA10-3H	1	个
12	行程开关	LX19-001	1	个
13	电动机	YS5024，60W，380V，Y/△，1400r/min	1	台
14	控制板	长 750mm、宽 600mm	1	块

二、编写 PLC 控制程序

PLC 控制程序如图 7-33 所示。当没有出现故障时，输入继电器 I0.0、I0.1 和 I0.3 均处于接通状态，为 Q0.1 得电做好准备。当出现故障时，输入继电器 I0.0 或 I0.3 处于分断状态，Q0.1 失电解除自锁。同时故障控制位 M11.0 或 M11.1 置 1，触发故障控制字 MW10，触摸屏显示故障报警窗口和故障报警指示器。

三、组态画面

（1）打开已有项目。双击 Windows 桌面上“WinCC flexible”图标，选择“打开最新编辑过的项目”，点击在本模块任务 2 中已保存的项目文件名，即进入组态画面编辑界面。

（2）创建报警画面。报警窗口和报警指示器只能在画面模板中进行组态。在 WinCC

flexible项目树中，选择“项目”→“画面”→双击“模板”图标，打开模板画面。将工具箱“增强对象”栏中的“报警窗口”与“报警指示器”图标拖放到画面模板中，如图7-34所示。

在报警窗口“属性”→“显示”框中，选中“信息文本”按钮和“确认”按钮，如图7-35所示，否则这两个按钮不会出现在报警窗口中。

(3) 添加报警变量控制字。离散量报警如果置位了PLC中特定的位，触摸屏就触发报警。报警变量的长度必须为字。在变量表中创建字型(Word)变量“故障信息”，存储地址为“MW10”，如图7-36所示。因为一个字型(Word)变量有16位，所以可以表示16个离散量报警。

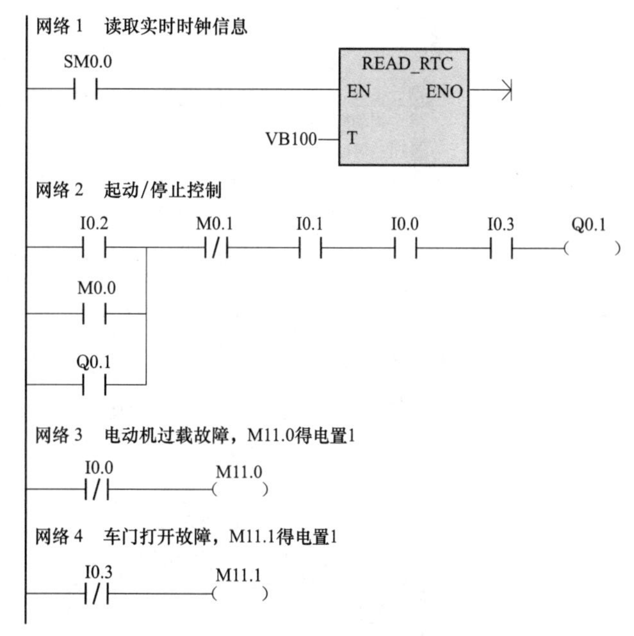

图7-33 PLC控制程序

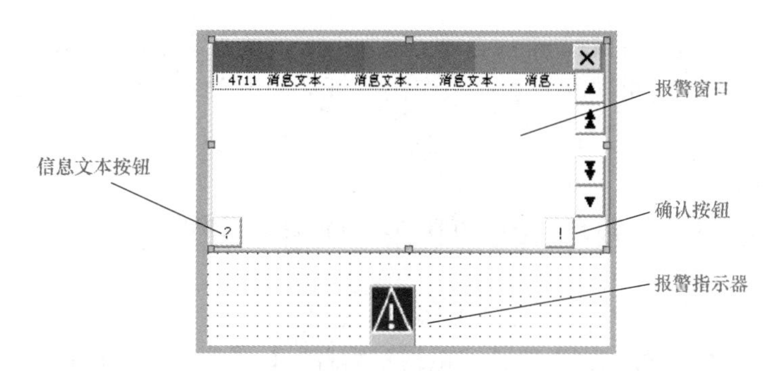

图7-34 模板中的报警窗口与报警指示器

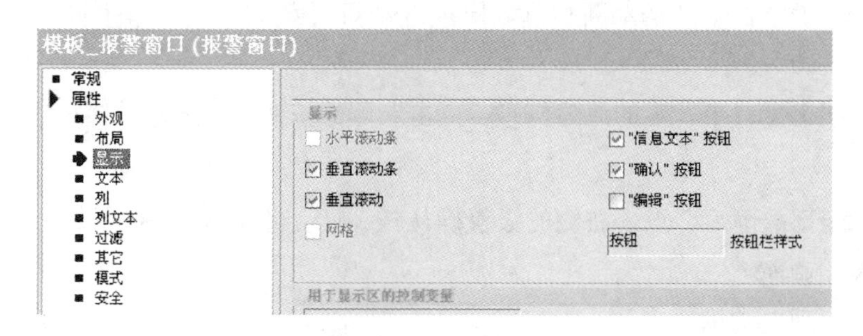

图7-35 在报警窗口属性中选中“信息文本”和“确认”按钮

(4) 添加离散量报警变量。离散量报警即是数字量报警。在WinCC flexible项目树中，选择“项目”→“报警管理”→双击“离散量报警”图标，在离散量报警编辑器中点击表格的第1行，输入报警文本（对报警的描述）“电动机过载”，如图7-37所示。报警的编号用于

控制画面 模板 传送画面 变量 连接 离散量报警

名称	连接	数据类型	地址	数组计数	采集周期	注释
电动机	连接_1	Bool	Q 0.1	1	100 ms	
故障信息	连接_1	Word	MW 10	1	1 s	
起动按钮	连接_1	Bool	M 0.0	1	100 ms	
停止按钮	连接_1	Bool	M 0.1	1	100 ms	

图 7-36 添加报警变量控制字

识别报警，是自动生成的。离散量报警用指定的报警字变量内的某一位来触发，点击“触发变量”右侧的▼，在变量列表中选择已定义的变量“故障信息”。选择“触发器位”为 0，当“故障信息”的第 0 位置 1 时就触发了电动机过载报警。即电动机过载故障报警与地址 M11.0 关联；同理，车门打开故障报警与地址 M11.1 关联。

控制画面 模板 传送画面 变量 连接 离散量报警

文本	编号	类别	触发变量	触发器位	触发器地址
电动机过载	1	错误	故障信息	0	M 11.0
车门打开	2	错误	故障信息	1	M 11.1

图 7-37 离散量报警编辑器

在“电动机过载”的属性视图中，选择“属性”→“信息文本”，输入电动机过载故障时如何检查的信息文本。用相同的方法输入车门打开故障时的检查信息文本，如图 7-32（b）所示。

四、仿真测试

组态画面完成后，进行仿真测试，仿真结果应符合控制要求。

五、操作

（1）起动电动机。

（2）断开行程开关 SQ 的动合触点，模拟车门打开故障，则电动机自动停止，屏幕上显示报警窗口、报警指示器及车门打开故障信息，如图 7-31 所示。

（3）断开热继电器 KH 的动断触点，模拟电动机过载故障，屏幕上同时显示电动机过载故障信息，如图 7-31 所示。

（4）选中报警窗口中发生的故障信息，点击左侧的按钮[?]，显示故障检查信息文本，如图 7-32 所示。

（5）排除全部故障后，点击右侧的报警确认按钮[!]，报警窗口和报警指示器一同消隐，重新显示出控制画面。

（6）重新起动电动机。

（7）切断控制线路全部电源。

思考与练习

1. 如何组态离散量报警控制字和离散量报警变量？
2. 一个字型变量可以组态多少个离散量报警变量？

任务4 测试模拟量扩展模块的功能

任务引入

生产过程中有许多电压、电流信号，用连续变化的数值表示温度、流量、转速、压力等工艺参数，这就是模拟量信号。这些模拟量信号在一定标准范围内连续变化，如0～10V电压或0～20mA电流。

通常CPU模块只具有数字量I/O接口，如果要处理模拟量信号，必须为CPU模块配置模拟量扩展模块。模拟量扩展模块的作用是实现模/数（A/D）转换或数/模（D/A）转换，使CPU模块能够接受、处理和输出模拟量信号。CPU模块与模拟量扩展模块之间的信号传输框图如图7-38所示。

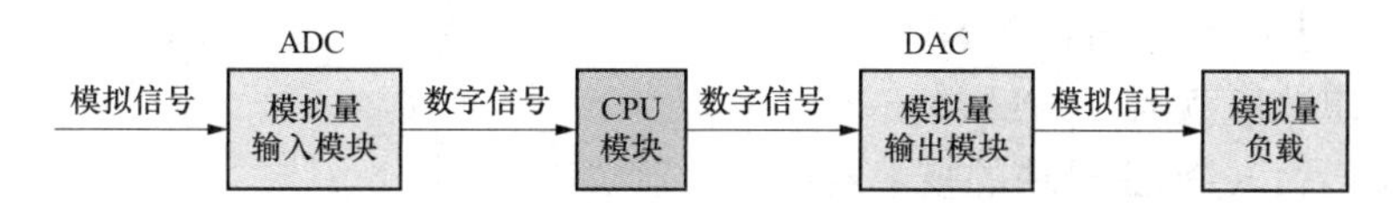

图7-38 CPU模块与模拟量扩展模块之间的信号传输框图

本任务测试模拟量扩展模块的功能，目的是掌握模拟量扩展模块的使用方法以及模拟量与数字量之间的对应关系。

相关知识

一、模拟量扩展模块的型号和连接

S7-200有三种型号的模拟量扩展模块，扩展模块的+5V直流工作电源由CPU模块提供，扩展模块的+24V直流工作电源由CPU模块的24V电源（或外部电源）提供，扩展模块的面板上有+24V DC电源指示灯。各扩展模块的型号、输入/输出点数及消耗电流见表7-5。

表7-5 模拟量扩展模块型号、点数及消耗电流

名　称	型　号	输入/输出点数	模块消耗电流（mA）	
			+5V DC	+24V DC
模拟量输入模块	EM231	4路模拟量输入	20	60
模拟量输出模块	EM232	2路模拟量输出	20	70
模拟量输入/输出模块	EM235	4路模拟量输入/1路模拟量输出	30	60

CPU模块与扩展模块由标准导轨固定安装，各个扩展模块依次放在CPU模块的右侧。CPU模块与扩展模块的连接端口均位于机身中部右侧前盖下，各模块之间用10芯扁平电缆依次连接，如图7-39所示。

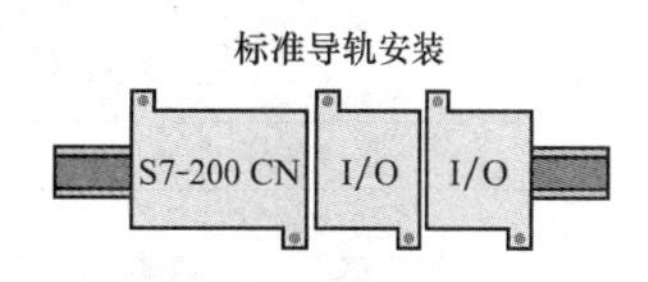

图7-39 CPU模块与扩展模块的安装与连接

CPU模块进行扩展时，在CPU模块右边连接的扩展模块的地址由I/O端口的类型以及它在同类I/O链中的位置来决定，扩展模块的地址编码按照由左至右的顺序依次排列。模拟量扩展模块按偶数分配地址。

模拟量属于小信号，在应用中要注意抗干扰，其主要措施有：与交流信号和可产生干扰源的供电电源保持一定距离；模拟量信号接线要采用屏蔽双绞线；采用一定的补偿措施，减少环境对模拟量信号的影响。

二、CPU 模块中的模拟量输入/输出地址与数值范围

模拟量输入映像区是 CPU 模块为模拟量输入信号开辟的一个存储区。模拟量输入用标识符（AI）、数据长度（W）及字节的起始地址表示。在 CPU221 和 CPU222 中，其表示形式为：AIW0、AIW2、…、AIW30，最多允许有 16 路模拟量输入。在 CPU224 和 CPU226 中，其表示形式为：AIW0、AIW2、…、AIW62，最多允许有 32 路模拟量输入。模拟量输入为只读数据，数值范围为－32 000～＋32 000。

模拟量输出映像区是 CPU 模块为模拟量输出信号开辟的一个存储区。模拟量输出用标识符（AQ）、数据长度（W）及字节的起始地址表示。在 CPU221 和 CPU222 中，其表示形式为：AQW0、AQW2、…、AQW30，最多允许有 16 路模拟量输出。在 CPU224 和 CPU226 中，其表示形式为：AQW0、AQW2、…、AQW62，最多允许有 32 路模拟量输出。模拟量输出数值范围为－32 000～＋32 000。

三、模拟量输入/输出模块的技术规范

模拟量输入模块对模拟量进行 A/D 转换，将模拟量信号转换成 CPU 单元所能接收的数字量信号。模拟量输入模块的分辨率为 12 位，单极性数据格式的全量程范围为 0～32 000，双极性全量程范围的数字量为－32 000～＋32 000。模拟量输入模块的主要技术规范见表 7-6。

表 7-6　　模拟量输入模块的主要技术规范

项　目	技术参数	
隔离（现场与逻辑电路间）	无	
输入范围	电压（单极性）	0～10V，0～5V
	电压（双极性）	±5V，±2.5V
	电流	0～20mA
输入分辨率	电压（单极性）	2.5mV（0～10V 时）
	电压（双极性）	2.5mV（±5V 时）
	电流	5μA（0～20mA 时）
数据字格式	单极性，全量程范围	0～＋32 000
	双极性，全量程范围	－32 000～＋32 000
直流输入阻抗	电压输入	≥10MΩ
	电流输入	250Ω
精度	单极性	12 位数值位
	双极性	12 位数值位
最大输入电压	30V DC	
最大输入电流	32mA	
模数转换时间	＜250μs	
模拟量输入阶跃响应	1.5ms 达到 95%	
共模抑制比	40dB，0～60Hz	
共模电压	信号电压＋共模电压（绝对值必须小于 12）	
24V DC 电压范围	20.4～28.8V DC（或来自 CPU 模块的＋24V 电源）	

模拟量输出模块用于将数字量转换为模拟量负载所需要的模拟电压或电流，模拟量输出模块的主要技术规范见表 7-7。

表 7-7　　模拟量输出模块的主要技术规范

项　目	技术参数	
隔离（现场侧到逻辑电路）	无	
输出信号范围	电压输出	±10V
	电流输出	0～20mA
数据字格式	电压	－32 000～＋32 000
	电流	0～＋32 000
分辨率：全量程	电压	12 位数据值
	电流	12 位数据值
精度：最差情况（0～55℃）	电压、电流输出	2%满量程
精度：典型情况（25℃）	电压、电流输出	0.5%满量程
设置时间	电压输出	100μs
	电流输出	2ms
最大驱动	电压输出	最小 5000Ω
	电流输出	最大 500Ω
24V DC 电压范围	20.4～28.8V DC（或来自 CPU 模块的＋24V 电源）	

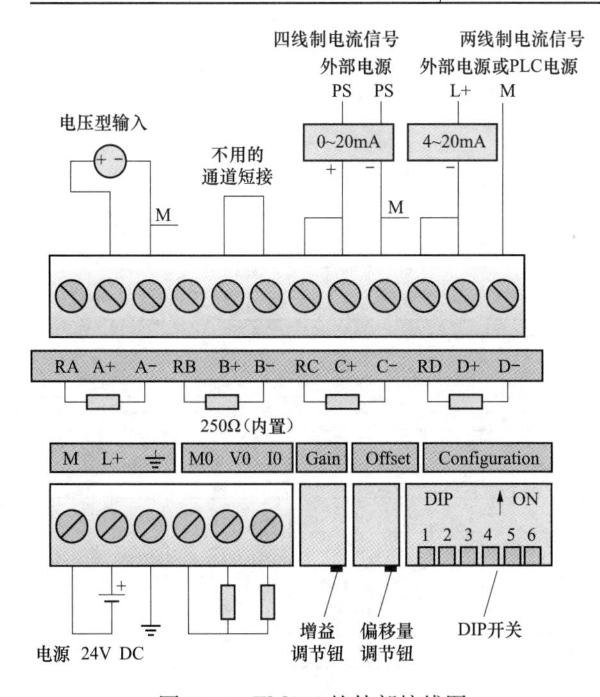

图 7-40　EM235 的外部接线图

四、模拟量输入/输出模块 EM235

模拟量输入/输出模块 EM235 的外部接线如图 7-40 所示。上部有 12 个端子，每 3 个点为一组，共 4 组，每组可作为 1 路模拟量的输入通道（电压信号或电流信号），4 路模拟量地址分别是 AIW0、AIW2、AIW4 和 AIW6。输入信号为电压信号时，用 2 个端子（如 A＋、A－）。输入信号为电流信号时，用 3 个端子（如 RC、C＋、C－），其中 RC 与 C＋端子短接。未用的输入通道应短接（如 B＋、B－）。要注意电流信号与电压信号接线的区别。为了抑制共模干扰，信号的负端要连接到扩展模块工作电源输入的 M 端子。

EM235 下部电源端右边的 3 个端子是 1 路模拟量输出（电压或电流信号），地址是 AQW0。V0 端接模拟电压负载，I0 端接模拟电流负载，M0 端为输出公共端。

下部模拟量输出端的右边分别是增益校准电位器、偏移量校准电位器（在没有精密仪器情况下，请不要调整）和 DIP 开关。选择模拟量输入量程和精度的 DIP 开关（SW1～SW6）设置见表 7-8，DIP 开关向上拨动为 ON。

表 7-8　　用来选择模拟量输入量程和精度的 EM235DIP 开关设置表

单极性						满量程输入	分辨率
SW1	SW2	SW3	SW4	SW5	SW6		
ON	OFF	OFF	ON	OFF	ON	0～50mV	12.5μV
OFF	ON	OFF	ON	OFF	ON	0～100mV	25μV
ON	OFF	OFF	OFF	ON	ON	0～500mV	125μV
OFF	ON	OFF	OFF	ON	ON	0～1V	250μV
ON	OFF	OFF	OFF	OFF	ON	0～5V	1.25mV
ON	OFF	OFF	OFF	OFF	ON	0～20mA	5μA
OFF	ON	OFF	OFF	OFF	ON	0～10V	2.5mV
双极性						满量程输入	分辨率
SW1	SW2	SW3	SW4	SW5	SW6		
ON	OFF	OFF	ON	OFF	OFF	±25mV	12.5μV
OFF	ON	OFF	ON	OFF	OFF	±50mV	25μV
OFF	OFF	ON	ON	OFF	OFF	±100mV	50μV
ON	OFF	OFF	OFF	ON	OFF	±250mV	125μV
OFF	ON	OFF	OFF	ON	OFF	±500mV	250μV
OFF	OFF	ON	OFF	ON	OFF	±1V	500μV
ON	OFF	OFF	OFF	OFF	OFF	±2.5V	1.25mV
OFF	ON	OFF	OFF	OFF	OFF	±5V	2.5mV
OFF	OFF	ON	OFF	OFF	OFF	±10V	5mV

一、任务准备

实施本任务所需要的设备见表 7-9。

表 7-9　　设　备　表

序号	名称	型号规格	数量	单位
1	计算机	安装 STEP7-Micro/WINV4.0 软件	1	台
2	PLC	S7-200　AC/DC/RLY	1	台
3	编程电缆	PC/PPI 或 USB/PPI	1	根
4	模拟量扩展模块	EM235（或 EM231、EM232 各 1 台）	1	台
5	数字万用表	自定	1	块
6	干电池	1.5V、9V 层叠电池	各 1	块
7	熔断器	RT18-32	1	组
8	按钮	LA10-3H	1	个
9	控制板	长 750mm、宽 600mm	1	块

二、测试模拟量输出模块的功能

（1）测试内容。使用 EM235（或 EM232）将给定的数字量转换为模拟电压输出，用数字万用表测量并记录输出电压值，分析数字量与输出电压的对应关系。

1）将正数 2000，4000，8000，16 000，32 000 转换为对应的模拟电压值。

2）将负数－2000，－4000，－8000，－16 000，－32 000 转换为对应的模拟电压值。

（2）操作。

1）连接 CPU 模块与模拟量输出扩展模块。按图 7-39 所示用 10 芯扁平电缆连接 CPU226 与 EM235，用 PLC 的 24V 电源为 EM235 供电。接通 PLC 电源，EM235 的＋24V 电源指示灯亮。

2）编写和下载输入正数的 PLC 程序。PLC 程序如图 7-41 所示，开机时常数＋2000 传送到 VW0。每当 I0.0 接通一次时，VW0 做乘 2 运算，运算结果从 AQW0 输出。

3）连接测量电路。数字万用表的表笔连接 EM235 的模拟电压输出端 V0 和 M0，选择直流电压挡位 20V 量程。当按钮 I0.0 每接通一次时，测量输出电压值并填入表 7-10 中。若 VW0 数值大于 32 000，模拟电压值保持 10V 不变。

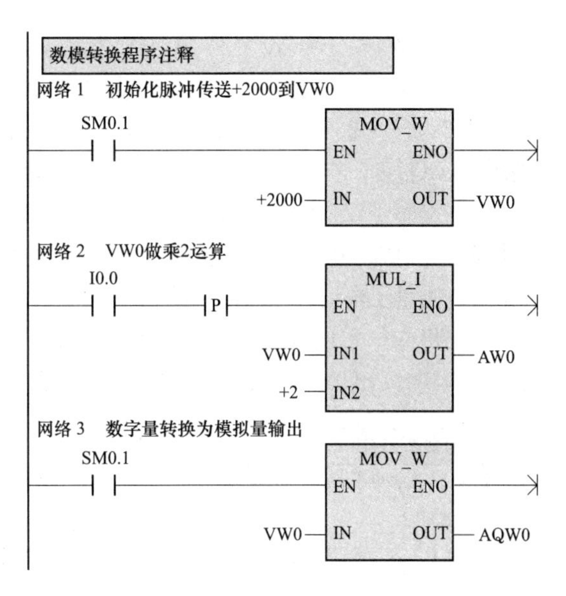

图 7-41 输入正数的 PLC 程序

表 7-10 输出正的模拟电压值

VW0 数据	2000	4000	8000	16 000	32 000
模拟电压理论值（V）	0.625	1.25	2.50	5.00	10.00
模拟电压测量值（V）					

4）修改和下载输入负数的 PLC 程序。PLC 程序如图 7-41 所示，在程序网络 1 中，将传送数据＋2000 修改为－2000。测量方法同（3），测量结果填入表 7-11 中。

表 7-11 输出负的模拟电压值

VW0 数据	－2000	－4000	－8000	－16 000	－32 000
模拟电压理论值（V）	－0.625	－1.25	－2.50	－5.00	－10.00
模拟电压测量值（V）					

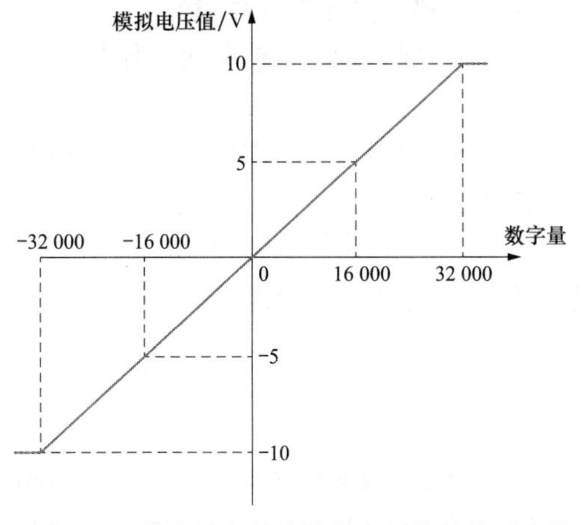

图 7-42 数字量与输出模拟电压值的关系曲线

（3）分析测量结果。根据测量结果作出给定数字量与输出模拟电压值的关系曲线如图7-42所示。可以看出，在 0～32 000 范围内，数字量与模拟电压值成正比关系。当数字量为正数时，模拟电压为正值；当数字量为负数时，模拟电压为负值。

三、测试模拟量输入模块的功能

（1）测试内容。使用 EM235（或 EM231）将输入模拟电压转换为数字量存入 VW0，并且分析模拟电压值与数字量的对应关系。

（2）操作。

1）选择模拟量输入量程与精度。EM235 的

DIP 开关 SW1～SW6 设置为 010001 状态，选择输入电压量程 0～10V，分辨率 2.5mV。

2）连接 CPU 模块与模拟量输入扩展模块。按图 7-39 所示用 10 芯扁平电缆连接 CPU226 与 EM235，用 PLC 的 24V 电源为 EM235 供电。接通 PLC 电源，EM235 的+24V 电源指示灯亮。

3）编写 PLC 程序。PLC 程序如图 7-43 所示，SM0.0 在程序运行时保持接通，读取模拟量输入 AIW0 中的数字量并传送到变量寄存器 VW0。

4）测量干电池的电压值，填入表 7-12 中。

5）将两个干电池分别按极性接入模拟电压第 1 个输入通道 A+、A−端，从 PLC 的状态监控表中读出 AIW0 和 VW0 中寄存的数字量，填入表 7-12 中。

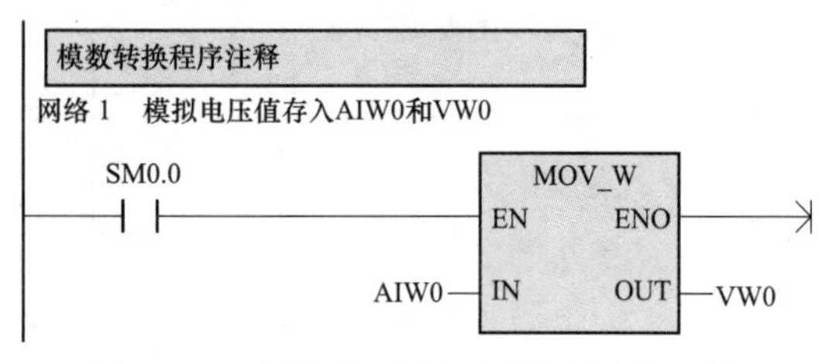

图 7-43　测试模拟量输入模块功能的程序

表 7-12　输入模拟电压与对应的数字量

笔者测试	电池电压（V）	1.59	9.71
	数字量 AIW0、VW0	5103	31 176
读者测试	电池电压（V）		
	数字量 AIW0、VW0		

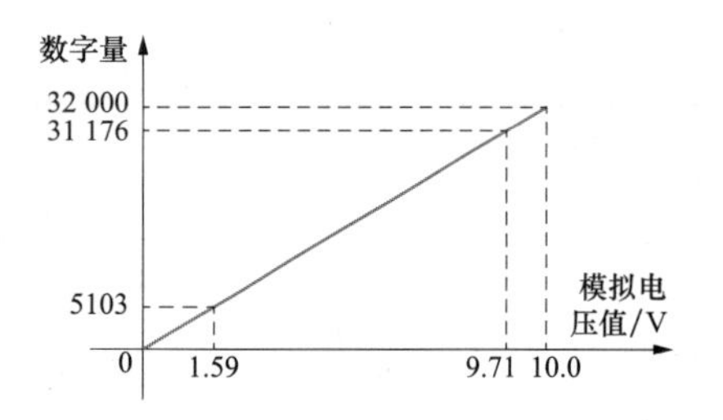

图 7-44　输入模拟电压值与数字量关系曲线

（3）分析测量结果。根据测量结果做出输入模拟电压值与数字量的关系曲线如图 7-44 所示，可以看出，输入模拟电压值与数字量之间在一定范围内成正比关系，并根据比例关系可以推出，当模拟电压值为 0～10V 时，数字量为 0～32 000。

思考与练习

1. 扩展模块的端口地址由什么来决定？

2. 模拟量输入扩展模块的功能是什么？其输入/输出信号类型是什么？

3. 模拟量输出扩展模块的功能是什么？其输入/输出信号类型是什么？

4. 模拟量输入/输出映象区 AIW0 和 AQW0 中存储的是数字量还是模拟量？

5. 设传送到 AQW0 的数据为 15 000，则通过模拟量输出扩展模块输出的电压值是多少？电流值是多少？

6. 设模拟量输入量程为 0～5V，分辨率为 1.25mV，则 EM235 的 DIP 开关怎样设置？若输入通道选择 1，输入电压值为 2V，则 AIW0 数值是多少？

任务 5　使用触摸屏和模拟量输出模块实现变频调速

任务引入

在实际生产中，当产品型号或生产工艺发生变化时往往需要调整电动机的转速，这时用触摸屏直接输入电动机所需要的电源频率值进行调速最为便利。由触摸屏、变频器、PLC

与模拟量输出扩展模块控制的变频调速系统框图如图 7-45 所示，在触摸屏界面上输入 0～50（Hz），经 PLC 运算后通过 EM235 输出 0～10V 模拟电压信号去控制变频器的输出频率，从而调整电动机的转速。

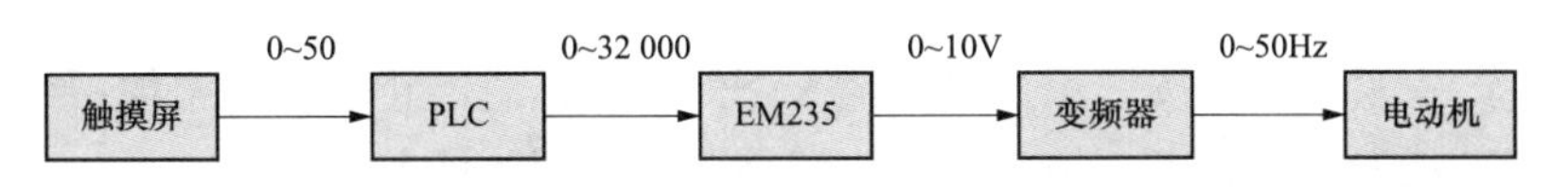

图 7-45　触摸屏、PLC 组成的模拟量变频调速系统框图

本任务使用触摸屏输入电动机的运行频率值，设置运行频率范围为 35～50Hz，开机时运行频率为 40Hz。触摸屏的控制画面如图 7-46 所示，起动按钮与 M0.0 关联，停止按钮与 M0.1 关联，显示电动机运转状态的圆形图标与 Q0.1 关联。输入的运行频率与变量存储器 VW0 关联。

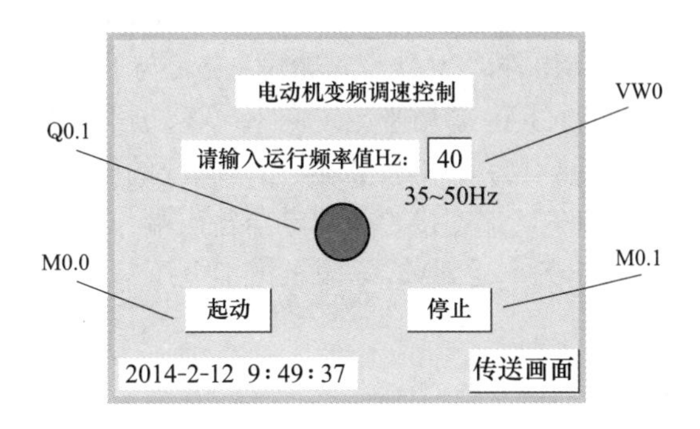

图 7-46　触摸屏控制画面与关联数据

由触摸屏 TP177A6″、S7-200 系列 PLC、模拟量扩展模块 EM235 和变频器 MM420 组成的变频调速控制电路如图 7-47 所示，PLC 输入/输出端口分配见表 7-13。

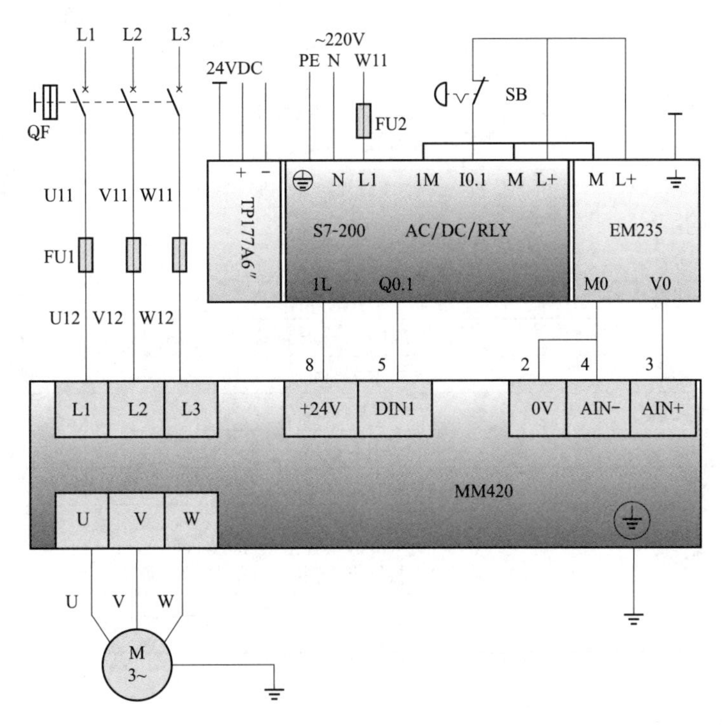

图 7-47　模拟量变频调速控制电路

表 7-13　　PLC 输入/输出端口分配表

输入端口			输出端口		
输入继电器	输入器件	作用	输出继电器	输出器件	控制对象
I0.1	SB（动断触点）	紧急停止按钮	Q0.1	DIN1	变频器数字输入端 1

在实际生产中紧急停止按钮用于紧急情况下停机，紧急停止按钮通常使用红色蘑菇头状具有断开保持功能的动断触点，按下后要旋转蘑菇头按钮才能复位。

PLC 的输出公共端 1L 与变频器的＋24V 端连接，输出端 Q0.1 与变频器的数字输入端 DIN1 连接。当 Q0.1 导通时，变频器获得正转控制信号，否则变频器停止输出。

触摸屏由外部 24V DC 电源供电，与 PLC 构成 PPI 主从站通信网络。

PLC 通过 10 芯扁平电缆向 EM235 提供 5V DC 电源和数据传送。PLC 的 24V DC 电源（L＋、M 端）为 EM235 供电。EM235 的模拟量输出公共端 M0 与变频器的模拟量输入负极 AIN－端和 0V 端连接，模拟电压输出端 V0 与变频器的模拟量输入正极 AIN＋端连接，变频器的输出频率受 EM235 输出模拟电压信号控制。

一、任务准备

实施本任务所需要的设备见表 7-14。

表 7-14　　设　备　表

序　号	名　称	型　号　规　格	数　量	单　位
1	计算机	安装 STEP7-Micro/WINV4.0 软件 和 SIMATIC WinCC flexible 2008 SP4 组态软件	1	台
2	PLC	CPU226　AC/DC/RLY	1	台
3	编程电缆	PC/PPI 或 USB/PPI	1	根
4	通信电缆	网络连接器电缆或自制 RS-485 网络电缆	1	根
5	触摸屏	TP177A6″	1	台
6	直流电源	24VDC/1A 以上	1	台
7	模拟量输出模块	EM235（或 EM232）	1	台
8	变频器	MM420、BOP 面板	1	台
9	数字万用表	型号自定	1	块
10	低压断路器	DZ47LE	1	个
11	熔断器	RT18-32	2	组
12	紧急停止按钮	LA23-2AMT 或 LA10-3H	1	个
13	电动机	YS5024，60W，380V，Y/△，0.39A/0.66A， 1400r/min，电动机绕组Y连接或其他型号电动机	1	台
14	控制板	长 750mm、宽 600mm	1	块

二、设置变频器参数

变频器使用外部数字端子控制电动机运行，使用模拟量调节输出频率。接通低压断路器 QF，使变频器得电，按现场电动机设置参数，参数设置简表见表 7-15。

表 7-15　　变频器参数设置简表

序　号	参数代号	出厂值	设置值	说　明
1	P0010	0	30	调出厂设置参数，准备复位
2	P0970	0	1	参数复位
3	P0003	1	3	参数访问专家级
4	P0010	0	1	起动快速调试
5	P0304	400	380	电动机的额定电压（V）
6	P0305	1.90	0.39	电动机的额定电流（A）
7	P0307	0.75	0.06	电动机的额定功率（kW），
8	P0311	1395	1400	电动机的额定速度（rpm）
9	P0700	2	2	不修改，默认外部数字端子控制
10	P0701	1	1	不修改，默认数字端子 DIN1 功能为接通正转/断开停车
11	P1000	2	2	不修改，默认模拟设定频率值
12	P3900	0	1	结束快速调试，进行电动机计算和复位出厂值

三、组态画面

用编程电缆连接计算机与触摸屏，接通触摸屏直流电源，组态和下载用户界面。

（1）创建新项目。双击 Windows 桌面上“WinCC flexible”图标，在首页选择“创建一个空项目”，在出现的设备对话框中选择所使用的触摸屏型号（TP177A6″）。

选择合适的路径和文件名保存项目。

（2）配置通信连接。默认连接名称为“连接 _ 1”，默认 TP177A6″的地址为“1”，PLC 的地址为“2”。

设置区域指针框中“日期/时间 PLC”的地址为 VW100。

（3）添加和更名画面名称。添加画面，将画面 _ 1 更名为控制画面，画面 _ 2 更名为传送画面，添加画面切换按钮。

（4）添加文本域。在控制画面上添加三个文本域，分别为“电动机变频调速控制”、“请输入运行频率值 Hz：”和“30～50Hz”。

（5）建立变量。建立四个变量，其中变量“起动按钮”地址为“M0.0”，变量“停止按钮”地址为 M0.1，变量“电动机”地址为“Q0.1”。

变量“输入频率”的数据类型为有符号整数 Int，地址为“VW0”。在“属性”→“限制值”选项中，设置上限为 50，下限为 35，如图 7-48 所示。

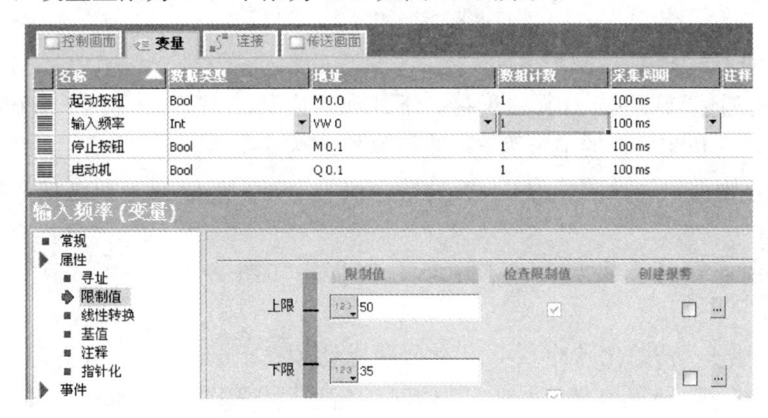

图 7-48　设置变量

（6）添加按钮和电动机。在控制画面上添加“起动”和“停止”两个按钮。添加“电动机”圆形图标，在“动画”→“可见性”对话框中选择“隐藏”。

在传送画面上添加“传送”按钮，传送按钮与函数 SetDeviceMode 关联，并在函数的下一行“运行模式”中选择“下载”。

（7）添加 IO 域。IO 域可以输入/输出变量与常量，包括数据长度、小数点和限制值等，在本任务中使用 IO 域来输入频率值。点击“工具”→“简单对象”栏中的“IO 域”，将 IO 域图标 ab 拖放到控制画面上。

在 IO 域“常规”对话框中，选择类型模式为“输入/输出”，过程变量与“输入频率”关联，选择格式类型为“十进制”，选择格式样式为“两位数字”，无小数点。如图 7-49 所示。

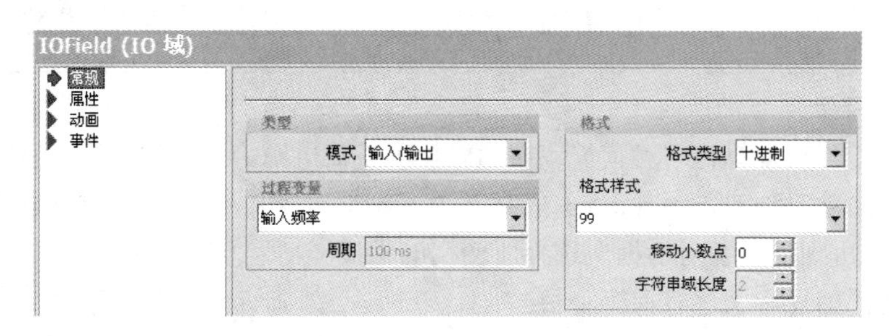

图 7-49　IO 域的常规属性

在 IO 域的“属性”→“外观”对话框中，选择边框样式为“实心的”，如图 7-50 所示。

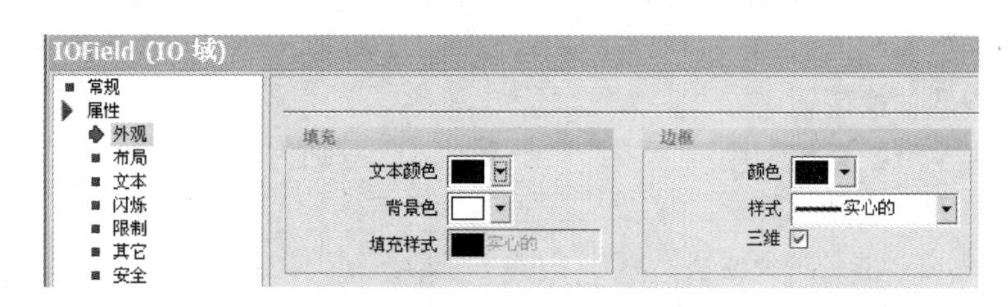

图 7-50　IO 域的外观属性

（8）仿真测试与下载。组态画面完成后，进行仿真测试，当仿真结果符合控制要求后，进行下载。

四、编写和下载 PLC 控制程序

CPU226 的通信端口 0 与计算机连接，下载和监控 PLC 程序，端口 1 与触摸屏构成 PPI 网络。默认端口 0 和端口 1 的地址为 2，波特率修改为 19.2kbps。若使用的 CPU 模块只有一个通信端口，则端口地址默认为 2，波特率修改为 19.2kbps。计算机通信端口的波特率也设为 19.2kbps。

用编程电缆连接计算机与 PLC，PLC 控制程序如图 7-51 所示。编译无误后下载至 PLC。

1）程序网络 1，初始化脉冲 SM0.1 将开机默认频率 40Hz 传送到 VW0。

2）程序网络 2，SM0.0 始终读取 PLC 时钟信息到 VB100，使触摸屏显示时钟与 PLC 同步。

3）程序网络3，虽然在组态画面的变量“输入频率”属性中已经设置频率上限值50和下限值35，但为了保证安全生产，对重要的参数在PLC程序中再加以限制也不多余。

4）程序网络4，因为VW0中的频率数值0～50对应PLC的模拟量控制数值0～32 000，所以计算公式为32 000/50×(VW0)。32 000除以50的商（640）存入累加器AC0，（AC0）与（VW0）的乘积存入AC1，然后传送到AQW0。虽然在程序中直接用640与（VW0）相乘较简单，但知道计算公式的来源，更容易理解程序。

5）程序网络5，当按下起动按钮M0.0时，Q0.1得电自锁，接通变频器的正转控制端。当按下停止按钮M0.1或紧急停止按钮I0.1时，Q0.1失电，变频器停止输出。

AQW0中的数据经模拟量扩展模块D/A转换为模拟电压信号从V0输出到变频器的模拟电压控制端，使变频器输出对应的频率值，从而控制电动机的转速。

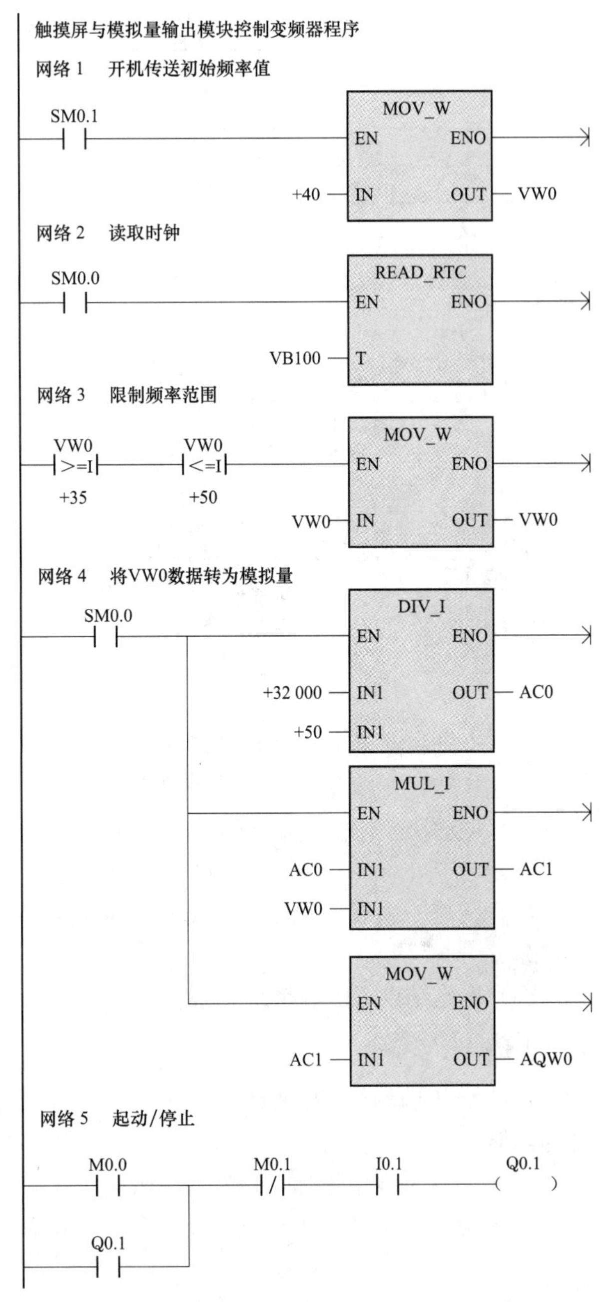

图7-51 PLC控制程序

五、逻辑测试

（1）按图7-47所示控制线路连接触摸屏、PLC和EM235。暂不连接变频器，不起动电动机运转。

（2）用网络连接器（或自制RS-485网络电缆）连接触摸屏通信端口1F1B与CPU226的通信端口1，组成主从两站的PPI网络。

（3）用10芯扁平电缆连接CPU226与EM235，用PLC的24V电源为EM235供电。

（4）用编程电缆连接计算机与CPU226的通信端口0，在PLC程序状态表中监控VW0、AQW0的数值。

（5）连接无误后接通触摸屏和PLC电源，EM235的+24V电源指示灯亮，用万用表测量EM235模拟输出电压值。

（6）开机后触摸屏显示运行频率为40Hz，VW0、AQW0的状态表监控值和模拟输出电压测量值见表7-16。

表 7-16　　逻辑测试结果

序　号	屏幕频率	VW0	AQW0	模拟电压值（V）
1	40	＋40	25 600	8.00
2	50	＋50	32 000	10.0
3	35	＋35	22 400	7.00

（7）输入新的频率值。触及屏幕IO域图形，使用在屏幕上显现的如图7-52所示的小键盘，可输入数个新的频率值，并与表7-16中数据做对比。若输入数字超过上、下限，则输入数字无效。按下小键盘右下角的确认键后，小键盘自动消隐。

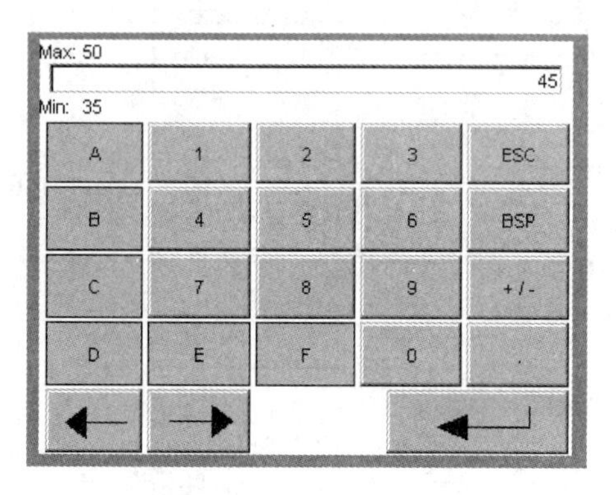

图7-52　IO域输入小键盘

六、操作

（1）按图7-47所示控制线路连接变频器。断开电源，将PLC输出端子1L、Q0.1与变频器MM420的＋24V、DIN1端子连接；将EM235的M0端子与变频器的AIN－和0V端子连接；将EM235的V0端子与变频器AIN＋端子连接。连接无误后接通系统设备全部电源。

（2）电动机起动。开机后屏幕显示运行频率为40Hz，当触及屏幕“起动”按钮时，电动机加速运转，变频器的BOP面板上频率值逐步上升至40Hz。

（3）电动机停止。当触及屏幕“停止”按钮或按下“紧急停止”按钮时，电动机减速停转，BOP面板上频率值下降至0Hz。

（4）调速。触及屏幕IO域图形，使用屏幕小键盘输入新的频率值，则电动机调速运转。

（5）操作结束后断开系统设备全部电源。

思考与练习

1. 试分析由触摸屏、变频器、PLC与模拟量输出扩展模块控制的变频调速系统中各部件的功能。

2. 如何在画面中添加IO域，IO域有什么功能？

3. 如何为变量“输入频率”设置上限值和下限值？

附录A　S7-200系列PLC CPU规范表

表A　　S7-200系列PLC CPU规范表

参　数	CPU221	CPU222	CPU224	CPU226
电源				
输入电压	20.4～28.8VDC/85～264VAC（47～63Hz）			
24VDC传感器电源容量	180mA		280mA	400mA
存储器				
用户程序空间	2048字		4096字	8192字
用户数据（EEPROM）	1024字（永久存储）		2560字（永久存储）	5120字（永久存储）
装备（超级电容） （可选电池）	50小时/典型值（40℃最少8小时） 200天/典型值		190小时/典型值（40℃最少120小时） 200天/典型值	
I/O接口				
本机数字输入/输出	6输入/4输出	8输入/6输出	14输入/10输出	24输入/16输出
数字I/O映像区	256（128入/128出）			
模拟I/O映像区	无	32（16入/16出）	64（32入/32出）	
允许最大的扩展模块	无	2模块	7模块	
允许最大的智能模块	无	2模块	7模块	
脉冲捕捉输入	6	8	14	24
高速计数 单相 两相	4个计数器 4个30kHz 2个20kHz		6个计数器 6个30kHz 4个20kHz	
脉冲输出	2个20kHz（仅限于DC输出）			
常规				
定时器	256个定时器：4个定时器（1ms）；16个定时器（10ms）；236定时器（100ms）			
计数器	256（由超级电容器或电池备份）			
内部存储器位 掉电保护	256（由超级电容器或电池备份） 112（存储在EEPROM）			
时间中断	2个1ms的分辨率			
边沿中断	4个上升沿和/或4个下降沿			
模拟电位器	1个8位分辨率		2个8位分辨率	
布尔量运算执行速度	0.22us每条指令			
时钟	可选卡件		内置	
卡件选项	存储卡，电池卡和时钟卡		存储卡和电池卡	
集成的通信功能				
端口（受限电源）	1个RS-485接口		2个RS-485接口	
PPI，DP/T波特率	9.6、19.2、187.5K波特			
自由口波特率	1.2K～115.2K波特			

续表

参　数	CPU221	CPU222	CPU224	CPU226
集成的通信功能				
每段最大电缆长度	使用隔离的中继器：187.5K 波特可达 1000m，38.4K 波特可达 1200m。未使用中继器：50m			
最大站点数	每段 32 个站，每个网络 126 个站			
最大主站数	32			
点到点（PPI 主站模式）	是（NETR/NETW）			
MPI 连接	共 4 个，2 个保留（1 个给 PG，1 个给 OP）			

附录B　S7-200 系列 PLC 部分扩展模块表

表 B　　S7-200 系列 PLC 部分扩展模块表

类　型	数字量扩展模块			模拟量扩展模块		
型号	EM221	EM222	EM223	EM231	EM232	EM235
输入点	8/16		4/8/16/32	4/8		4
输出点		4/8	4/8/16/32		2/4	1
输入电压	24V DC 或 120/230VAC		24V DC			
输出电压		24V DC 或继电器或 120/230VAC	24V DC 或继电器			
A/D 转换器				$<250\mu s$		$<250\mu s$
信号范围				0～10V；0～5V；0～20mA；±5V；±2.5V	±10V，0～20mA	参考 EM231、EM232

附录C　S7-200系列PLC CPU存储范围和特性汇总表

表C　　S7-200系列PLC CPU存储范围和特性汇总表

<table>
<tr><th colspan="2" rowspan="2">描　述</th><th colspan="4">范　围</th><th colspan="4">存取格式</th></tr>
<tr><th>CPU221</th><th>CPU222</th><th>CPU224</th><th>CPU226</th><th>位</th><th>字节</th><th>字</th><th>双字</th></tr>
<tr><td colspan="2">用户程序区</td><td>4096个字节</td><td>4096个字节</td><td>8192个字节</td><td>16384个字节</td><td rowspan="2"></td><td rowspan="2"></td><td rowspan="2"></td><td rowspan="2"></td></tr>
<tr><td colspan="2">用户数据区</td><td>2048个字节</td><td>2048个字节</td><td>8192个字节</td><td>10240个字节</td></tr>
<tr><td colspan="2">输入映像寄存器</td><td>I0.0～I15.7</td><td>I0.0～I15.7</td><td>I0.0～I15.7</td><td>I0.0～I15.7</td><td>Ix.y</td><td>IBx</td><td>IWx</td><td>IDx</td></tr>
<tr><td colspan="2">输出映像寄存器</td><td>Q0.0～Q15.7</td><td>Q0.0～Q15.7</td><td>Q0.0～Q15.7</td><td>Q0.0～Q15.7</td><td>Qx.y</td><td>QBx</td><td>QWx</td><td>QDx</td></tr>
<tr><td colspan="2">模拟输入（只读）</td><td>—</td><td>AIW0～AIW30</td><td>AIW0～AIW62</td><td>AIW0～AIW62</td><td></td><td></td><td>AIWx</td><td></td></tr>
<tr><td colspan="2">模拟输出（只写）</td><td>—</td><td>AQW0～AQW30</td><td>AQW0～AQW62</td><td>AQW0～AQW62</td><td></td><td></td><td>AQWx</td><td></td></tr>
<tr><td colspan="2">变量存储器</td><td>VB0～VB2047</td><td>VB0～VB2047</td><td>VB0～VB8191</td><td>VB0～VB10239</td><td>Vx.y</td><td>VBx</td><td>VWx</td><td>VDx</td></tr>
<tr><td colspan="2">局部存储器</td><td>LB0.0～LB63.7</td><td>LB0.0～LB63.7</td><td>LB0.0～LB63.7</td><td>LB0.0～LB63.7</td><td>Lx.y</td><td>LBx</td><td>LWx</td><td>LDx</td></tr>
<tr><td colspan="2">位存储器</td><td>M0.0～M31.7</td><td>M0.0～M31.7</td><td>M0.0～M31.7</td><td>M0.0～M31.7</td><td>Mx.y</td><td>MBx</td><td>MWx</td><td>MDx</td></tr>
<tr><td colspan="2">特殊存储器（只读）</td><td>SM0.0～SM179.7
SM0.0～SM29.7</td><td>SM0.0～SM299.7
SM0.0～SM29.7</td><td>SM0.0～SM549.7
SM0.0～SM29.7</td><td>SM0.0～SM549.7
SM0.0～SM29.7</td><td>SMx.y</td><td>SMBx</td><td>SMWx</td><td>SMDx</td></tr>
<tr><td rowspan="7">定时器</td><td>数量</td><td>256（T0～T255）</td><td>256（T0～T255）</td><td>256（T0～T255）</td><td>256（T0～T255）</td><td rowspan="7">Tx</td><td rowspan="7"></td><td rowspan="7">Tx</td><td rowspan="7"></td></tr>
<tr><td>保持接通延时1ms</td><td>T0、T64</td><td>T0、T64</td><td>T0、T64</td><td>T0、T64</td></tr>
<tr><td>保持接通延时10ms</td><td>T1～T4、
T65～T68</td><td>T1～T4、
T65～T68</td><td>T1～T4、
T65～T68</td><td>T1～T4、
T65～T68</td></tr>
<tr><td>保持接通延时100ms</td><td>T5～T31、
T69～T95</td><td>T5～T31、
T69～T95</td><td>T5～T31、
T69～T95</td><td>T5～T31、
T69～T95</td></tr>
<tr><td>接通/断开延时1ms</td><td>T32、T96</td><td>T32、T96</td><td>T32、T96</td><td>T32、T96</td></tr>
<tr><td>接通/断开延时10ms</td><td>T33～T36、
T97～T100</td><td>T33～T36、
T97～T100</td><td>T33～T36、
T97～T100</td><td>T33～T36、
T97～T100</td></tr>
<tr><td>接通/断开延时100ms</td><td>T37～T63、
T101～T255</td><td>T37～T63、
T101～T255</td><td>T37～T63、
T101～T255</td><td>T37～T63、
T101～T255</td></tr>
<tr><td colspan="2">计数器</td><td>C0～C255</td><td>C0～C255</td><td>C0～C255</td><td>C0～C255</td><td>Cx</td><td></td><td>Cx</td><td></td></tr>
<tr><td colspan="2">高速计数器</td><td>HC0、HC3～HC5</td><td>HC0、HC3～HC5</td><td>HC0～HC5</td><td>HC0～HC5</td><td></td><td></td><td></td><td>HCx</td></tr>
<tr><td colspan="2">顺控继电器</td><td>S0.0～S31.7</td><td>S0.0～S31.7</td><td>S0.0～S31.7</td><td>S0.0～S31.7</td><td>Sx.y</td><td>SBx</td><td>SWx</td><td>SDx</td></tr>
<tr><td colspan="2">累加器</td><td>AC0～AC3</td><td>AC0～AC3</td><td>AC0～AC3</td><td>AC0～AC3</td><td></td><td>ACx</td><td>ACx</td><td>ACx</td></tr>
<tr><td colspan="2">跳转/标号</td><td>0～255</td><td>0～255</td><td>0～255</td><td>0～255</td><td></td><td></td><td></td><td></td></tr>
<tr><td colspan="2">调用/子程序</td><td>0～63</td><td>0～63</td><td>0～63</td><td>0～127</td><td></td><td></td><td></td><td></td></tr>
<tr><td colspan="2">中断程序</td><td>0～127</td><td>0～127</td><td>0～127</td><td>0～127</td><td></td><td></td><td></td><td></td></tr>
<tr><td colspan="2">PID回路</td><td>0～7</td><td>0～7</td><td>0～7</td><td>0～7</td><td></td><td></td><td></td><td></td></tr>
<tr><td colspan="2">通信口</td><td>0</td><td>0</td><td>0</td><td>0、1</td><td></td><td></td><td></td><td></td></tr>
</table>

附录 D　S7-200 系列 PLC 指令系统速查表

表 D　　S7-200 系列 PLC 指令系统速查表

指令	说明
布 尔 指 令	
LD Bit LDI Bit LDN Bit LDNI Bit	装载 立即装载 取反后装载 取反后立即装载
A Bit AI Bit AN Bit ANI Bit	与 立即与 取反后与 取反后立即与
O Bit OI Bit ON Bit ONI Bit	或 立即或 取反后或 取反后立即或
LDBx IN1，IN2	装载字节比较的结果 IN1（x：<、<=、=、>=、>、<>）IN2
ABx IN1，IN2	与字节比较的结果 IN1（x：<、<=、=、>=、>、<>）IN2
OBx IN1，IN2	或字节比较的结果 IN1（x：<、<=、=、>=、>、<>）IN2
LDWx IN1，IN2	装载字比较的结果 IN1（x：<、<=、=、>=、>、<>）IN2
AWx IN1，IN2	与字比较的结果 IN1（x：<、<=、=、>=、>、<>）IN2
OWx IN1，IN2	或字比较的结果 IN1（x：<、<=、=、>=、>、<>）IN2
LDDx IN1，IN2	装载双字比较的结果 IN1（x：<、<=、=、>=、>、<>）IN2
ADx IN1，IN2	与字双字较的结果 IN1（x：<、<=、=、>=、>、<>）IN2
ODx IN1，IN2	或双字比较的结果 IN1（x：<、<=、=、>=、>、<>）IN2
LDRx IN1，IN2	装载实数比较的结果 IN1（x：<、<=、=、>=、>、<>）IN2
ARx IN1，IN2	与实数比较的结果 IN1（x：<、<=、=、>=、>、<>）IN2
ORx IN1，IN2	或实数比较的结果 IN1（x：<、<=、=、>=、>、<>）IN2
LDSx IN1，IN2	装载字符串比较的结果 IN1（x：<，<>）IN2
ASx IN1，IN2	与字符串比较的结果 IN1（x：<，<>）IN2
OSx IN1，IN2	或字符串比较的结果 IN1（x：<，<>）IN2
NOT	堆栈取反
EU ED	上升沿脉冲 下降沿脉冲
= Bit =I Bit	输出 立即输出
S S_BIT，N R S_BIT，N SI S_BIT，N RI S_BIT，N	置位一个区域 复位一个区域 立即置位一个区域 立即复位一个区域
ALD OLD	与装载 或装载
LPS LRD LPP LDS N	逻辑压栈（堆栈控制） 逻辑读（堆栈控制） 逻辑弹出（堆栈控制） 装载堆栈（堆栈控制）
AENO	与 ENO
实时时钟指令	
TODR T TODW T	读实时时钟 写实时时钟

续表

数学、增减指令	
+I IN1，OUT +D IN1，OUT +R IN1，OUT	整数加法：IN1+OUT=OUT 双整数加法：IN1+OUT=OUT 实数加法：IN1+OUT=OUT
−I IN1，OUT −D IN1，OUT −R IN1，OUT	整数减法：IN1−OUT=OUT 双整数减法：IN1−OUT=OUT 实数减法：IN1−OUT=OUT
MUL IN1，OUT *I IN1，OUT *D IN1，OUT *R IN1，OUT	完全整数乘法：IN1×OUT=OUT 整数乘法：IN1×OUT=OUT 双整数乘法：IN1×OUT=OUT 实数乘法：IN1×OUT=OUT
DIV IN1，OUT /I IN1，OUT /D IN1，OUT /R IN1，OUT	完全整数除法：IN1/OUT=OUT 整数乘法：IN1/OUT=OUT 双整数乘法：IN1/OUT=OUT 实数乘法：IN1/OUT=OUT
SQRT IN，OUT LN IN，OUT EXP IN，OUT SIN IN，OUT COS IN，OUT TAN IN，OUT	平方根 自然对数 自然指数 正弦 余弦 正切
INCB OUT INCW OUT INCD OUT	字节增 1 字增 1 双字增 1
DECB OUT DECW OUT DECD OUT	字节减 1 字减 1 双字减 1
PID TBL，LOOP	PID 回路
定时器和计数器指令	
TON Txxx，PT TOF Txxx，PT TONR Txxx，PT	接通延时定时器 关断延时定时器 带记忆的接通延时定时器
CTU Cxxx，PV CTD Cxxx，PV CTUD Cxxx，PV	增计数 减计数 增/减计数

程序控制指令	
END	程序的条件结束
STOP	切换到 STOP 模式
WDR	看门狗复位（300ms）
JMP N LBL N	跳到定义的标号 定义一个跳转的标号
CALL N （N1，…）CRET	调用子程序［N1，……］ 从子程序条件返回
FOR INDX，INIT， FINAL NEXT	For/Next 循环
LSCR S_bit LSRT S_bit CSCRE SCRE	顺控继电器段的起动 状态转移 顺控继电器段条件结束 顺控继电器段结束
传送、移位、循环和填充指令	
MOVB IN，OUT MOVW IN，OUT MOVD IN，OUT MOVR IN，OUT BIR IN，OUT BIW IN，OUT	字节传送 字传送 双字传送 实数传送 字节立即读 字节立即写
BMB IN，OUT，N BMW IN，OUT，N BMD IN，OUT，N	字节块传送 字块传送 双字块传送
SWAP IN	交换字节
SHRB DATA， S_BIT，N	寄存器移位
SRB OUT，N SRW OUT，N SRD OUT，N	字节右移 字右移 双字右移
SLB OUT，N SLW OUT，N SLD OUT，N	字节左移 字左移 双字左移
RRB OUT，N RRW OUT，N RRD OUT，N	字节循环右移 字循环右移 双字循环右移

续表

RLB OUT，N RLW OUT，N RLD OUT，N	字节循环左移 字循环左移 双字循环左移
FILL IN，OUT，N	用指定的元素填充存储空间
逻 辑 操 作	
ALD OLD	与一个组合 或一个组合
LPS LRD LPP LDS	逻辑入栈 逻辑读栈 逻辑出栈 装载堆栈
AENO	对 ENO 进行与操作
ANDB IN1，OUT ANDW IN1，OUT ANDD IN1，OUT	字节逻辑与 字逻辑与 双字逻辑与
ORB IN1，OUT ORW IN1，OUT ORD IN1，OUT	字节逻辑或 字逻辑或 双字逻辑或
XORB IN1，OUT XORW IN1，OUT XORD IN1，OUT	字节逻辑异或 字逻辑异或 字节取反逻辑异或
INVB OUT INVW OUT INVD OUT	字节取反 字取反 双字取反
字符串指令	
SLEN IN，OUT SCAT IN，OUT SCPY IN，INDX SSCPYIN，OUT，N，OUT	字符串长度 连接字符串 复制字符串 复制子字符串
CFND IN1，IN2，OUT SFNT IN1，IN2，OUT	在字符串中查找第一个字符 在字符串中查找字符串
表 指 令	
ATT DATA，TBL	把数据加入到表中
LIFO TBL，DATA	从表中取数据（后进先出）
FIFO TBL，DATA	从表中取数据（先进先出）
FND=TBL，PATRN，INDX FND<>TBL，PATRN，INDX FND< TBL，PATRN，INDX FND>TBL，PATRN，INDX	根据比较条件在表中查找数据
转 换 指 令	
BCDI OUT IBCD OUT	BCD 码转换成整数 整数转换成 BCD 码
BTI IN，OUT IT B IN，OUT	字节转换成整数 整数转换成字节
IT D IN，OUT DTI IN，OUT DTR IN，OUT TRUNC IN，OUT	整数转换成双整数 双整数转换成整数 双字转换成实数 实数换成双字（舍去小数）
ROUND IN，OUT	实数转换成双整数
ATH IN，OUT，LEN HTA IN，OUT，LEN ITA IN，OUT，FMT DTA IN，OUT，FMT RTS IN，OUT，FMT ITS IN，FMT，OUT DTI IN，FMT，OUT RTS IN，FMT，OUT STI IN，INDX，OUT STD IN，INDX，OUT STR IN，INDX，OUT	ASCII 码转换成 16 进制格式 16 进制格式转换 ASCII 码 整数转换成 ASCII 码 双整数转换 ASCII 码 实数转换成 ASCII 码 整数转换为字符串 双整数转换为字符串 实数转换为字符串 字符串转换为整数 字符串转换为整双数 字符串转换为实数
DECO IN，OUT ENCO IN，OUT	译码 编码
SEG IN，OUT	7 段译码
中 断	
CRETI	从中断条件返回
ENI DISI	允许中断 禁止中断

续表

ATCH INT，EVNT	给事件分配中断程序	通 信	
DTCH EVNT	解除中断事件	XMT TBL，PORT	自由口传送
高 速 指 令		RCV TBL，PORT	自由口接收信息
HDEF HSC，MODE	定义高速计数器模式	TODR TBL，PORT	网络读
		TODW TBL，PORT	网络写
HSC N	激活高速计数器	GPA ADDR，PORT	获取口地址
PLS Q	脉冲输出（Q为0或1）	SPA ADDR，PORT	设置口地址

附录E 特殊存储器（SM）标志位表

特殊存储器标志位提供大量的状态和控制功能，用来在PLC和用户程序之间交换信息。

（1）SMB0：状态位。如表E-1所示，SMB0有8个状态位，在每个扫描周期结束时，由CPU更新这些位。

表E-1　　特殊存储器字节SMB0

SM位	描　述
SM0.0	该位始终为1
SM0.1	该位在首次扫描时为1，用途之一是调用初始化子程序
SM0.2	若保持数据丢失，则该位在一个扫描周期中为1。该位可用作错误存储器位，或用来调用特殊起动顺序功能
SM0.3	开机后进入RUN方式，该位将ON一个扫描周期，该位可用作在起动操作之前给设备提供一个预热时间
SM0.4	该位提供了一个时钟脉冲，前30s为1，后30s为0，周期为1min，它提供了一个简单易用的延时或1min的时钟脉冲
SM0.5	该位提供了一个时钟脉冲，前0.5s为1，后0.5s为0，周期为1s。它提供了一个简单易用的延时或1s的时钟脉冲
SM0.6	该位为扫描时钟，本次扫描时置1，下次扫描时置0。可用作扫描计数器的输入
SM0.7	该位指示CPU工作方式开关的位置（0为TERM位置，1为RUN位置）。当开关在RUN位置时，用该位可使自由端口通信方式有效，那么当切换至TERM位置时，同编程设备的正常通信也会有效

（2）SMB1：状态位。如表E-2所示，SMB1包含了各种潜在的错误提示，这些位因指令的执行被置位或复位。

表E-2　　特殊存储器字节SMB1

SM位	描　述
SM1.0	当执行某些指令，其结果为0时，将该位置1
SM1.1	当执行某些指令，其结果溢出或查出非法数值时，将该位置1
SM1.2	当执行数学运算，其结果为负数时，将该位置1
SM1.3	试图除以零时，将该位置1
SM1.4	当执行ATT（Add to Table）指令时，试图超出表范围时，将该位置1
SM1.5	当执行LIFO或FIFO指令，试图从空表中读数时，将该位置1
SM1.6	当试图把一个非BCD数转换为二进制数时，将该位置1
SM1.7	当ASCII码不能转换为有效的十六进制数时，将该位置1

（3）SMB2：自由端口接收字符缓冲区。

（4）SMB3：自由端口奇偶校验错误。

（5）SMB4：队列溢出。SMB4包含中断队列溢出位、中断允许标志位和发送空闲位等。

（6）SMB5：I/O错误状态。

(7) SMB6：CPU 标识（ID）寄存器。

(8) SMB8～SMB21：I/O 模块标识与错误寄存器。

(9) SMB22～SMB27：扫描时间。SMW22～SMW26 是以 ms 为单位的上一次扫描时间（SMW22）、最短扫描时间（SMW24）和最长扫描时间（SMW26）。

(10) SMB28 和 SMB29：模拟电位器。SMB28 包含代表模拟电位器 0 位置的数字值，SMB29 包含代表模拟电位器 1 位置的数字值。

(11) SMB30 和 SMB130：自由端口控制寄存器。

(12) SMB31 和 SMB32：EEPROM 写控制。

(13) SMB34 和 SMB35：定时中断的时间间隔寄存器。

SMB34 和 SMB35 用于设置定时器中断 0 与定时器中断 1 的时间间隔（1～255ms）。

(14) SMB36～SMB65：HSC0、HSC1、HSC2 寄存器。如表 E-3 所示，SMB36～SMB65 用于监视和控制高速计数 HSC0、HSC1 和 HSC2 的操作。

表 E-3　　特殊存储器字节 SMB36～SMB65

SM 位	描　述（只读）
SM36.0～SM36.4	保留
SM36.5	HSC0 当前计数方向位：1=增计数
SM36.6	HSC0 当前值等于预设置位：1=等于
SM36.7	HSC0 当前置大于预设置位：1=大于
SM37.0	HSC0 复位的有效控制位：0=高电平复位有效，1=低电平复位有效
SM37.1	保留
SM37.2	HSC0 正交计数器的计数速率选择：0=4x 计数速率；1=1x 速率
SM37.3	HSC0 方向控制位：1=增计数
SM37.4	HSC0 更新方向：1=更新方向
SM37.5	HSC0 更新预设值：1=向 HSC0 写新的预设值
SM37.6	HSC0 更新当前值：1=向 HSC0 写新的初始值
SM37.7	HSC0 有效位：1=有效
SMD38	HSC0 新的初始值
SMD42	HSC0 新的预置值
SM46.0～SM46.4	保留
SM46.5	HSC1 当前计数方向位：1=增计数
SM46.6	HSC1 当前值等于预设置位：1=等于
SM46.7	HSC1 当前值大于预设置位：1=大于
SM47.0	HSC1 复位的有效控制位：0=高电平复位有效，1=低电平复位有效
SM47.1	HSC1 起动有效电平控制位：0=高电平，1=低电平
SM47.2	HSC1 正交计数器的计数速率选择：0=4x 计数速率；1=1x 速率
SM47.3	HSC1 方向控制位：1=增计数
SM47.4	HSC1 更新方向：1=更新方向
SM47.5	HSC1 更新预设值：1=向 HSC1 写新的预设值
SM47.6	HSC1 更新当前值：1=向 HSC1 写新的初始值
SM47.7	HSC1 有效位：1=有效
SMD48	HSC1 新的初始值

续表

SM 位	描　述（只读）
SMD52	HSC1 新的预置值
SM56.0～SM56.4	保留
SM56.5	HSC2 当前计数方向位：1=增计数
SM56.6	HSC2 当前值等于预设置位：1=等于
SM56.7	HSC2 当前值大于预设置位：1=大于
SM57.0	HSC2 复位的有效控制位：0=高电平复位有效，1=低电平复位有效
SM57.1	HSC2 起动有效电平控制位：0=高电平，1=低电平
SM57.2	HSC2 正交计数器的计数速率选择：0=4x 计数速率；1=1x 速率
SM57.3	HSC2 方向控制位：1=增计数
SM57.4	HSC2 更新方向：1=更新方向
SM57.5	HSC2 更新预设值：1=向 HSC2 写新的预设值
SM57.6	HSC2 更新当前值：1=向 HSC2 写新的初始值
SM57.7	HSC2 有效位：1=有效
SMD58	HSC2 新的初始值
SMD62	HSC2 新的预置值

（15）SMB66～SMB85：PTO/PWM 寄存器。

（16）SMB86～SMB94：端口 0 接收信息控制。

（17）SMW98：扩展总线错误计数器。

（18）SMB130：自由端口 1 控制寄存器。

（19）SMB131～SMB165：HSC3、HSC4、HSC5 寄存器。如表 E-4 所示，SMB131～SMB165 用于监视和控制高速计数 HSC3、HSC4 和 HSC5 的操作。

表 E-4　　特殊存储器字节 SMB131～SMB165

SM 位	描　述（只读）
SMB131～SMB135	保留
SM136.0～SM136.4	保留
SM136.5	HSC3 当前计数方向位：1=增计数
SM136.6	HSC3 当前值等于预设置位：1=等于
SM136.7	HSC3 当前值大于预设置位：1=大于
SM137.0～SM137.2	保留
SM137.3	HSC3 方向控制位：1=增计数
SM137.4	HSC3 更新方向：1=更新方向
SM137.5	HSC3 更新预设值：1=向 HSC3 写新的预设值
SM137.6	HSC3 更新当前值：1=向 HSC3 写新的初始值
SM137.7	HSC3 有效位：1=有效
SMD138	HSC3 新的初始值
SMD142	HSC3 新的预置值
SM146.0～SM146.4	保留
SM146.5	HSC4 当前计数方向位：1=增计数
SM146.6	HSC4 当前值等于预设置位：1=等于

续表

SM位	描　述（只读）
SM146.7	HSC4 当前值大于预设置位：1=大于
SM147.0	HSC4 复位的有效控制位：0=高电平复位有效，1=低电平复位有效
SM147.1	保留
SM147.2	HSC4 正交计数器的计数速率选择：0=4x 计数速率；1=1x 速率
SM147.3	HSC4 方向控制位：1=增计数
SM147.4	HSC4 更新方向：1=更新方向
SM147.5	HSC4 更新预设值：1=向 HSC4 写新的预设值
SM147.6	HSC4 更新当前值：1=向 HSC4 写新的初始值
SM147.7	HSC4 有效位：1=有效
SMD148	HSC4 新的初始值
SMD152	HSC4 新的预置值
SM156.0～SM156.4	保留
SM156.5	HSC5 当前计数方向位：1=增计数
SM156.6	HSC5 当前值等于预设置位：1=等于
SM156.7	HSC5 当前值大于预设置位：1=大于
SM157.0～SM157.2	保留
SM157.3	HSC5 方向控制位：1=增计数
SM157.4	HSC5 更新方向：1=更新方向
SM157.5	HSC5 更新预设值：1=向 HSC5 写新的预设值
SM157.6	HSC5 更新当前值：1=向 HSC5 写新的初始值
SM157.7	HSC5 有效位：1=有效
SMD158	HSC5 新的初始值
SMD162	HSC5 新的预置值

（20）SMB166～SMB185：PTO0 和 PTO1 包络定义表。

（21）SMB186～SMB194：端口 1 接收信息控制。

（22）SMB200～SMB594：智能模块状态。SMB200～SMB594 预留给智能扩展模块的状态信息。

附录F　S7-200系列PLC CPU模块外端子图

S7-200系列PLC CPU模块外端子图分别如图F-1～图F-8所示。

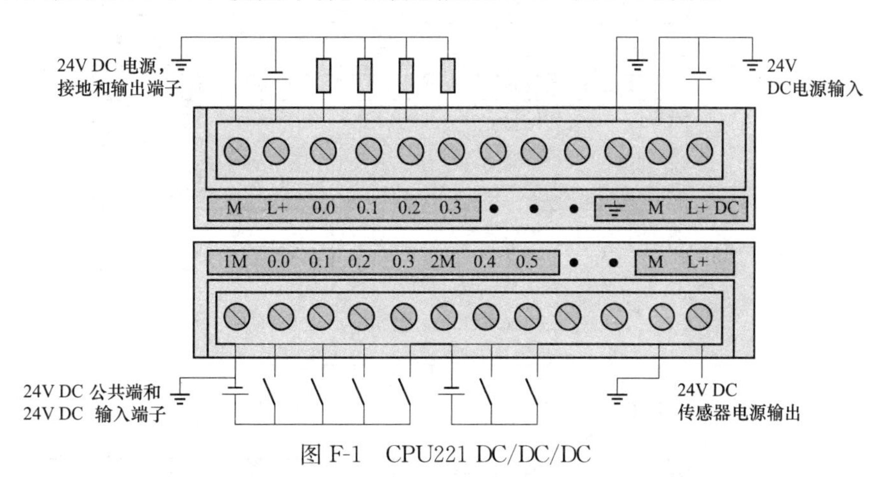

图F-1　CPU221 DC/DC/DC

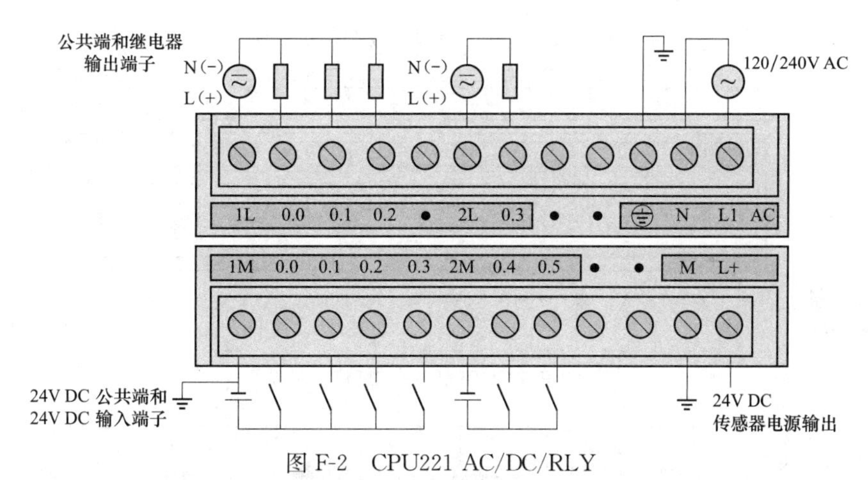

图F-2　CPU221 AC/DC/RLY

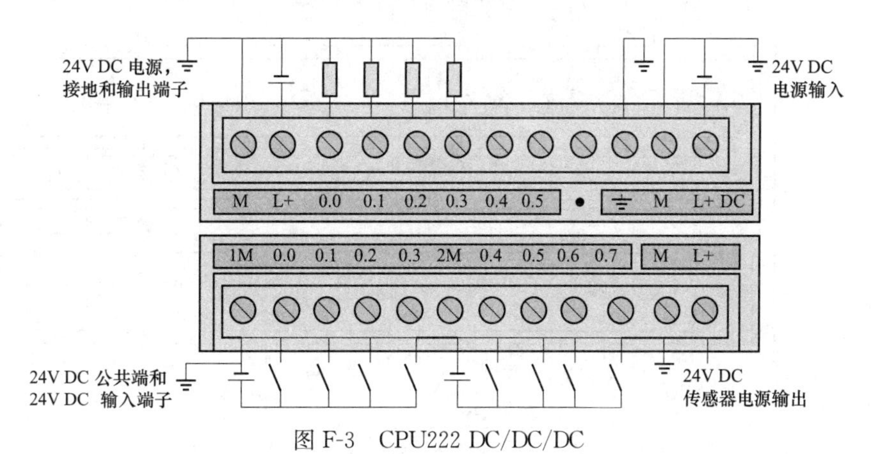

图F-3　CPU222 DC/DC/DC

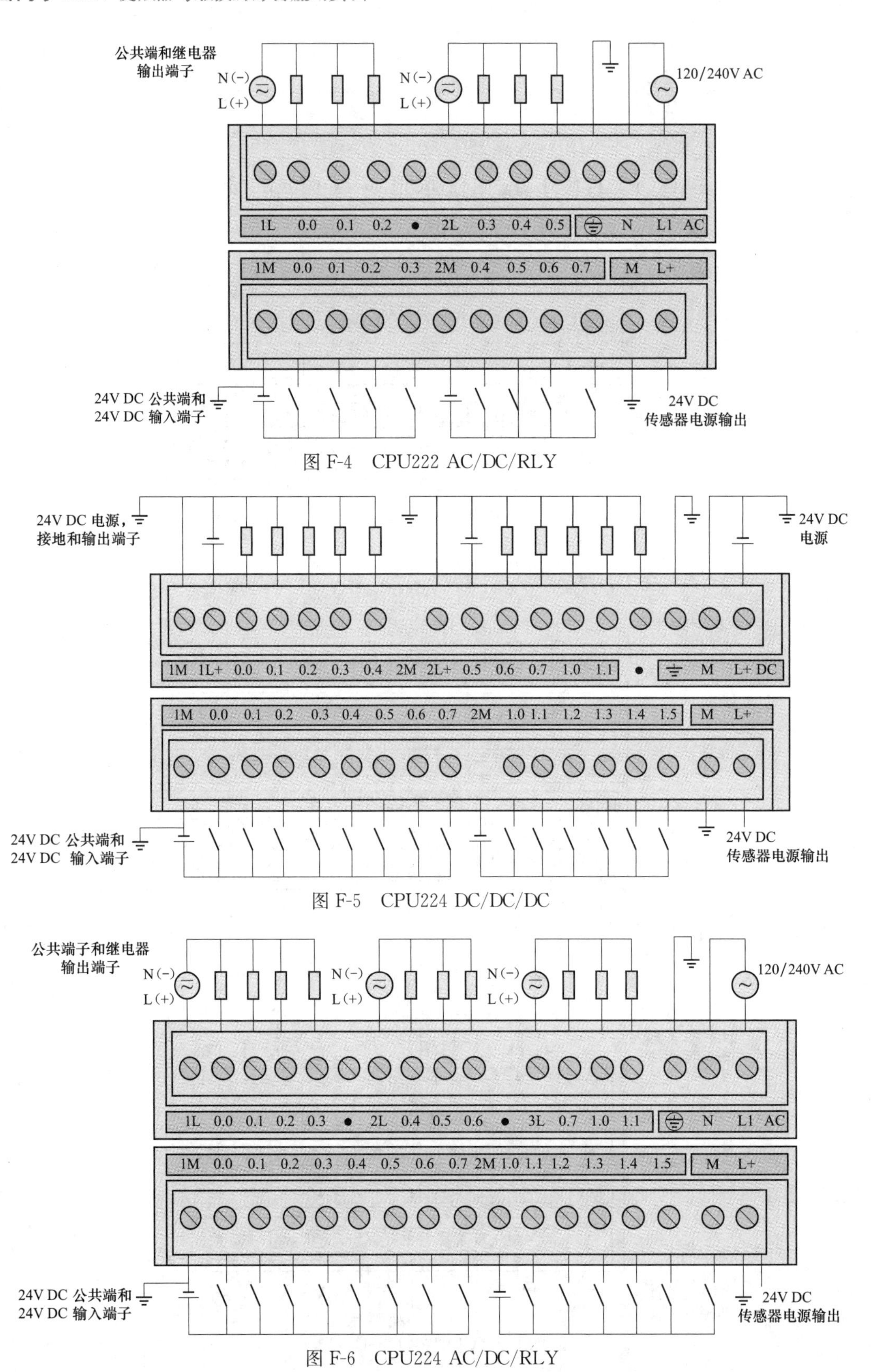

图 F-4 CPU222 AC/DC/RLY

图 F-5 CPU224 DC/DC/DC

图 F-6 CPU224 AC/DC/RLY

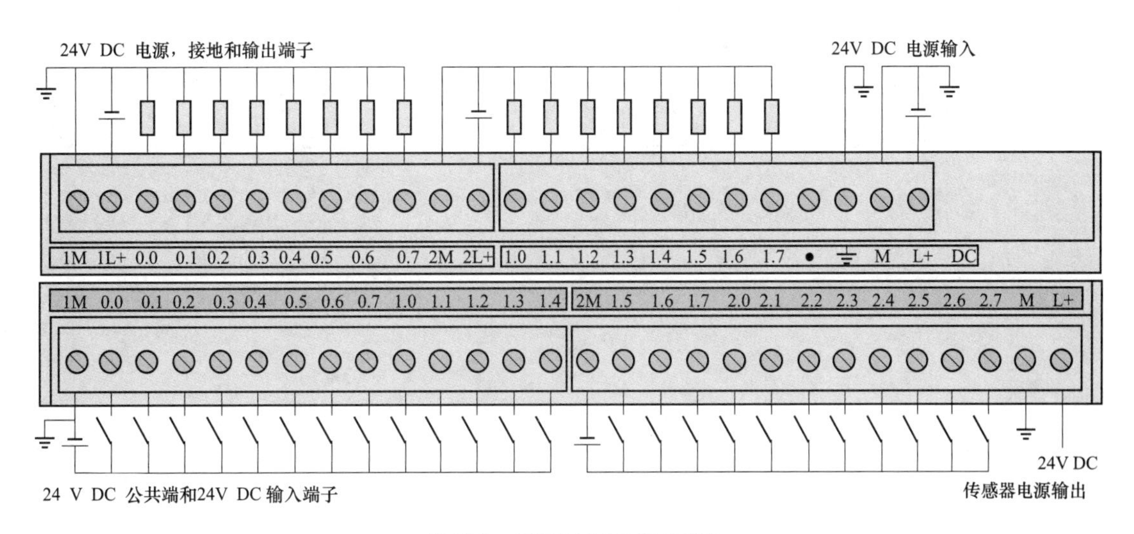

图 F-7 CPU226 DC/DC/DC

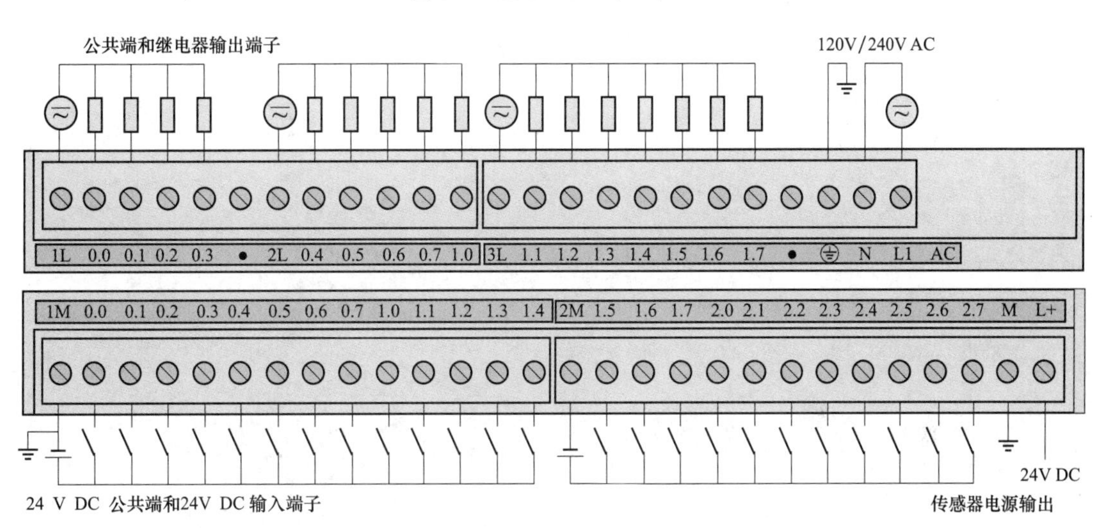

图 F-8 CPU226 AC/DC/RLY